智能科学与技术丛书

A Quality of Data Perspective

模式识别

数据质量视角

[波] 伍拉迪斯罗·霍曼达（Władysław Homenda）
[加] 维托德·派提兹（Witold Pedrycz） ◎ 著

张铁 ◎ 译

图书在版编目（CIP）数据

模式识别：数据质量视角 /（波）伍拉迪斯罗·霍曼达，（加）维托德·派提兹著；张轶译．
—北京：机械工业出版社，2020.2
（智能科学与技术丛书）
书名原文：Pattern Recognition：A Quality of Data Perspective

ISBN 978-7-111-64675-4

I. 模…　II. ①伍…　②维…　③张…　III. 模式识别　IV. O235

中国版本图书馆 CIP 数据核字（2020）第 023696 号

本书版权登记号：图字　01-2019-0582

本书分为两大部分："基础知识"和"高级主题：粒度计算框架"。第一部分探讨带拒绝的模式识别问题的原理，涉及特征空间构成、基本分类器设计，以及关于带拒绝的模式识别问题的实例研究、任务评估、架构评估等。第二部分集中讨论信息粒和信息粒度的概念，涉及信息粒基础知识、信息粒设计和聚类，以及数据质量的量化和处理等。

本书适合作为高等院校计算机、电子信息、自动化等专业高年级本科生和研究生的教材，也可供信息处理、机器人学、地球物理、生物信息等交叉领域的专业人员参考。

出版发行：机械工业出版社（北京市西城区百万庄大街 22 号　邮政编码：100037）
责任编辑：张志铭　　责任校对：殷　虹
印　　刷：三河市宏图印务有限公司　　版　　次：2020 年 4 月第 1 版第 1 次印刷
开　　本：185mm×260mm　1/16　　印　　张：15.25
书　　号：ISBN 978-7-111-64675-4　　定　　价：79.00 元

客服电话：（010）88361066　88379833　68326294　　投稿热线：（010）88379604
华章网站：www.hzbook.com　　读者信箱：hzjsj@hzbook.com

译者序

现代计算机具有强大的计算和信息处理能力，但其目标识别、环境感知和决策等能力还远不如生物系统。目前有诸多学科试图从不同角度、以不同方法来研究并揭示其中的奥秘，包括计算机视觉、认知科学、生物信息学，以及当下热门的人工智能。而模式识别(也叫模式分类)则是这些学科的理论基础，通过计算机使用数学技术来研究模式的自动处理和判读。模式识别因其对问题的明确定义、严格的数学基础和广泛的应用领域，获得了越来越多的重视。本书适合作为高等院校计算机、电子信息、自动化等专业高年级本科生和研究生的教材，也可供信息处理、机器人学、地球物理、生物信息等交叉领域的专业人员参考。

传统模式识别教材的内容通常涉及贝叶斯决策理论、线性和非线性判别函数、近邻规则、经验风险最小化、特征提取和选择、聚类分析、人工神经网络、模糊模式识别、模拟退火和遗传算法，以及统计学习理论和支持向量机等内容。然而，随着新问题的日益增多，现有的这些模式识别理论和系统已逐渐无法应对新的挑战。鉴于此，研究人员和学者都需要一本从全新角度来分析模式识别问题的著作。本书在现有理论的基础上新增了关于数据质量的章节，从而带来了关于异类样本拒绝、信息粒和粒度计算以及数据填补三个方面的全新认识。本书不仅系统地剖析了模式识别的基本概念和设计方法，对算法进行了详尽的介绍，同时还列举了一系列具有代表性的应用。

本书作者是华沙理工大学的 Władysław Homenda 教授和波兰科学院的 Witold Pedrycz 教授。其中，Władysław Homenda 教授是信息处理和系统方面的专家。Witold Pedrycz 教授长期从事智能计算、信息处理、模糊系统、人工智能、遗传算法等相关领域的研究，为混杂智能系统的智能学习、知识挖掘与表达领域的研究做出了重要贡献，研究工作得到了世界范围内同行的广泛关注和认可。Witold Pedrycz 教授是 IEEE 会士、加拿大皇家学会会士，并担任历年“IFSA/NAFIPS World Congress”“IEEE International Conference on Fuzzy Systems”“IEEE Congress on Computational Intelligence”等智能计算领域知名会议的主席或委员；自 2000 年至今还担任了 *IEEE Trans. SMC*、*IEEE Trans. Fuzzy Systems* 等多个国际知名期刊的编辑，以及 *IEEE Trans. SMCA*、*Information Sciences* 等杂志的主编。

本书的翻译是四川大学视觉合成图形图像技术国家重点学科实验室团队共同努力的结果，感谢团队成员蒋洁、倪苒岩、孟飞妤和周雨馨做出的贡献。

在翻译过程中，我们力求准确反映原著内容，同时保持原著的风格。但由于译者水平有限，书中难免有不妥之处，恳请读者批评指正。

前　言

Pattern Recognition：A Quality of Data Perspective

模式识别以其明确的方法、丰富的算法和清晰的应用领域确立了自己先进的学科地位。近些年来，模式识别成了一门由实际应用需求驱动的、理论与实践相结合的学科。精心制定的模式识别评估策略及方法，尤其是一套分类算法，构成了众多模式分类器的核心。模式识别有许多具有代表性的应用领域，包括识别印刷文本和手稿、识别音乐符号、支持多模式生物识别系统(语音、虹膜、签名)、分类医疗信号(包括心电图、脑电图、肌电图等)，以及分类和解释图像。

随着数据的丰富，它们的数量和多样性带来了明显的挑战。我们需要认真解决这些挑战，以促进该领域的进一步发展，从而满足不断增长的应用的需要。简言之，这些都涉及**数据质量**(data quality)的问题。这个名词开始出现在很多领域，故而得到了广泛的关注。数据缺失、噪声、异类样本(foreign pattern)、有限精度、信息粒度以及不平衡数据都是在构建模式分类器和进行综合数据分析时经常碰到且必须充分考虑的因素。特别是，在进行分析、分类和解析前，我们必须进行适当的数据(样本)变换(或预处理)。

数据质量影响着模式识别的本质，因此需要对该领域的原理进行详尽的研究。数据质量可对分类器开发方案和架构产生直接影响。本书旨在从一个全新的角度(数据质量)来覆盖模式识别的精髓，本质上我们主张建立新的模式识别框架及其方法和算法，以应对数据质量的挑战。比如，本书中讲述的所谓异类样本(奇异样本)就是一个极具代表性的有趣示例。这里提到的异类样本指的是不属于已知类别中的任意一类。模式识别技术不断发展的现状使得辨识异类样本尤为重要。例如，在印刷体文本的识别问题上，奇异样本(比如墨渍、油污或损坏的符号)出现的频率极低。而在处理其他诸如测绘地图或音乐符号等识别问题时，异类样本则经常出现，这不能被忽略。与印刷体文本不同，此类文档包含不规则位置、不同尺寸、重叠或形状复杂的对象，过于严格的字符分割会导致很多可识别字符被拒绝。由于识别模式的可分离性较弱，因此分割准则需要制定得宽松一些，而与可识别样本相近的异类样本则需要仔细审查甚至拒绝。

本书的内容分为两大部分：第一部分是“基础知识”，第二部分是“高级主题：粒度计算框架”。这样安排反映了本书覆盖的主要内容的本质。

第一部分探讨带拒绝的模式识别问题的原理。其中，将拒绝异类样本的任务作为模式识别标准方案和实践的扩展和加强。本书重温并详细阐述了模式识别最基本的概念，以便解释如何通过添加拒绝项来增强现有分类器，从而更好地处理所讨论的问题。正如前文强调的那样，本书内容齐备，介绍了众多知名方法和算法，并全面回顾了模式识别学科的主要目的和研究阶段。关键主题涉及对问题的公式化和理解，特征空间构成、选择、变换和降维，模式分类，以及性能评估。重点分析带拒绝的模式识别领域的研究进展，包括历史及展望。同时，当前和未来的一些解决方案也被提出来，以帮助读者了解该领域未来的发展，特别是针对现有一些挑战所诞生的新技术的发展趋势。相应章节重温了重要技术环节，详述了带拒绝的模式识别问题的解决方法。第 1 章讨论特征空间构成的基本概念，特征空间在很大程度上决定了分类器的质量。这一章的重点是分析和比较用于特征构建、变换和降维的主要方法。第 2 章讲述一系列基本分类器的设计方法，包括著名的 k-NN(k 最近邻)算法、朴素贝叶斯分类器(naïve Bayesian classifier)、决策树(decision tree)、随机森林(random forest)和支持向量机(SVM)，此章提供了一系列案例以进行比较学习。第 3 章详尽阐述关于带拒绝的识别问题，附带有大量实例，并且详细介绍了现在在这一领域进行的研究。第 4 章讲述一套实现带拒绝的模式识别任务所需的评估方法以及经典的性能评估途径，从多方面对模式识别评估机制进行深入的探讨。同时，在平衡和不平衡数据集上进行扩展分析。从标准模式识别问题的评估开始讨论，接下来进入带拒绝的模式识别问题。当不平衡数据的存在使问题进一步恶化时，我们将讨论如何对带拒绝的模式识别问题进行评估。这一章讨论了广泛的解决方法，并将其应用到实验当中，包括那些实验数据的对比。在第 5 章中，对不同的拒绝架构进行实证评估。我们以一组手写数字和印刷体音乐符号的数据集为例来进行经验验证。另外，我们还提出一种基于几何区域概念的带拒绝的识别方法。不同于拒绝架构，这是一种独立的方法，可用于区分原始和异类样本。我们研究了基本几何区域的用法，特别是超矩形和超椭球体。

第二部分集中讨论信息粒(information granule)和信息粒度(information granularity)的基本概念。信息粒开创了粒度计算这一领域——一个集生成、处理和解析信息粒于一体的典范。信息粒度与数据质量的关键概念紧密相连，有助于对特定质量的模式进行辨识、定量分析和处理。该部分针对这些内容做了自顶向下的组织安排。第 6 章介绍信息粒的基础知识，给出了关键的激励因素，阐述了其基本形式(包括集合、模糊集、概率)，以及操作、变换机理和信息粒的特征描述。第 7 章介绍信息粒的设计。第 8 章将聚类放在新环境下，揭示其作为构建信息粒机制的角色。同样，结果表明，将信息粒度引入最初构造的数字集群的描述中，可以显著增强聚类结果(主要是数值性质的)。这一章谈到了关于信息粒聚类的问题，并将其转化为现有聚类方法的扩充。第 9 章进一步研究了数据质量及其量化和处理。这里我们集中讨论数据(价值)填补和不平衡数据——数据质量起关键作用的两种主要表现形式。在这两种情况下，随着数据质量的量化和分类方案的丰富，相关问题会通过信息粒显现出来。

本书具有一系列吸引读者的重要特点：

- 系统地剖析了概念、设计方法和算法。在材料的组织上，我们遵循自顶向下的策略，从概念和动机出发，然后讨论设计细节(尤其是实际算法)并举出一系列具有代表性的应用。
- 大量精细构造和组织的说明性内容。本书涵盖了一系列说明性的简要数值实验、细节方案和更高级的问题。
- 内容完整独立。我们旨在通过提供所有必要的先决条件来传递内容完整的学习材料。如果必要的话，书中的某些部分将逐步增加对更高级概念的解释，并由精心挑选的说明材料加以支持。
- 基于本书的中心主题，我们希望所涉及的内容能受到模式识别和数据分析领域广大研究人员和实践者的喜爱。它可以被看作该领域实际方法的纲领，提供了良好的算法框架。

如果没有各机构和个人的支持，本书是无法完成的。

特别鸣谢国家科学中心为本书提供的经费支持(基金号 2012/07/B/ST6/01501，决策号 UMO-2012/07/B/ST6/01501)。

Agnieszka Jastrzebska 博士对实验和图表的绘制做了细致入微的工作。感谢 John Wiley 团队成员 Kshitija Iyer 和 Grace Paulin Jeeva S 在本项目开始阶段给予我们的鼓励以及持续的技术支持。

目　录

第二部分 高级主题：粒度计算框架

基础知识

第1章

Pattern Recognition: A Quality of Data Perspective

模式识别：特征空间的构建

在本章中，我们会就模式识别基本原理进行详尽的讨论，主要关注整体方案的初始阶段，包括特征构成及特征选择。我们要强调的是，大体上模式出自多种形式，如图像、录音、自然语言中的文本、结构有序的信息(根据某个键形成的元组)等。通过一组特征来描述的模式可以被视为一个一般信息块。一般而言，特征是模式的表示符。自然地，特征数量、性质和质量影响着接下来建模和分类的质量。本章中，我们将深入探讨这些问题。

本章结构如下：首先，我们建立模式识别问题的理论基础，并为后续整本书的讨论引入必要的符号和概念，我们会正式地定义特征和模式识别的处理过程；接着，我们会提出用于视觉模式识别的特征提取实践方法，其中，我们用印刷体乐谱符号作为模式示例；然后，我们将讨论一些基本的特征变换；最后，我们给出多种特征提取的策略。

1.1 概念

正式地，一个标准的模式识别问题是将一组对象(样本)

$$O=\{o_1,o_2,\cdots\}$$

拆分为由属于同一类的对象组成的子集的任务：

$$O_1,O_2,\cdots,O_C$$

因此，

$$O=\bigcup_{l=1}^{C}O_l \quad 且 \quad (\forall\, l,k\in\{1,2,\cdots,C\},l\neq k)O_l\cap O_k=\varnothing \tag{1.1}$$

将对象 O 分成若干子集 O_1，O_2，…，O_C 的过程被定义成一个叫作分类器的映射：

$$\Psi:O\rightarrow\Theta \tag{1.2}$$

其中 $\Theta=\{O_1, O_2, \cdots, O_C\}$ 是一组待考察的类别。为简单起见，我们假设映射 Ψ 由类指数 $\Theta=\{1, 2, \cdots, C\}$决定，也就是类别标签，而不是类本身。

模式识别通常在一些能刻画对象特征的待观察的特征组上进行，而不是直接在对象上进行。因此，我们用以下公式来表示从对象空间 O 到特征空间 X 的映射：

$$\varphi:O\rightarrow X \tag{1.3}$$

上式中映射 φ 被称为特征提取器(feature extractor)。随后，我们定义一个从特征空间到类别空间的映射：

$$\psi:X\rightarrow\Theta \tag{1.4}$$

这种映射叫作分类算法，或简称分类器。需要特别注意的是，分类器这一术语可用在不同场合：对目标进行分类，对刻画目标的特征进行分类，或者更准确的说法是基于特征空间对特征向量进行分类。这个术语的意思可以根据语境上下文来推断。因此在接下来的段落中，我们不会特别强调到底用哪个意思。前文中提到的两种映射组成了以下分类器：$\Psi=\psi\circ\varphi$。换句话说，$O\xrightarrow{\Psi}\Theta$ 的映射可以分解为以下两个级联实现的映射：$O\xrightarrow{\varphi}X\xrightarrow{\psi}\Theta$。

总的来说，分类器 Ψ 是未知的，也就是我们不知道模式所属的类别。然而，在模式识别问题中，假设模式空间内一些子类所属的类别是已知的，那么这些子类叫作学习集(learning set)，顾名思义，在监督学习中学习集样本的类属是已知的。学习集是所有样本集的子集，$L\subset O$，它们所属的类别已知，也就是说，针对学习集里的模式 $o\in L$，分类结果 $\Psi(o)$是已知的。基于学习集里已知类别的样本来构建一个分类器 Ψ：$O\rightarrow\Theta$，也就是说，映射 Ψ：$L\rightarrow\Theta$ 就是模式识别的终极目标。激发实现这一目标的前提是我们希望有一个足够好的子集来构建这个分类器，以便能成功地给所有样本分派类别的标签。总结来说，我们将模式识别问题作为一个设计问题来进行探讨，该问题旨在设计一个被视为如下映射的分类器：

$$\Psi:O\rightarrow\Theta$$

假设我们已有 $L\subset O$，一个已有正确分类标签的子集。这种分类器被分解成一个特征提取器：

$$\varphi:O\rightarrow X$$

和一个(特征)分类器(或可称为分类算法)：

$$\psi:X\rightarrow\Theta$$

如图 1-1 所示。

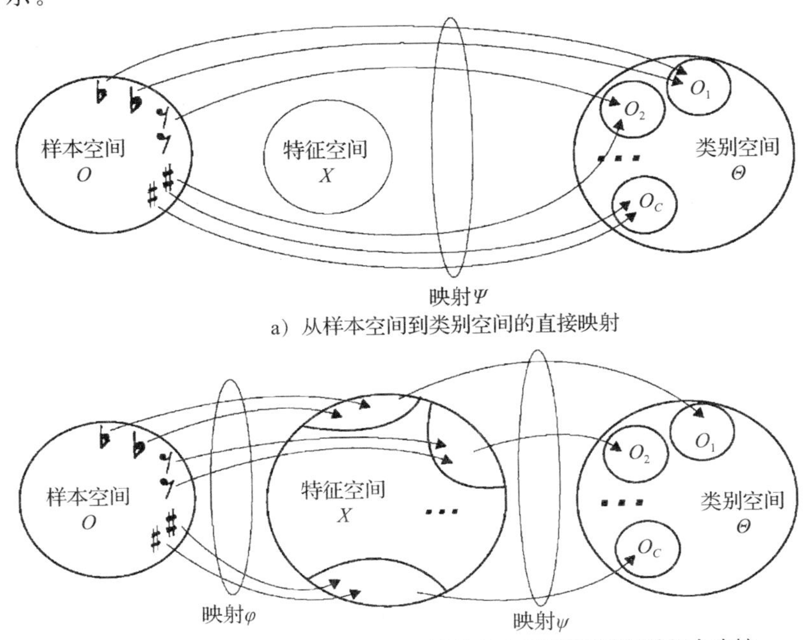

a) 从样本空间到类别空间的直接映射

b) 从样本空间到特征空间，再从特征空间到类别空间的组合映射

图 1-1　模式识别方案

特征提取器和分类算法都是由学习集 L 构建而成的。分类器 ψ 将特征空间划分为所谓的决策域(decision region)。

$$D_X^{(l)}=\psi^{-1}(l)=\{x\in X:\psi(x)=l\},\quad 对于每个\ l\in\Theta \tag{1.5}$$

自然地，特征提取器将特征空间中的样本划分为不同的类。

$$O_l=\varphi^{-1}(D_X^{(l)})=\varphi^{-1}(\psi^{-1}(l)),\quad 对于每个\ l\in\Theta \tag{1.6}$$

或等价地，

$$O_l=\Psi^{-1}(l)=\{\psi\circ\varphi\}^{-1}(l)=\varphi^{-1}(\psi^{-1}(l)),\quad 对于每个\ l\in\Theta \tag{1.7}$$

我们假设分类算法将特征空间值进行了划分，也就是说，它将空间 X 分隔为成对的不相交的子集，而这些子集覆盖整个空间 X：

$$(\forall l,k\in M,l\neq k)D_X^{(l)}\cap D_X^{(k)}=\varnothing\quad 和\quad \bigcup_{l\in M}D_X^{(l)}=X \tag{1.8}$$

图 1-2 举例说明了分类器 ψ 对特征空间的划分以及特征提取器 φ 对样本空间的划分。

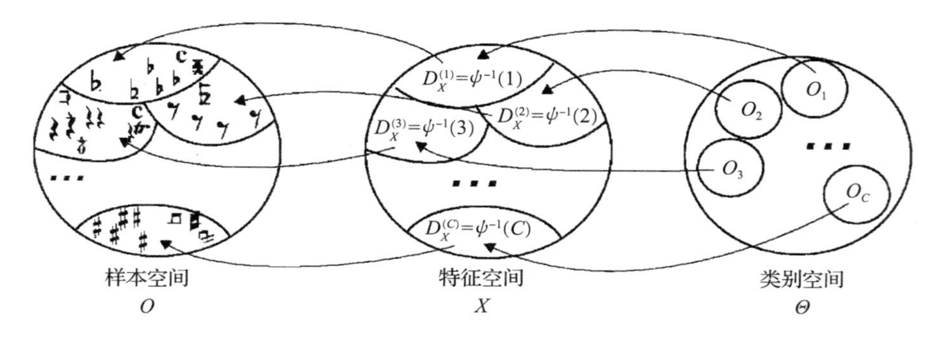

图 1-2 一个典型的模式识别方案

针对一个特定问题，在识别样本前通常要先对样本进行提取。例如，在处理印刷体问题或对乐符进行识别前，首先需要将待识别的字符从背景中提取出来。在这种情况下，样本通常是一个单一的符号(例如字母或音乐符号)，位于包含一些文本消息或带有某些音乐的单曲的页面上。只有先将它们从环境中提取出来，才能对其进行识别。如果我们考虑源自图像的模式，那么模式隔离的任务通常称为分割(segmentation)。这种分割的过程一般放在预处理环节。换句话说，预处理旨在对源图像进行多种修正和改变(比如二值化、尺度变换等)，这有助于提取更高质量的样本。这部分详情可参看第 2 章中 Krig(2014)关于模式识别中信号预处理问题的讨论。值得注意的是，并非所有的图像都能在良好的环境下获取到，也就是说，其中存在许多可能的噪声源和低质量数据(包括不平衡类别、数据缺失等)。对此，也有一系列相关文献专门针对低质量信号下的图像预处理方法，比如照度不佳的情况(Tan 和 Triggs，2010)或噪声环境(Haris 等，1998)。

不是所有模式识别任务都有明确定义且描述清晰的预处理及符号提取(分割)阶段。自动模式获取通常会产生多余的、不需要的符号以及常见的*无用数据*。我们将上述模式称作*异类样本*(foreign pattern)，而相对的适当且可识别的类的模式则称作*原始*

样本（native pattern)(Homenda 等，2014，2016)。在这种分类模块将所有提取的符号分配给设计的类(原始符号的属类，在学习集中标注和呈现)的情况下，分类模块会对每一个不需要的符号或垃圾符号产生错误分类。为了提高分类过程的性能，我们需要构建一个能够给原始符号做正确类别标注的分类器，同时拒绝不需要的符号和垃圾符号。

符号的拒绝可以被正式地解析为考察一个新的类 O_0，针对这个类我们可以区分出所有不需要的符号和垃圾符号。因此，我们可以区分一个分类决策域，其能够通过以下分类器 ψ 对异类符号和有用符号进行区分：

$$D_X^0 = \{x \in X : \psi(x) = 0\} \tag{1.9}$$

这个新的类(决策域)D_X^0 是空间 X 中的一个互异子空间：

$$(\forall l \in C) D_X^{(l)} \cap D_X^{(0)} = \varnothing \quad 和 \quad X = D_X^{(0)} \cup \bigcup_{i \in C} D_X^{(l)} \tag{1.10}$$

当然，先前的类 $D_X^{(l)}$，$l \in \Theta$ 都是两两互不相交的。拒绝异类符号暗示着一个特定的问题。与从属于我们已知类别的样本不同，异类符号通常互不相像，也不能构成一个一致的类，它们在特征空间中也没有分布特征。更有甚者，它们通常是在分类器构建阶段得不到的。因此，相比于根据异类对象族来辨识决策域的划分，更合理的做法是将原始对象决策域以外的区域区分出来(Homenda 等，2014)。当然，在这种情况下，我们假设原始符号的决策域只覆盖了它们自己的区域，而没有占据整个特征空间 X。原始对象决策域以外的区域可被正式地定义为如下式子：

$$D_X^0 = X - \bigcup_{i \in C} D_X^{(i)} \tag{1.11}$$

可以用图 1-3 来加以说明。

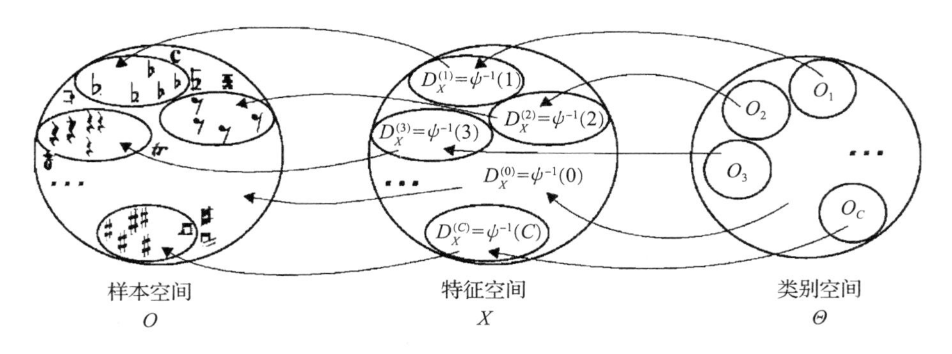

图 1-3　模式识别的拒绝问题

1.2　从样本到特征

从现在开始，我们将使用术语样本(pattern)来表示被识别的对象以及描述和表征这些对象的特性，准确的意思可以根据其在上下文环境中的用途来进行推断，有必要的话可以给予其明确的名词解释。

这里区分以下两类刻画样本的特征：

- **数值型特征：** 特征值构成一组实际的数字。
- **类别型特征：** 特征由一组有限数值集的值决定。

类别型特征的特征值可以是任何类型，比如由字母组成的名字。因为分类特征的值集是有限的，所以可以一一枚举出来，而分类特征则可根据其索引号得到。因此，为方便起见，类别型特征可当作数值型来处理。

特征空间 X 是一组独立特征 X_1，X_2，…，X_M 的笛卡儿乘积，也就是 $X = X_1 \times X_2 \times \cdots \times X_M$。因此，映射关系 φ 和 ψ 是在向量 $(x_1, x_2, \cdots, x_M)^{\mathrm{T}}$ 上进行操作。这些向量是映射 φ 的值和映射 ψ 的参数。向量的第 i 个元素记作 $x_i(i=1, 2, \cdots, M)$，代表第 i 个特征的值。为方便起见，特征的向量值 $\boldsymbol{x}=(x_1, x_2, x_3, \cdots, x_M)$将被简称为向量的特征或特征向量。

现在，我们集中讨论单色图像的特征表示，单色图像也就是黑白图像，其位于一个由称为黑白像素的元素填充而成的矩形框内。在本书中，我们集中讨论扫描的手写数字、手写字母以及印刷体乐符，此外几乎不讨论其他案例。这种选择的原因是，在本书所研究的方法的背景下，这种模式更有利于说明问题。然而，我们所讨论的方法都具有一般性，可以应用到其他场合。

如前文所述，模式识别很少直接应用于样本本身，也就是说，直接应用于样本最原始的形式。在几乎所有的模式识别案例中，都要先处理描述样本的特征。这会激励我们在后续章节中讨论关于单色图像特征选择的问题。如果我们考虑印刷体或手写体字母、数字、印刷体乐符、测量符等，那么这些特征是非常相关的。需要特别强调的是，可以获取和应用不同的特征去处理不同类型的模式，比如语音识别、信号处理等。

在处理手写数字、字母和印刷体乐符的实验中，我们用了如下特征组：数值、向量、向量与向量间的转换、向量与数值间的转换。

让我们来看一个关于高音符号的例子，乐符样本取自乐符样本库。乐符如图 1-4 所示，这是一个单色图(只有黑白双色)。我们称这种模式为*光栅扫描*(raster scan)：一个高为 H、宽为 W 的矩形边框区域内的像素点的集合。换句话说，这个包围框是包围样本的图像区域内最小的外接矩形。在图 1-4 中，包围框被视为一个用于清晰辨识最小矩形区域内包围样本的像素点的最小矩形边框。

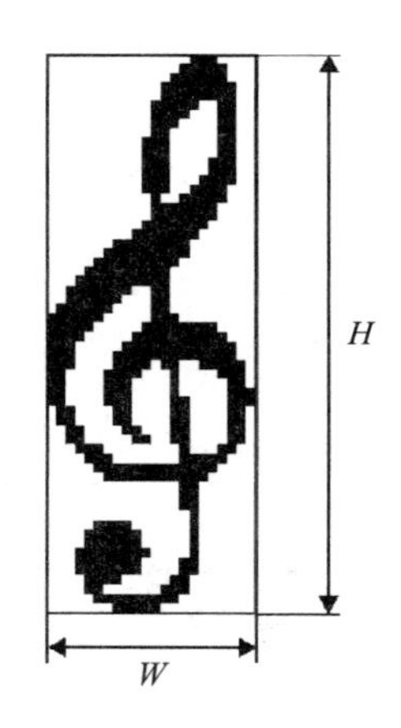

图 1-4　一个高音符，取自印刷体乐符数据库，作为样本的一个例子；这个样本由一个包围框(bounding box)包围，其中宽度 $W=22$ 像素，长度 $H=60$ 像素；包围框不属于样本的一部分，仅作说明

特别地，一个光栅扫描模式可用以下映射表示：

$$I:\langle 1,H\rangle \times \langle 1,W\rangle \rightarrow \{0,1\} \quad I\{i,j\} = \begin{cases} 1, & \text{对于黑色像素} \\ 0, & \text{对于白色像素} \end{cases} \tag{1.12}$$

1.2.1　向量型特征

只有极少数的数值型特征被有效地用在模式识别问题中，且可以直接从样本中得到。这些特征将在本章稍作讨论。然而，很多数值型特征图都间接地来自向量型样本。

向量型特征通常由给定样本(如图 1-5 和图 1-6 所示)的包围框创建。现在，我们来讨论最为突出的单色图像向量型特征的例子：投影、边界和转换。

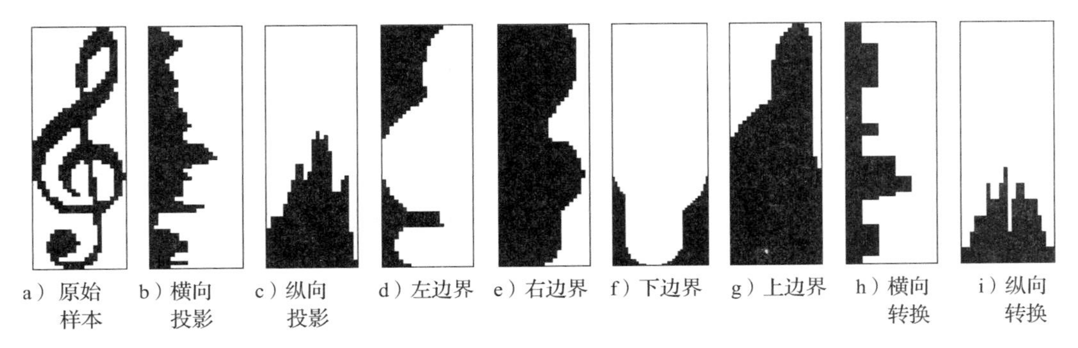

a) 原始样本　b) 横向投影　c) 纵向投影　d) 左边界　e) 右边界　f) 下边界　g) 上边界　h) 横向转换　i) 纵向转换

图 1-5　向量型特征。请注意，转换值是很小的，为了提高可视性，我们让该值乘以 4

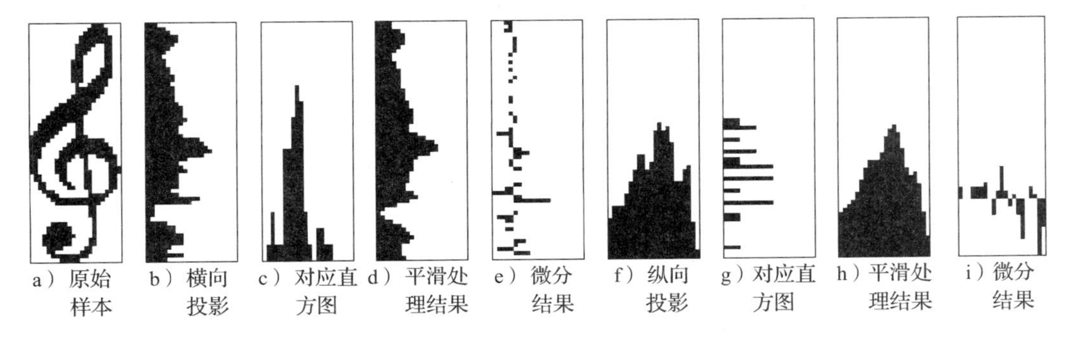

a) 原始样本　b) 横向投影　c) 对应直方图　d) 平滑处理结果　e) 微分结果　f) 纵向投影　g) 对应直方图　h) 平滑处理结果　i) 微分结果

图 1-6　向量与向量间的变换。请注意，纵向直方图的值乘以了 4

1. 横向和纵向投影：

- **横向投影**：包含每行黑色像素点数量的向量。
- **纵向投影**：包含每列黑色像素点数量的向量。

因此，横向投影是一个长度与包围框高度(H)相等的向量，而纵向投影则是一个长度与包围框宽度(W)相等的向量。

$$\begin{aligned}\mathrm{ProjH}(i) &= \sum_{j=1}^{W} I(i,j) \quad i = 1,2,\cdots,H \\ \mathrm{ProjV}(j) &= \sum_{i=1}^{H} I(i,j) \quad j = 1,2,\cdots,W\end{aligned} \tag{1.13}$$

2. 左边界、右边界以及上下边界：

- **左边界**：图像自左向右逐行扫描，出现第一个黑色像素所在的横坐标位置。当第一列是黑色像素点时，左边界的横坐标就是 0；而当整行都没有出现黑色像素时，左边界的横坐标就是 W（也就是包围框的宽度）。

- **右边界**：从左往右扫描，最右边出现黑色像素点的位置。如果整行都没有黑色像素，那么右边界的横坐标为 0。
- **上下边界**：同左右边界类似，只是行扫描方式改为列扫描。

因此，左、右边界是长度等于包围框高度的向量，而上、下边界则是长度等于包围框宽度的向量。关于边界的详细计算公式如下所示：

$$\mathrm{MargL}(i)=\begin{cases}W & \text{若}\sum_{j=1}^{W}I(i,j)=0\\ \arg\min\limits_{1\leqslant j\leqslant W}\{I(i,j)=1\}-1 & \text{否则}\end{cases}\quad i=1,2,\cdots,H$$

$$\mathrm{MargR}(i)=\begin{cases}0 & \text{若}\sum_{j=1}^{W}I(i,j)=0\\ \arg\max\limits_{1\leqslant j\leqslant W}\{I(i,j)=1\} & \text{否则}\end{cases}\quad i=1,2,\cdots,H$$

$$\mathrm{MargB}(j)=\begin{cases}H & \text{若}\sum_{i=1}^{W}I(i,j)=0\\ \arg\min\limits_{1\leqslant i\leqslant H}\{I(i,j)=1\}-1 & \text{否则}\end{cases}\quad j=1,2,\cdots,W \tag{1.14}$$

$$\mathrm{MargT}(j)=\begin{cases}0 & \text{若}\sum_{i=1}^{W}I(i,j)=0\\ \arg\max\limits_{1\leqslant i\leqslant H}\{I(i,j)=1\} & \text{否则}\end{cases}\quad j=1,2,\cdots,W$$

3. 横向和纵向转换：

- **横向转换**：特定行里连续成对的白色和黑色像素点的数量。
- **纵向转换**：特定列里连续成对的白色和黑色像素点的数量。

与投影一样，转换是对应长度的数量向量。

$$\begin{aligned}&\mathrm{TranH}:\langle 1,H\rangle\rightarrow\langle 1,W\rangle^{H}\quad \mathrm{TranH}(j)=\sum_{j=2}^{W}\max\{0,I(i,j)-I(i,j-1)\}\\&\mathrm{TranV}:\langle 1,W\rangle\rightarrow\langle 1,H\rangle^{W}\quad \mathrm{TranV}(i)=\sum_{i=2}^{H}\max\{0,I(i,j)-I(i-1,j)\}\end{aligned} \tag{1.15}$$

1.2.2 特征变换：从向量型到向量型

一组有趣的数值型特征可以根据从向量型特征向另一组向量型特征转换的过程推导得到。让我们列举几种重要的从向量型到向量型的映射：直方图、平滑和微分。图 1-6 是一个说明了这种变换过程的例证。

1. 直方图和累加直方图可以用向量 $\mathbf{V}$ 和长度 L 来定义。我们假设向量 $\mathbf{V}$ 的元素是位于 $[1, L_{\mathrm{h}}]$ 区间内的整数，也就是说 $\mathbf{V}(i)\in[1, L_{\mathrm{h}}]$。同样考虑长度为 L_{h} 的向量 $\mathbf{V}_{\mathrm{h}}$。直方图为

向量 $\mathbf{V}$ 到向量 $\mathbf{V}_\mathrm{h}$ 的映射，也就是将向量 $\mathbf{V}$ 中值为 i 的元素的数量赋值给向量 $\mathbf{V}_\mathrm{h}$ 中的第 i 个元素，即 $\mathbf{V}_\mathrm{h}(i)$，$i=1,2,\cdots,L_\mathrm{h}$。在这个前提下，我们定义直方图 Hist 和累加直方图 HistC 为下式：

$$\begin{aligned}
\mathbf{V}_\mathrm{h}(j) &= \sum_{i=1}^{L}\begin{cases}1 & \mathbf{V}(i)=j \\ 0 & \mathbf{V}(i)\neq j\end{cases}, \quad 其中\ j=1,2,\cdots,L_\mathrm{h} \\
\mathbf{V}_\mathrm{h}(j) &= \sum_{i=1}^{L}\begin{cases}1 & \mathbf{V}(i)\leqslant j \\ 0 & \mathbf{V}(i)> j\end{cases}, \quad 其中\ j=1,2,\cdots,L_\mathrm{h}
\end{aligned} \tag{1.16}$$

比如，一个纵向直方图被定义为 0 和行长度(H)之间的一个整数值 i。它统计了黑色像素点数等于 i 的列的数量。

2. 平滑是一种定义在一个向量上的映射，它本身的像素灰度值被其左右各 p 个邻域的均值所替代。原始向量和结果向量长度相等，均为 L。例如，当 $p=1$ 时，它的值被左右邻域向量的均值代替。请注意，当 $p=1$ 时，向量的第一个元素和最后一个元素都没有对应的左右邻域。而当 p 的值大于 1 时，一些元素没有对应的最左和最右元素。对于任意的 $p<L/2$，以下公式定义了平滑映射 Smth_p：

$$\begin{aligned}
\mathbf{V}_\mathrm{Smth}(i) &= \frac{1}{r-l+1}\sum_{j=i-l}^{i+r}\mathbf{V}(j) \quad i=1,2,\cdots,L \\
l &= \max\{1,i-p\}, \quad r=\min\{L,i+p\}
\end{aligned} \tag{1.17}$$

3. 微分计算求出向量 $\mathbf{V}$ 的当前元素和之前元素的差值，用 $\mathbf{V}_\mathrm{d}$ 表示：

$$\mathrm{Diff}:\mathbf{V}\rightarrow\mathbf{V}_\mathrm{d} \quad \mathbf{V}_\mathrm{d}(i)=\mathbf{V}(i)-\mathbf{V}(i-1), \quad 其中\ i=2,3,\cdots,L \quad 且 \quad V_\mathrm{d}(1)=0 \tag{1.18}$$

请注意，这个微分值可能是负值、正值或 0。结果微分向量的第一个元素被任意设置为 0。

1.2.3 特征变换：从向量型到数值型

正如前文提到的那样，模式识别任务通常需要利用数值型特征。我们还发现，在相应的向量中可以收集到相当多描述图像的有趣特征。因此，从向量特征中推导数值特征是十分必要的。本节我们会讨论向量型特征中主要的数值型特性。这些特性能应用在前文讨论过的向量相关计算中：投影、边界、转换、直方图、平滑，以及投影、边界和转换的微分。从向量型到数值型的特征变换在图 1-7 中进行了说明。

1. 向量的最小值、均值和最大值。这些变换可被用在投影、边界和转换上。假设 $\mathbf{V}$ 为一个长度为 L 的向量，那么以下公式定义了这些概念：

$$\begin{aligned}
最小值 &= \min_{1\leqslant i\leqslant L}\{\mathbf{V}(i)\} \\
均值 &= \frac{1}{L}\sum_{i=1}^{L}\mathbf{V}(i) \quad 最大值=\max_{1\leqslant i\leqslant L}\{\mathbf{V}(i)\}
\end{aligned} \tag{1.19}$$

2. 最小值、最大值的位置正好分别是向量最小值、最大值所对应元素的索引号。如果最小值或最大值在向量中出现不止一次，那么位置可以任意指定。下面的公式便将位置规定为第一次出现的地方，设 $\mathbf{V}$ 为长度为 L 的向量，下面公式定义了这些特征：

$$\text{最小值的位置} = \arg\min_{1 \leqslant i \leqslant L} \{\mathbf{V}(i) = \text{最小值}\}$$

$$\text{最大值的位置} = \arg\min_{1 \leqslant i \leqslant L} \{\mathbf{V}(i) = \text{最大值}\} \tag{1.20}$$

其中，最小值和最大值在式(1.19)中给出了定义。

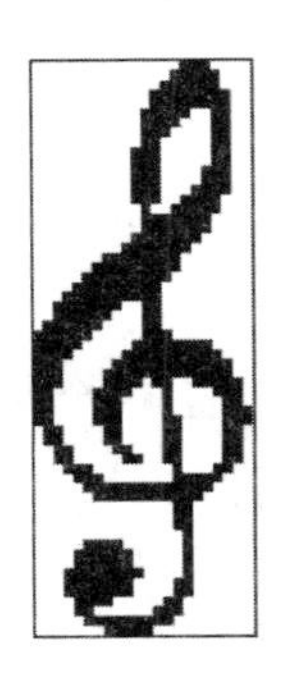

最大位置
最大
平均
最小
最小位置

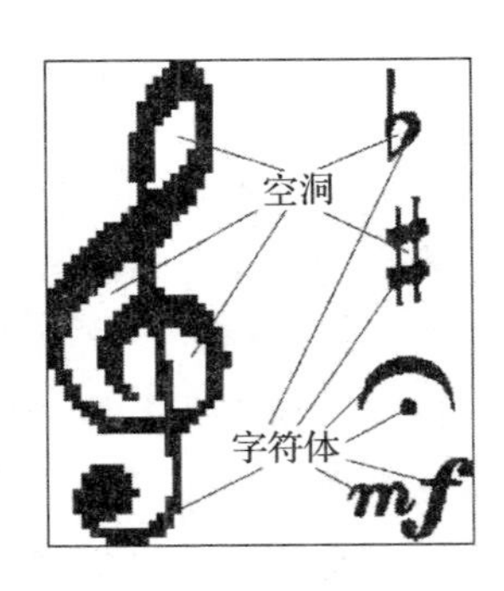

a）原始样本　b）向量投影的数值型特征（最小=2，平均=23，最大=34，最小位置=22，最大位置=13）　c）方向：黑色样本上的白色线条（W-E=13，N-S=28，NE-SW = 20，NW-SE=11）　d）偏心率　e）欧拉数（高音谱号：–2，降半音：0，升半音：0，延长音：2，中强音：2）

图 1-7　从向量型到数值型的特征转换

3. 对于零阶矩 ρ_0、一阶原始矩 ρ_1 和均值 μ_1，存在

$$\rho_0 = \sum_{i=1}^{L} \mathbf{V}(i) \quad \rho_1 = \sum_{i=1}^{L} i \cdot \mathbf{V}(i) \quad \mu_1 = \frac{\sum_{i=1}^{L} i \cdot \mathbf{V}(i)}{\sum_{i=1}^{L} \mathbf{V}(i)} = \frac{\rho_1}{\rho_0}$$

对于二阶原始矩 ρ_2 和长度为 L 的向量 $\mathbf{V}$ 的中心矩 μ_2，存在

$$\rho_2 = \sum_{i=1}^{L} i^2 \mathbf{V}(i) \quad \mu_2 = \sum_{i=1}^{L} (i - \mu_1)^2 \cdot \mathbf{V}(i) \tag{1.21}$$

1.2.4　数值型特征

有几个重要特征能直接从图像中提取出来。我们这里讨论以下特征：包围框的形状(高度与宽度的比值)、黑度(blackness)、原始矩和中心矩、偏心率以及欧拉数。在接下来的章节里，我们给出对所列举特征的描述并借助图 1-4 和图 1-7 进行相应说明。

1. 包围框的比例也就是高度 H 与宽度 W 的比值：

$$\frac{H}{W} \tag{1.22}$$

2. 图像黑度指的是包围框区域里黑色像素点所占的比例：

$$\frac{\sum_{i=1}^{H} \sum_{j=1}^{W} I(i,j)}{H \cdot W} \tag{1.23}$$

3. 原始矩和中心矩。图像的原始矩定义如下：

$$\rho_{kl} = \sum_{i=1}^{H}\sum_{j=1}^{W} i^k j^l \cdot I(i,j) \tag{1.24}$$

其中 $k+l$ 是矩的阶数。请注意零阶矩等于图像面积(黑色像素点个数)，而一阶矩 ρ_{10} 和 ρ_{01} 定义了图像中心(可以被解析为均值或重心)。

中心矩由下式定义：

$$\mu_{kl} = \sum_{i=1}^{W}\sum_{j=1}^{H} (i-\rho_{10})^k (j-\rho_{01})^l \cdot I(i,j) \tag{1.25}$$

注意 $\mu_{00}=\rho_{00}$，$\mu_{10}=\mu_{01}=0$。如果将图像矩和图像的横向、纵向投影的矩进行对比，那么我们会发现它们是相等的。也就是说，图像一阶矩 ρ_{10} 和横向投影的一阶矩 ρ_1 是相等的：

$$\rho_{10} = \sum_{i=1}^{H}\sum_{j=1}^{W} i^1 j^0 \cdot I(i,j) = \sum_{i=1}^{H}\Big(i \cdot \sum_{j=1}^{W} I(i,j)\Big) = \sum_{i=1}^{H}(i \cdot \mathrm{ProjH}(i)) = \rho_1 \tag{1.26}$$

同理，一阶矩 ρ_{01} 和纵向投影的一阶矩 ρ_1 也是相等的。类似地，二阶原始矩 ρ_{20} 和 ρ_{02} 以及对应的纵向和横向投影的二阶矩是相等的。同样的计算原理可以用来计算中心矩 μ_{20} 和 μ_{02} 以及对应的纵向和横向投影的矩 μ_2。

4. 偏心率 E 被定义为字符外围长轴 D 与垂直于长轴的短轴 D' 之间的比值。长轴 D 指的是该模式中连接字符的两个黑色像素点之间的最远距离。

$$\mathrm{Length}(D) = \max_{\substack{1\leqslant i,k\leqslant H \\ 1\leqslant j,l\leqslant W}} \{d(I(i,j),I(k,l)) : I(i,j) = 1 = I(k,l)\} \tag{1.27}$$

以下公式给出了这个特征的一个简单计算式：

$$E = \frac{(\mu_{20}-\mu_{02}) + 4\mu_{11}^2}{\mu_{00}} \tag{1.28}$$

该式中 μ_{20}、μ_{02}、μ_{11} 是二阶中心矩，而 μ_{00} 是样本区域的面积(等于黑色像素点个数)(参见 Hu，1962；Sonka 等，1998)。

5. 欧拉数 4、6 和 9。以单色图像表示的样本的欧拉数描述了样本的拓扑性质，这与其几何形状无关。二值化图像的欧拉数是连通区域数量(Number of Connected Component，NCC)与孔洞数(Number of Hole，NH)之差(Sossa-Azuela 等，2013)：

$$\mathrm{EN} = \mathrm{NCC} - \mathrm{NH} \tag{1.29}$$

连通区域指的是一片相互连通的黑色像素区域(前景)。孔洞指的是一片被黑色像素包围的、相互连通的白色像素的连通区域(背景)。比如：

- 一个高音谱号有一个连通区域和三个孔洞，EN=1−3=−2。
- 中强音符样本有两个连通区域且没有孔洞，EN=2−0=2。
- 升半音符有一个连通区域和一个孔洞，EN=1−1=0。

连通性取决于如何对连通区域进行定义。我们考虑三种连通性：

- 四连通(4-Connectivity)以 4 邻域像素为计算基础，也就是给定一个待计算的像素 $I(i, j)$，与其连通的像素有水平相邻的像素 $I(i\pm1, j)$ 和竖直相邻的像素 $I(i, j\pm1)$。

- 八连通(8-Connectivity)以8邻域像素为计算基础，也就是给定一个待计算的像素$I(i,j)$，与其连通的像素有水平相邻的像素$I(i\pm 1,j)$、竖直相邻的像素$I(i,j\pm 1)$以及对角线相邻的像素$I(i\pm 1,j\pm 1)$和$I(i\pm 1,j\mp 1)$。
- 六连通(6-Connectivity)以6邻域像素为计算基础，也就是给定一个待计算的像素$I(i,j)$，与其连通的像素有水平相邻的像素$I(i\pm 1,j)$、竖直相邻的像素$I(i,j\pm 1)$，对角线方向我们只考虑左上-右下方向相邻的像素$I(i\pm 1,j\pm 1)$。

6. 方向：竖直方向(N-S，北-南的简写)、水平方向(W-E，西-东的简写)以及对角线方向(NW-SE和NE-SW)。简而言之，方向指的是给定方向上字符最远端两个黑色像素点之间的距离。例如，计算竖直方向和NW-SE对角线方向的公式如下：

$$\max_{1\leqslant i\leqslant H,1\leqslant j\leqslant W}\ \max_{l\geqslant 0,r\geqslant 0}\left\{l+r+1=\sum_{k=-l}^{r}I(i+k,j)\right\}$$

$$\max_{1\leqslant i\leqslant H,1\leqslant j\leqslant W}\ \max_{l\geqslant 0,r\geqslant 0}\left\{l+r+1=\sum_{k=-l}^{r}I(i+k,j-k)\right. \tag{1.30}$$

假定有给定的i和j，l和r的值能让以下不等式成立：

$$1\leqslant i-l\leqslant i+r\leqslant H \text{ 和 } 1\leqslant j-l\leqslant j+r\leqslant W$$

7. 向量的峰值(例如，在横向/纵向投影中，在边界处，等等)是向量的一个元素，该元素不小于其左右邻域元素值。同时，它还不小于该向量最大值的3/4，或不小于向量最大值的一半，且要比左右邻域值大出最大值的1/4。以下公式定义了一个长度为L的向量$\boldsymbol{V}$中的峰值数，假定$\text{MAX}=\max\limits_{1\leqslant i\leqslant L}\{\boldsymbol{V}(i)\}$是向量中的最大元素，那么有：

$$\sum_{i=2}^{L-1}\begin{cases}1 & \boldsymbol{V}(i)>3/4\cdot\text{MAX}\wedge\boldsymbol{V}(i)-\max(\boldsymbol{V}(i-1),\boldsymbol{V}(i+1))\geqslant 0\\ 1 & 3/4\cdot\text{MAX}\geqslant\boldsymbol{V}(i)>1/2\cdot\text{MAX}\wedge\boldsymbol{V}(i)-\max(\boldsymbol{V}(i-1),\boldsymbol{V}(i+1))\geqslant 1/4\cdot\text{MAX}\\ 0 & \text{其他情况时}\end{cases} \tag{1.31}$$

总体来说，本节描述的模式识别初级阶段主要针对从图像中提取数值型特征。提出的机制总共生成了171个特征(特征向量包含171个元素)。结果在详细实验环节我们已处理过的两个数据集里(手写体数字和印刷体乐符)，一些经过计算的特征值是恒定的，因此我们将其剔除。结果，我们得出了159个特征，列举在了附录1.A里。

模式识别中有大量关于特征提取的文献；其中包括一些讨论图像分析的具体案例，比如，涉及面部识别(Turk和Pentland，1991)、高速特征提取方法(Bay等，2008)、纹理分析(Manjunath和Ma，1996)以及一些针对不同视角下目标匹配的现实的应用(Lowe，2004)。

1.3 特征尺度化

不同特征的值可能有较大差异，比如收入和年龄。原始形态下的特征叫作*原始特征*(raw feature)，或者称为*原始值*(raw value)。一些原始特征的权重可能比其他特征高一些。这样的结果是，当用特定算法去处理原始特征时，会冒着权重大的特征“遮蔽”

(overshadow)权重小的特征的风险。因此，有必要对原始特征进行尺度调整，这样做的目的是使不同特征的尺度统一。我们考虑两种类型的尺度统一方法：归一化到单位长度；基于均值和标准差的标准化处理。这两种尺度变换中都会应用到线性变换(linear transformation)，因此模式特征得以保存。

1.3.1 特征归一化

典型的归一化线性变换将原始特征值转换成单极单位(unipolar unit)长度[0，1]区间内的值或双极单位(bipolar unit)长度[−1，1]区间内的值。为了给出这种变换的细节，我们假设模式由特征 X_1，X_2，…，X_M 来描述，这样一来 $x_{i,\min}$ 和 $x_{i,\max}$ 分别是学习集中所有样本的特征 X_i 的最小和最大取值。因此，对于给定样本 O_j 的特征值 $x_{i,j}$，我们用向量 $\boldsymbol{x}_j=(x_{1,j}，x_{2,j}，…，x_{M,j})^{\mathrm{T}}$ 来表示，对应的单极特征值由以下公式计算：

$$a_{i,j}=\frac{x_{i,j}-x_{i,\min}}{x_{i,\max}-x_{i,\min}} \tag{1.32}$$

对应的双极特征值如下：

$$b_{i,j}=2\cdot\frac{x_{i,j}-x_{i,\min}}{x_{i,\max}-x_{i,\min}}-1 \tag{1.33}$$

在表 1-1 中，我们给出了特征的示例值。数值型特征(最小、最大、均值、最小最大值所在位置)是由两个向量型特征推导出的：纵向投影和纵向投影微分。我们描绘了印刷体乐符的特征。在这个例子中，我们只考虑了 8 种类别，且每个类中只选出一个样本(符号)。在这个表格的连续段中，我们给出了原始值、整个学习集中原始特征值的参数(最小、最大、均值、标准差)、归一化到单极和双极范围内的值以及标准化值。值得注意的是，归一化和标准化都可能得出未经定义的值，例如纵向投影微分的均值。这个特征是恒定的；因此，式(1.32)、式(1.33)和式(1.34)中的分母都是 0。

表 1-1 从两个向量型特征得出的数值型特征：纵向投影和纵向投影微分

类名	纵向投影						纵向投影微分					
	最小值	最小值位置	最大值	最大值位置	均值	ρ_1	最小值	最小值位置	最大值	最大值位置	均值	ρ_1
						原始值						
中强音	3	0	22	13	10	15.07	−9	15	11	11	0	11.81
升半音	12	26	30	7	13	13.93	−7	9	10	6	0	12.40
降半音	9	31	32	1	17	12.24	−8	6	6	0	0	10.80
G 谱号	3	0	17	11	11	15.69	−6	24	6	7	0	15.07
C 谱号	9	0	32	4	23	14.88	−14	10	18	1	0	14.79
四分休止符	4	0	25	16	12	14.68	−4	20	8	3	0	14.02
八分休止符	3	3	14	15	9	15.88	−5	17	3	3	0	15.26
十六分休止符	2	30	22	15	11	14.04	−3	16	3	1	0	14.64
…							…					
均值	4.73	15.47	23.27	11.63	12.53	14.67	−8.67	15.50	8.10	7.27	0.00	14.17
标准差	2.83	13.68	6.76	7.55	4.26	1.23	6.20	8.68	5.62	7.12	0.00	2.62
最小值	1.00	0.00	11.00	0.00	7.00	11.23	−25.00	1.00	2.00	0.00	0.00	8.38
最大值	12.00	31.00	32.00	23.00	23.00	16.63	6.20	30.00	21.00	27.00	0.00	19.54

（续）

类名	纵向投影						纵向投影微分					
	最小值	最小值位置	最大值	最大值位置	均值	ρ_1	最小值	最小值位置	最大值	最大值位置	均值	ρ_1
归一化为单位区间的值												
中强音	0.18	0.00	0.52	0.57	0.19	0.71	0.70	0.48	0.47	0.41	NA	0.31
升半音	1.00	0.84	0.90	0.30	0.38	0.50	0.58	0.28	0.42	0.22	NA	0.36
降半音	0.73	1.00	1.00	0.04	0.63	0.19	0.54	0.17	0.21	0.00	NA	0.22
G 谱号	0.18	0.00	0.29	0.48	0.25	0.83	0.83	0.79	0.21	0.26	NA	0.60
C 谱号	0.73	0.00	1.00	0.17	1.00	0.68	0.48	0.31	0.84	0.04	NA	0.57
四分休止符	0.27	0.00	0.67	0.70	0.31	0.64	0.91	0.66	0.32	0.11	NA	0.51
八分休止符	0.18	0.10	0.14	0.65	0.13	0.86	0.87	0.55	0.05	0.11	NA	0.62
十六分休止符	0.09	0.97	0.52	0.65	0.25	0.52	0.96	0.52	0.05	0.04	NA	0.56
归一化为双极单位区间的值												
中强音	−0.64	−1.00	0.05	0.13	−0.63	0.42	0.39	−0.03	−0.05	−0.19	NA	−0.38
升半音	1.00	0.68	0.81	−0.39	−0.25	0.00	0.15	−0.45	−0.16	−0.56	NA	−0.28
降半音	0.45	1.00	1.00	−0.91	0.25	−0.63	0.09	−0.66	−0.58	−1.00	NA	−0.57
G 谱号	−0.64	−1.00	−0.43	−0.04	−0.50	0.65	0.65	0.59	−0.58	−0.48	NA	0.20
C 谱号	0.45	−1.00	1.00	−0.65	1.00	0.35	−0.04	−0.38	0.68	−0.93	NA	0.15
四分休止符	−0.45	−1.00	0.33	0.39	−0.38	0.28	0.83	0.31	−0.37	−0.78	NA	0.01
八分休止符	−0.64	−0.81	−0.71	0.30	−0.75	0.72	0.74	0.10	−0.89	−0.78	NA	0.23
十六分休止符	−0.82	0.94	0.05	0.30	−0.50	0.04	0.91	0.03	−0.89	−0.93	NA	0.12
标准化值												
中强音	−0.61	−1.13	−0.19	0.18	−0.60	0.33	−0.05	−0.06	0.52	0.52	NA	−0.90
升半音	2.57	0.77	1.00	−0.61	0.11	−0.60	0.27	−0.75	0.34	−0.18	NA	−0.68
降半音	1.51	1.14	1.29	−1.41	1.05	−1.97	0.11	−1.09	−0.37	−1.02	NA	−1.29
G 谱号	−0.61	−1.13	−0.93	−0.08	−0.36	0.83	0.43	0.98	−0.37	−0.04	NA	0.34
C 谱号	1.51	−1.13	1.29	−1.01	2.46	0.17	−0.86	−0.63	1.76	−0.88	NA	0.24
四分休止符	−0.26	−1.13	0.26	0.58	−0.13	0.01	0.75	0.52	−0.02	−0.60	NA	−0.06
八分休止符	−0.61	−0.91	−1.37	0.45	−0.83	0.99	0.59	0.17	−0.91	−0.60	NA	0.41
十六分休止符	−0.97	1.06	−0.19	0.45	−0.36	−0.51	0.91	0.06	−0.91	−0.88	NA	0.18

注：印刷体乐符单一模式（符号）特征概述。

在归一化学习样本集中，特征值落在单位区间内。然而，当我们考虑学习集以外的样本时，例如，待识别的样本在经过原始归一化处理后，它们的特征值可能小于最小值也可能大于最大值。我们可以轻易地对新进样本进行归一化处理，但可能出现得到的值掉落在希望的单位区间外的情况。因此，这种不规则的情况必须加以考虑。为了处理这种情况，我们建议选择特征值具有一定容错性的处理算法，这在当前机器学习发展领域里已经不是问题了。

或者，如果没有其他可选的办法，那么还可以将位于单位区间外的特征值截断。

1.3.2 标准化

标准化是另一种使特征统一的方法。标准化不仅考虑初始值本身，还考虑特征值的分散性，也就是说，我们利用给定特征的均值和标准差。假设向量 $\boldsymbol{x}_j(x_{1,j}, x_{2,j}, \cdots, x_{M,j})^{\mathrm{T}}$ 代表第 j 个样本，以下公式实现了标准化处理过程：

$$u_{i,j}=\frac{x_{i,j}-\overline{x}_i}{\sigma_i} \tag{1.34}$$

其中 $\overline{x}_i$ 是特征 X_i 的均值，σ_i 是特征的标准差：

$$\overline{x}_i=\frac{1}{N}\sum_{j=1}^{N}x_{i,j},\quad \sigma_i=\sqrt{\frac{1}{N}\sum_{j=1}^{N}(x_{i,j}-\overline{x}_i)^2} \tag{1.35}$$

其中 N 是学习集中的样本数量。

选定特征值的标准化值可参见表 1-1 的最后部分。如前文所述，我们描述了 8 个印刷体乐符的每个类中一个样本(符号)的特征。与归一化处理不同，这里没有包含特征值的一个固定区间，因此为了处理标准化数据集，我们不能选要求所有的特性都落入某个任意预定义区间中的分类器。

1.3.3 特征尺度的经验评价

在本节中，我们讨论特征值尺度化对分类质量的影响。我们测试两个数据集：音乐符号和手写数字。前面我们提到手写数字是一个平衡数据集的样例。相比而言，音乐符号数据集中的样本在尺寸、形状和基数(cardinality)等方面就不平衡。

可以采用一些办法来减缓类不平衡的问题。即使样本形状是一个不能被修正的属性，另外两个方面(样本基数和尺寸)也能通过调整来均衡不平衡的数据集。因此，我们平衡了特征值，也就是将其标准化和归一化。同时，我们平衡了类的基数。

音乐符号数据集包含了 20 个类，详情参见 3.4 节。主要的类包含了 200～3000 个样本。有一个类特别小，只有 26 个样本。基于这个原始集，我们创建两个平衡数据集，其所有类都包含 500 个样本，也就是说，我们得到了两个有 10 000 个样本的平衡数据集。为了构建这些数据集，我们必须对出现频率低的类进行过采样，而对出现频率高的类进行欠采样。对于那些超过 500 个样本的类，我们随机选取了 500 个样本，而对于稀有的类，则生成一些新的样本以满足每个类有 500 个样本。我们应用两种截然不同的新样本生成方法来得到两个平衡数据集。

第一种样本生成方法的重要步骤定义如下：

算法 1.1 区间过采样的稀有类

数据：基数 N 的样本类 O

特征集

平衡类的假定基数 N_B

算法：初始化平衡类 $O_B=O$

repeat

从 O 中随机选取两个原始样本

$\boldsymbol{X}=(x_1, x_2, \cdots, x_M)$ 和 $\boldsymbol{Y}=(y_1, y_2, \cdots, y_M)$

创建新样本 $\boldsymbol{Z}=(z_1, z_2, \cdots, z_M)$，对于 $l=1, 2, \cdots, M$,

z_l 是间隔内的一个任意值[min(x_l, y_l), max(x_l, y_l)]

添加 $\boldsymbol{Z}$ 到 O_B

until O_B 中的样本数不小于 N_B

结果：样本的平衡类 O_B

在前文所述的步骤中，我们生成一系列样本以使样本总数为 500(原始样本个数加上额外生成的个数)。在这个过程的输入中，我们传递来自给定稀有类的原始样本。严格来说，我们处理的是描述一些样本的 M 个特征的数据块。我们在区间上调用这个方法，因为新的模式是使用在现有模式的特征值之间形成的随机区间生成的。

另外一种样本生成方法如下所述：

算法 1.2 高斯过采样稀有类

数据：基数 N 的样本类 O

特征集

平衡类的假定基数 N_B

算法：初始化平衡类 $O_B=O$

计算类 O 的中心 $\overline{\boldsymbol{X}}=(x_1, x_2, \cdots, x_M)$

repeat

创建新样本 $\boldsymbol{Z}=(z_1, z_2, \cdots, z_M)$，对于 $l=1, 2, \cdots, M$

对样本 z_l **使用**高斯概率分布 $N(\mu, \sigma)$

其中 μ 和 σ 都可根据式(1.35)计算得到

添加 $\boldsymbol{Z}$ 到 O_B

until O_B 中的样本数不小于 N_B

结果：样本的平衡类 O_B

在这个过程中，我们使用正态(高斯)概率分布来近似一个给定类别中样本的分布。我们称这种数据生成过程为高斯生成。

手写数字的数据集由 10 个类组成，每类包含大约 1000 个样本。总样本数是 10 000。数据集是均衡的，没有必要对样本数量占主导的类进行欠采样，也没必要对稀有类进行过采样。

在图 1-8 中，我们给出了前文所述的四个数据集的经验测试结果：手写数字的原始数据集、原始(未经修改)音乐符号数据集、经过间歇均衡后的音乐符号数据集以及高斯方法均衡后的音乐符号数据集。此外，在图 1-8 的每一张子图里，我们进行了原始数据、归一化数据和标准化数据之间的对比。我们呈现了用不同尺寸的特征组训练出的 SVM 分类器的精度，同时检查了 1 到 100 之间所有基数的特征组。为了选择一个特定的特征组，考虑特征质量评估的目的，我们在 ANOVA F-test 和 PBM 指数上运行了贪心搜索算法(参见 1.4 节，其中描述了特征选择过程的详情)。

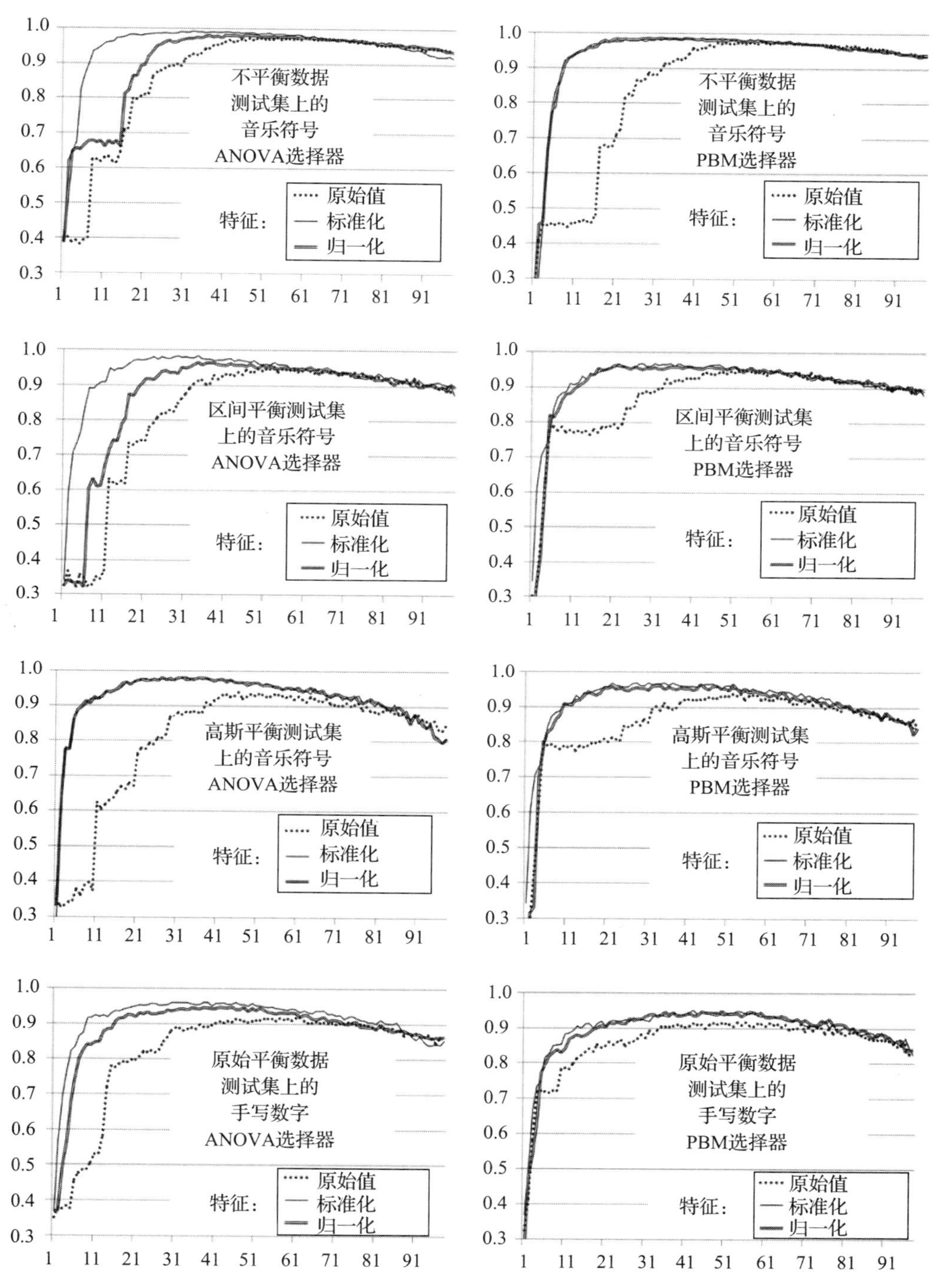

图 1-8 采用贪心搜索算法得到的不同特征组的质量。该过程是逐一加入特征：每一迭代中加入当前最好的特征。特征评估使用的是 ANOVA F-test 和 PMB 指数。图中纵轴代表精度，横轴代表特征集基数。数据结果体现了从 1 到 100 的特征集。绘制的结果呈现了不同测试集的测试精度，涉及不同样本组：原始的、归一化的、标准化的数字，以及数据集中的音乐符号（Homenda 等，2017）。关于这类数据的信息在每个单独的图中都可以看到

据图 1-8 中绘制出的实验结果可知，组成学习集的类按 7：3 的比例被随机分成训练组和测试组。训练组用来构建分类器，测试组用来评估精度。

图 1-8 中展示的结果说明数据集标准化能获取更高的精度。原始数据的结果要差于标准化数据的结果。在一些类中，归一化数据结果和标准化数据结果一样，甚至在某些例子中还要更加糟糕。特征组尺寸从 10 到 50 的差异很明显。对于很大的特征组，分类结果会趋于一致，不管用的是哪个数据集。自然地，这种大型的数据集是不建议使用的，因为我们看到了明显的过拟合现象，这使得测试精度在达到峰值之后又下降了。精度测试中达到峰值发生在包含 20～30 个特征的特征组里。

需要重点注意的是，平衡原始音乐符号(非归一化也非标准化的)数据集提高了很多精度，尤其对于 PBM 指数。另外，原始音乐符号数据集(非均衡)上标准化特征(包含 ANOVA F-measure 和 PBM 指数)和归一化特征获得的精度值要略好于平衡数据集。

1.4 特征评估和选择

本章前面部分，我们粗略地提到了如何用特征来表征模式。讨论集中在从单色图像中提取特征，并将图像分割为多个模式。说到这一点，我们回避了一个关键话题：特征质量。本节我们会更深入地探究这个问题。

对于一个模式识别任务，我们必须注意一个事实，就是提取到的特征的质量可能很差。这个问题体现在多个方面。首先，我们可能获取了太多特征，而且我们所使用的处理算法可能无法有效处理这些特征。第二个明显的缺陷是特征可能出现冗余(重复)、恒定或携带完全没用的信息(比如国家社保号，这对每个人来说都是唯一的，且不携带任何预测强度)的情况。最后，还可能存在强相关特征或低质特征(例如，缺失的特征值)。任何情况下，在进行真正的模式识别前都必须知道我们要处理的数据。当提到特征时，我们需要对其进行评估。这项任务的目的是选择一个对分类有价值的子集。在接下来的章节里，我们会讨论最优特征子集的特征评估和选择问题。

1.4.1 相关性

可能出现的情况是一些特征非常相似或近乎一致，在这个意义上，它们的值线性地依赖于学习集中的样本。一些线性相关的特性所承载的信息不超过它们中的一个。如果我们有一对相关特征，则只有其中一个是分类器构建过程中所需的。冗余特征应该被丢弃，因为它们不能携带有用信息。此外，它们会使模型的构建复杂化，因此通过这种方式，我们有很大可能构建出糟糕的模型。

为说明特征间的依赖性，我们来考虑纵向和横向投影及黑度(blackness)的均值(mean)。这些特征用式(1.13)和式(1.23)进行了定义。很明显，它们是成比例的：它们的值等于样本包围框里黑色像素点的个数分别除以宽度、高度以及框的宽度和高度的乘积。

$$\text{Mean}_{\text{vert,proj}}=\frac{\sum_{i=1}^{W}\sum_{j=1}^{H}I(i,j)}{W}\quad \text{Mean}_{\text{hor,proj}}=\frac{\sum_{i=1}^{W}\sum_{j=1}^{H}I(i,j)}{H}\quad \text{Blackness}=\frac{\sum_{i=1}^{W}\sum_{j=1}^{H}I(i,j)}{W\cdot H} \tag{1.36}$$

因此，这些特征是严格相关的，所以完全可以将一个特征的值乘上一个常数，以得到另一些特征的值：

$$\text{Mean}_{\text{hor,proj}}=\frac{W}{H}\cdot\text{Mean}_{\text{vert,proj}}\quad \text{Blackness}=\frac{1}{H}\cdot\text{Mean}_{\text{vert,proj}} \tag{1.37}$$

当然，这些特征中的两个应该被删除。

两个特征间的相关强度用 Pearson 相关系数表示。为了计算这个系数，我们考虑两个数值特征 X_k、X_l，以及它们的学习集里 N 个样本的特征值：$x_{1,k}$，$x_{2,k}$，…，$x_{N,k}$和 $x_{1,l}$，$x_{2,l}$，…，$x_{N,l}$。Pearson 相关系数定义如下：

$$r_{k,l}=\frac{\sum_{i=1}^{N}(x_{i,k}-\overline{x}_k)x_{i,l}-\overline{x}_l}{\sqrt{\sum_{i=1}^{N}(x_{i,k}-\overline{x}_k)^2}\sqrt{\sum_{i=1}^{N}(x_{i,l}-\overline{x}_l)^2}} \tag{1.38}$$

这里的特征均值由以下公式计算得到：

$$\overline{x}_k=\frac{1}{N}\sum_{i=1}^{N}x_{i,k},\quad \overline{x}_l=\frac{1}{N}\sum_{i=1}^{N}x_{i,l} \tag{1.39}$$

Pearson 相关系数是一个介于[−1，1]之间的数。两个严格相关的特征的相关系数值为 1，也就是说，这对特征呈线性关系，以至于当一个特征值增加时，另一个特征值也随之增加。这种行为特征可用式(1.36)中描绘的任意两个特征来呈现。这个结论可以轻易地通过将式(1.38)里的特征值替换为另一个特征值和其系数的乘积来得到。另外，两个线性负相关特征的乘积所得到的相关系数值为−1。作为这两个特征的例子，我们使用黑度值和白度值。另一个相关系数为负的示例是横向投影均值和纵向累加直方图的均值。这一对特征的相关系数非常接近−1。

针对一个给定的特征组，我们来计算相关矩阵，辨识相关特征组，然后每组只保留一个特征。需要注意的是，我们通常看不到严格相关的特征，也就是像前面描述的那种，特征对的相关系数的绝对值等于 1。通常，我们有强相关特征，即特征对的相关系数的绝对值很高。我们注意到这取决于模型设计者，他们通过确定阈值来做出哪对特征是相关的这个决策。假设我们选择了这样一个阈值，比如绝对值为 0.6，那么应审查相关系数大于 0.6 的特征对，同时丢弃冗余特征。

表 1-2 给出了表 1-1 所列举的特征间的相关系数。当然，这个矩阵是对称阵，主对角线上元素均为 1。在这个矩阵中，每个特征对相关系数的绝对值大于 0.6 的都用黑体表示。例如，以下特征对是相关的：纵向投影微分的原始矩和纵向投影最大值(0.64)的位置，纵向投影(值为 0.65)的一阶原始矩和该投影微分的最小值(0.64)所在位置。如果我们想要消除这些相关，则应该移除纵向投影微分的原始矩或者移除其他两个相关特

征。关于哪些特征需要被移除，这里没有规范。如果有的话，比如，评估单个特征的质量(参见 1.4.2 节关于评估的部分)，那么较弱(而不是较强的)的特征应该被移除。

表 1-2 表 1-1 所列特征的 Pearson 相关系数矩阵

		纵向投影						纵向投影微分					
		最小值	最小值位置	最大值	最大值位置	均值	ρ_1	最小值	最小值位置	最大值	最大值位置	均值	ρ_1
纵向投影	最小值	**1**	0.17	0.32	−0.04	**0.72**	−0.09	0.01	0.04	−0.11	0.10	0.02	0.03
	最小值位置	0.17	**1**	0.07	−0.07	0.19	−0.38	0.05	0.02	−0.13	0.04	−0.02	0.06
	最大值	0.32	0.07	**1**	−0.39	**0.60**	−0.39	**−0.63**	−0.24	0.54	−0.04	−0.02	−0.41
	最大值位置	−0.04	−0.07	−0.39	**1**	−0.03	0.57	0.45	0.53	−0.38	0.20	0.03	**0.64**
	均值	**0.72**	0.19	**0.60**	−0.03	**1**	−0.06	−0.09	0.16	0.02	0.02	0.02	0.10
	ρ_1	−0.09	−0.38	−0.39	0.57	−0.06	**1**	0.35	0.41	−0.22	0.24	0.07	**0.65**
纵向投影微分	最小值	0.01	0.05	**−0.63**	0.45	−0.09	0.35	**1**	0.29	**−0.71**	0.02	0.04	0.43
	最小值位置	0.04	0.02	−0.24	0.53	0.16	0.41	0.29	**1**	−0.29	0.11	0.03	**0.64**
	最大值	−0.11	−0.13	0.54	−0.38	0.02	−0.22	**−0.71**	−0.29	**1**	−0.15	0.01	−0.48
	最大值位置	0.10	0.04	−0.04	0.20	0.02	0.24	0.02	0.11	−0.15	**1**	−0.04	0.39
	均值	0.02	−0.02	−0.02	0.03	0.02	0.07	0.04	0.03	0.01	−0.04	**1**	0.01
	ρ_1	0.03	0.06	−0.41	**0.64**	0.10	**0.65**	0.43	**0.64**	−0.48	0.39	0.01	**1**

注：黑体字用于突出显示绝对值大于 0.6 的系数。主对角线的系数明显等于 1。

1.4.2 特征评估：两种方法

特征相关性可用来辨识类似的特征并消除依赖的特征。同样重要的是特征评估在分类中的作用。这里的挑战是找寻一个尽量小的特征集，这可以确保构建高质量的分类器。不幸的是，没有一种合适的低计算成本的方法可用来为所有数据选择最好的特征子集。实践中，我们区分了两类特征选择方法：

- 基于指数(index-based)的方法
- 基于包装(wrapper-based)的方法

第一种方法依靠相对简单的指数来评估特征。它们依赖于依赖关系(dependency)，例如特征和因变量之间的关系以及特征本身之间的关系。采用基于指数的方法的好处是它们需要适度的计算量。

所谓的基于包装的方法依赖于根据各种特性子集来构建多个模型。在收集一系列分类模型后，对比它们的效率，选择最优的一个。为了确保给定一个分类方法时，我们能选择最优的特征子集，需要为每个可能的特征子集构造分类器。然而在实践中，这不是一个可行的选择，尤其是当整个特征集很大的时候。为了限制由暴力特征搜索造成的计算负荷，我们采用多种贪心算法来限制被检查的特征子集的数量。这种方法的计算量仍然很大，实现起来也很耗时。此外，如果我们转向另一种分类算法，那么为了获得同样高质量的模型，可以重复整个过程。尽管以上提到的负面因素不能忽视，但需要提醒的是基于包装的方法提供了数值质量更优秀的模型。考虑到这个原因，在本书后续章节中，我们将更深入地研究基于包装的特征搜索方法。

本书主题文献提供了广泛的文章，其中我们可以找到非常详尽的示例，讨论了恰当的特征选择是如何确保适当处理能力的。文献包括基于无监督相似性的特征选择(Mitra 等，2002)、基于互信息的特征选择(Peng 等，2005)、针对生物信息学数据的特征选择(Saeys 等，2007；Guyon 等，2002)以及基于集的特征选择(Swiniarski 和 Skowron，2003)等。也有一些文章，我们可以在其中找到针对用于特定分类器的特征选择技术的详尽描述，比如 Huang 和 Wang(2006)中提到的 SVM。同时，也值得查阅一下关于特征选择的通用综述，比如 Trier 等(1996)以及 Kudo 和 Sklansky(2000)。

1.4.3 基于指数的特征评估：单特征与特征集

我们现在来探讨一个在采用基于指数方法的特征选择时出现的重要特点。此处强调一下，基于指数的特征评估可以应用在两种变量上：

- 为评估单特征的质量
- 为评估 k 个特征的子集的质量

算法 1.3 中概述的第一个策略只需要逐个评估特征。

算法 1.3 基于指数的特征评估："逐一"方案

数据：参与评估的特征集
　　　学习样本集
　　　特征评估指数
算法：**for** 特征集中的**每一个**特征
　　　　使用特征评估指数来**评估**特征
结果：特征集中每个特征的带质量评分的向量

如果我们将算法 1.3 的结果进行分类，那么就可以构建特征分级。随之而来的是，模型设计者就能选择出独立评价结果最好的特征子集，以期望这些特征能给我们提供高质量的模型。k(特征数量)的选择可以通过绘制一个指数值的图来完成。在进行经验引导的参数选择时，寻找图中存在的拐点是一种标准方法。

第二个策略将特征作为一个组来进行评估。然而，这就带来了一个关于如何选择特征子集进行评估的问题。这个问题将在本章后面部分解决。在这一点上，我们会重点描述单一特征评估环境下的特征评估指数。稍后，讨论内容将扩展到第二个场景，在该场景，我们将评估特征子集。

1.4.4 特征评估指数

我们将注意力转向两类低计算复杂度的方法上来：用于特征评估的统计指数和用于聚类质量验证的指数。

即使聚类是一项跟模式识别有着不同目的的任务，两者之间也依旧有很多相似点。

直观上来说，我们能看到集群和类别之间的相似之处：假设类别像集群一样，将相似的对象聚集在一起，换句话说，在特征空间中，相似的对象聚集在比较集中的某个子空间内。因此，我们将聚类有效性指数视为潜在对象的特征评估指数。

在接下来的章节里，我们会描述四个指数：ANOVA F-test（统计指数）和三个聚类指数（clustering index）。

ANOVA F-test

ANOVA F-test（方差分析）是一个统计测试，用于评估几个预先确定的组内定量变量（quantitative variable）的期望值是否不同。该测试用于评估特征区分原始样本类的能力。粗略地说，评估值由以下比例进行描述：

$$F=\frac{\text{类间变化量}}{\text{类内变化量}} \tag{1.40}$$

假设 $N_i=1, 2, \cdots, C$ 为原始样本类的基数，其中 $N_1+N_2+\cdots+N_C=N$；$x_{i,j}$ 代表来自第 i 类的第 j 个样本的特征值，其中 $j=1, 2, \cdots, N_i$，$i=1, 2, \cdots, C$。设 $\overline{x}_i(i=1, 2, \cdots, C)$ 和 $\overline{x}$ 分别为对应类中和整个学习集中特征的均值：

$$\overline{x}_i=\frac{1}{N_i}\sum_{j=1}^{N_i}x_{i,j},\quad i=1,2,\cdots,C,\quad \overline{x}=\frac{1}{N}\sum_{i=1}^{C}\sum_{j=1}^{N_i}x_{i,j} \tag{1.41}$$

那么针对一个给定特征的 ANOVA F-test 由下式定义：

$$F=\frac{\dfrac{1}{C-1}\displaystyle\sum_{i=1}^{C}N_i(\overline{x}_i-\overline{x})^2}{\dfrac{1}{N-C}\displaystyle\sum_{i=1}^{C}\sum_{j=1}^{N_i}(x_{i,j}-\overline{x}_i)^2} \tag{1.42}$$

很清楚的一点是类中心越分散，类内分布越紧凑，ANOVA F-test 的值就越大。这个规律暗示了 ANOVA F-test 越大就越容易把类与类分离开来。最后，特征的质量也是与 ANOVA F-test 值保持一致的：值越大，特征提供的类与类之间的分离就越容易实现。有趣的是，ANOVA F-test 恰好与自然语言处理中的特征选择相匹配（Elssied 等，2014）。

聚类指数

我们在进行了一系列经验性实验后发现聚类指数与其他大量聚类有效性指数一样，都非常适合表达特征的质量，例如 McClain-Rao（MCR）指数、广义 Dunn 指数（Generalized Dunn Index，GDI）和 PBM 指数。

McClain-Rao 指数

讨论的第一个指数是在 McClain 和 Rao（1975）以及 Charrad（2014）中提出来的。该指数表达的是两个数的比例，也就是相同类的一对点之间的平均距离除以不同类的一对点之间的距离。以下公式定义了这个指数：

$$\mathrm{MCR}=\frac{P_2(N)-\sum P_2(N_i)}{\sum P_2(N_i)}\cdot\frac{\displaystyle\sum_{i=1}^{C}\sum_{1\leqslant k<l\leqslant N_i}|x_{i,k}-x_{i,l}|}{\displaystyle\sum_{1\leqslant i<j\leqslant C}\sum_{1\leqslant k\leqslant N_i}\sum_{1\leqslant l\leqslant N_j}|x_{i,k}-x_{j,l}|}$$

其中，

$$P_2(N)=N(N-1)/2,\quad \sum P_2(N_i)=\sum_{i=1}^{C}N_i(N_i-1)/2 \tag{1.43}$$

$P_2(N)$是所有类中参与距离计算的点对的数量(更准确地说，是所有类中点对的数量)。$\sum P_2(N_i)$是同一类中参与距离计算的点对的数量(同一类中点对的数量)。其他符号的含义类似于在谈及 ANOVA F-test 的章节中使用的符号。

将公式(1.42)视为两个项的乘积，我们将第二项解析为类内(within-cluster)距离的和除以类间(between-cluster)距离的和。第一项统计了类间距离的数量除以类内距离的数量。这两项的乘积为类内距离平均值和类间距离平均值的比率。

这个指数的最小值用于表明最优聚类。因此，指数值越小，特征质量就越好。最后，为与其他指数保持一致性，我们颠倒了 MCR 特征的分级。

广义 Dunn 指数

Dunn 指数(Dunn，1973)定义了类间距离最小值和类内距离最大值之间的比率。这个指数通过使用最小类间和最大类内的不同定义而被推广到了 GDI(Desgraupes，2013)。我们使用按下述公式定义的 GDI_{41} 版本(Desgraupes，2016)。当然，当在分类过程中采用聚类指数进行特征集评估时，我们用*集群归属性*(cluster belongingness)代替了*类隶属度*(class membership)：

$$GDI_{41}=\frac{\min\limits_{1\leqslant k<l\leqslant C}|\overline{x}_k-\overline{x}_l|}{\max\limits_{1\leqslant k\leqslant C}\max\limits_{1\leqslant i<j\leqslant N_k}|x_{k,i}-x_{k,j}|} \tag{1.44}$$

如果数据集包含了紧凑且分类较为明晰的集群，那么集群的分布直径应该比较小，而集群之间的距离应该比较大。因此，Dunn 指数应该取得最大值。故而指数值越大，特征的质量就越高。

PBM 聚类指数

第三个聚类有效性指数是由 Bandyopadhyay 提出的(Bandyopadhyay 等，2014)，名为 PBM(由 Pakhira、Bandyopadhyay 和 Maulik 三人名字的首字母组合而成)。结合 ANOVA F-measure 里的标记，给出以下 PBM 指数：

$$PBM=\left(\frac{D_B}{C}\cdot\frac{\sum\limits_{i=1}^{C}\sum\limits_{j=1}^{N_i}|x_{i,j}-\overline{x}|}{\sum\limits_{i=1}^{C}\sum\limits_{j=1}^{N_i}|x_{i,j}-\overline{x}_i|}\right)^2 \tag{1.45}$$

其中 $D_B=\max\limits_{1\leqslant i<j\leqslant C}|\overline{x}_i-\overline{x}_j|$ 是所有聚类集合(聚类中心)中平均值之间距离的最大值。在 ANOVA F-test 测试中，集群间分布越分散，集群内分布就越紧凑，PBM 的值就越大。综上所述，PBM 的值越大，类间分离得就越远，特征质量也就越高。

1.4.5　基于指数的方法和基于包装的方法

让我们回顾一下，分类器可以作为特征评估的方法——紧随其后的是所谓的用于特征选择的基于包装的方法。将分类器应用到特征评估与基于指数的特征搜索方法有很大的冲突，因为其极大地增加了计算复杂度。包装会评估最终的结果(分类精度)，而基于指数的方法则更为卓越：这些方法可评估成分和特征以得出最终模型。

与此同时，我们还必须面对一个现实期望，就是低计算量的基于指数的方法只有当其结果不落后于高计算量的更优模型时才显得有价值。

在下一节中，我们会针对基于指数的单特征评估方法和基于分类器的单特征评估方法进行公平的比较。相应地，本章后半部分，我们会针对基于指数的多特征选择方法和基于分类器的多特征选择方法进行一次比较。实验测试部分，我们分析了给定的基于指数的评估方法和训练模型精度的一致性。

在本书中，我们会使用 k-NN 和 SVM 分类器。关于这些分类器的扩展描述将在第 2 章中进行。

1.4.6　使用指数和分类器的单特征评估方案

用于聚类质量评估的指数有很多种。我们研究了超过 20 种的指数以期望能选出少数一些可用于评估特征和分类器一致性的指数；也就是，我们寻求跟分类器类似的可以对特征进行分级的指数。再者，我们讨论选出的特征，以便说明一些属性，如特征相关性或评分结果。表 1-3 中提到了 SVM 和 k-NN(k=1)的分类结果，以及 ANOVA F-test 和多种聚类指数：Calinski-Harabasz 指数、Baker-Hubert gamma 指数、G+指数、参数为 δ_4 或 Δ_1 的 GDI(Dunn，1973；Desgraupes，2013)、MCR 指数、PBM 指数以及点双列(point-biserial)指数(Desgraupes，2013，2016)。表 1-3 的第一列中列出的指数，给出了 15 个最佳的特征分级(数目)，并按分级降序排列。这些特征的全名和分配的数字列在了附录 1.A 内。表 1-3 中，希望大家注意 ANOVA F-test 和 Calinski-Harabasz 结果的那行，这两行结果是一致的，也就是说，这两个指数是完全相关的(完全一致)，应该被丢弃掉。指数的其他属性在本章后面进行描述。

表 1-3　特征按所应用的两个分类器和不同指数排序：分类器 SVM 和 k-NN、ANOVA 指数以及几个聚类指数

SVM	154	120	152	89	116	3	134	67	91	106	130	148	61	150	20
k-NN(k=1)	154	134	120	152	116	81	106	130	95	156	70	89	97	92	148
ANOVA	154	3	145	61	8	67	80	64	10	143	17	32	7	22	69
Calinski-Harabasz	154	3	145	61	8	67	80	64	10	143	17	32	7	22	69
Gamma	12	40	126	34	140	26	87	101	52	98	112	46	59	41	115
G+	12	40	126	34	140	26	87	101	52	98	112	46	59	41	115
GDI-41	6	149	95	144	57	96	146	154	61	72	25	33	45	65	116
McClain-Rao	154	32	80	3	145	44	76	17	143	67	61	69	116	8	78
PBM	154	3	61	80	67	76	145	69	156	64	17	8	32	135	152
点双列	40	12	34	126	26	140	87	101	59	41	98	52	115	112	129

注：在总共 171 个特征中，我们对 159 个特征进行了排序(在评估之前，我们删除了 12 个不变的特征)，参见附录 1.A。

对指数有用性的评估可通过研究特征分级来得到。我们应用两个方案来计算指数/分类器对的得分，都是基于对特征位置间距离的计算来进行的。接下来，我们寻找与

SVM 和 k-NN 分类器相一致的指数。

秩距离

第一个度量相似性的准则是秩距离（Distance by Rank，DR）得分。这个得分是计算特征位置分级的差值之和。我们假设 R_1 和 R_2 是基于两个指数的秩，$R_1(X_i)$和 $R_2(X_i)$是特征 X_i 在这些秩中的指数。这个得分的定义可用下式表示：

$$\mathrm{DR}(R_1, R_2) = \sum_{i=1}^{M} \left| R_1(X_i) - R_2(X_i) \right| \tag{1.46}$$

DR 的值可参见表 1-4。在这个表内，我们展示了表 1-3 中使用的指数的得分。得分值越小，指数就越相似。两个完全一致的指数得分为 0，也就是该指数分配给每个特征同样的分级。这是前述的关于 ANOVA F-test、Calinski-Harabasz 指数、Gamma 对和 G(amma)+指数的例子。除开这两对，最高相似性出现在这对分类器中：SVM 和 k-NN。至于一个分类器和一个指数的相似性，得分相对较低，出现完全一致的 ANOVA F-measure、Calinski-Harabasz 指数、GDI-41、MCR 和 PBM 指数时 SVM 分类器得分低于 6000，k-NN 分类器得分低于 7000。点双列(point-biserial)指数是一个展示高 DR 得分值的指数示例。该指数与其他指数是非常不一致的。

表 1-4　特征按秩距离排序：比较所有分类器和指数对，SVM 指数得分小于 6000 分和 k-NN 指数得分小于 7000 分均用黑体表示

	SVM	k-NN ($k=1$)	ANOVA F-meas	Calinski-Harabasz	Gamma	Gamma+	GDI-41	McClain-Rao	PBM	点双列
SVM	0	**2783**	**5283**	**5283**	8862	8862	**5214**	**4723**	**5408**	10 560
k 邻近($k=1$)	**2783**	0	**6550**	**6550**	9437	9437	**5341**	**6042**	**6749**	9727
ANOVA F-meas	**5283**	**6550**	0	0	5913	5913	6135	1638	1923	11 551
Calinski-Harabasz	**5283**	**6550**	0	0	5913	5913	6135	1638	1923	11 551
Gamma	8862	9437	5913	5913	0	0	9698	5327	5418	8888
Gamma+	8862	9437	5913	5913	0	0	9698	5327	5418	8888
GDI-41	**5214**	**5341**	6135	6135	9698	9698	0	6607	6792	9340
McClain-Rao	**4723**	**6042**	1638	1638	5327	5327	6607	0	2199	11 721
PBM	**5408**	**6749**	1923	1923	5418	5418	6792	2199	0	11 274
点双列	10 560	9727	11551	11551	8888	8888	9340	11721	11 274	0

注：SVM 和 k-NN 分数也很低，可根据式(1.46)计算 $M=159$ 个特征的得分。

分段距离基数

第二个度量相似性的准则被称作分段距离基数(Distance by Segments Cardinality, DSC)。这个得分是基于连续几组分级的前几个特征通过两个对比指数创建的。然后，求出相应特征集交集的基数求和。以下公式定义了 DSC：

$$\mathrm{DSC}(R_1, R_2) = \sum_{i=1}^{\lfloor M/r \rfloor} \mathrm{card}\left(\bigcup_{j=1}^{r \cdot i} \{R_1^{-1}(j)\} \cap \bigcup_{j=1}^{r \cdot i} \{R_1^{-1}(j)\} \right) \tag{1.47}$$

其中 R_1 和 R_2 是基于两个指数的分级，R_1^{-1} 和 R_2^{-1} 是分级的逆映射，r 是分段的长度。明确地说，当且仅当 $R_1(X_i)=j$ 时，$R_1^{-1}(j)$为特征 X_i，而 $\mathrm{card}\left(\bigcup_{j=1}^{r \cdot i} \{R_1^{-1}(j)\} \cap \bigcup_{j=1}^{r \cdot i} \{R_1^{-1}(j)\} \right)$则是两个分级中长度为 $r \cdot i$ 的起始段的常见特征数。因此，这个准则作用在

两个分级的起始段，亦即长度为 r，$2r$，$3r$，…，$\lfloor M/r \rfloor \cdot r$ 的段上。

从式(1.47)中我们可以轻易得出结论，第一段(长度为 r)被统计了$\lfloor M/r \rfloor$次，第二段(长度为 i)被统计了$\lfloor M/r \rfloor-1$ 次，以此类推。按这种方式，DSC 得分给了短的分段更高的优先级。最后，指数对的得分越高，指数的一致性就越好。

把 DSC 应用到选出的指数上所得出的结果列在表 1-5 中。SVM 分类器和 k-NN 分类器在选出的指数项上进行了比较。参数 r 被设为 10，那么分段长度以 10 为单位进行研究，也就是第一行里，我们有 SVM 分级和 k-NN 分级中前 10 个特征的交叉基数，以及连续指数的交叉基数。第二行里，我们有 SVM 分级和 k-NN 分级中前 20 个特征的基数，以及连续指数的基数，以此类推。特别是，SVM 和 k-NN 的前 10 个特征里有 6 个共同特征，SVM 和 ANOVA 的前 10 个特征里有 3 个共同特征，以此类推。需要注意的是，有两个指数对(ANOVA 和 Calinski-Harabasz，以及 Gamma 和 Gamma＋)因其完全一致性而得出了相同的结果。

和 SVM 得分的最终对比列在表 1-5 中标注了“SVM DSC”的那行。在“k-NN DSC”那行，我们给出了和 k-NN($k=1$)得分的最终比较结果，详细数据已舍弃。注意到标注“k-NN”那列的值，实际上是 k-NN 分级与自己的对比，因此是最大值。最后的结果行，我们用黑体字强调了值大于阈值 800(人为设定)的分数。

表 1-5　特征按分段距离基数排序：进行比较的是由分类器和指数创建的初始列段

分段指数	k-NN	ANOVA	C-H	G	G+	GDI	M-R	PBM	P-B
SVM—[1-10]	6	3	3	0	0	1	3	3	0
SVM—[1-20]	11	8	8	0	0	4	7	6	0
SVM—[1-30]	15	13	13	3	3	8	15	14	0
SVM—[1-40]	24	17	17	6	6	12	20	18	0
SVM—[1-50]	34	24	24	10	10	19	27	26	2
SVM—[1-60]	44	33	33	17	17	30	37	36	3
SVM—[1-70]	53	41	41	27	27	41	46	44	7
SVM—[1-80]	65	51	51	37	37	51	54	53	22
SVM—[1-90]	77	63	63	49	49	64	65	61	37
SVM—[1-100]	88	77	77	59	59	81	79	75	52
SVM—[1-110]	102	89	89	74	74	95	92	87	65
SVM—[1-120]	114	105	105	90	90	111	105	100	83
SVM—[1-130]	126	120	120	106	106	126	122	117	102
SVM—[1-140]	138	137	137	121	121	135	136	133	121
SVM—[1-150]	149	149	149	141	141	143	150	150	141
SVM DSC	**1046**	**930**	**930**	740	740	**921**	**958**	**923**	635
k-NN DSC	**1200**	**860**	**860**	715	715	**917**	**886**	**849**	687

注：SVM DSC 表示 SVM 分类器的分段距离基数的得分以及给定指数的得分。k-NN DSC 表示 k-NN($k=1$)和给定指数的得分。指数取自表 1-4，其缩写见第一行。黑体字用于突出显示相对较高的分数。

通过对 DR 和 DSC 得分进行分析，可以推荐五个用于处理特征选择的指数：ANOVA F-measure、Calinski-Harabasz、GDI-41、MCR 和 PBM。请注意 DR 和 DSC 得分给出了与分类器一致的指数。由于 ANOVA F-measure 指数和 Calinski-Harabasz 指数完全一致，因此我们决定舍掉 Calinski-Harabasz 指数而保留另外四个。

1.4.7　特征子集的选择

不用说，多数情况下一个成功的分类过程都需要许多特征，而不是一个单一特征。因此，我们需要从众多特征中选择少数出来。有人可能认为一些高评估值的特征保证是最好的选择。但不幸的是，单个特征的评估不是基于多个特征的模型预测能力的最佳指标。前述的特征交互影响着分类器的设计。

让我们重申一下，具有最优个体评估的特征子集(比如 k 个特征)并不能保证具有相同基数的其他子集中的最佳评估结果。也就是说，有必要对 M 个特征中的每一个包含 k 个特征的子集进行测试以确保获得最优的 k 个特征子集。由于式(1.48)中给出的从 M 个特征中选出的 k 个都是阶乘关系，可粗略地估计出该公式的计算复杂度是呈指数的关系，因此该方法在实际高维度问题中是无用的。

$$\binom{M}{k}=\frac{M!}{(M-k)!k!} \tag{1.48}$$

在下一节中，我们将讨论一些可用于从大范围特征中选择最佳特征子集的近似方法。这些近似方法实际上不能保证选到最佳子集，但是我们可以期望选到接近最佳的特征子集。

基于指数的特征选择方法

最直接的特征选择方法，从概念上讲，是从特征全集中生成一个子集，使用一些指数来评估所有生成的子集，然后选择得分最高的子集。作为质量评估指数，我们可以使用前面讨论过的任意一个聚类指数。自然地，它们适合于单个特征和特征集的评估。这个最直接的流程由算法 1.4 刻画如下。

算法 1.4　基于指数的给定特征集评估

数据：用于评估的特征集
　　　学习样本集
　　　特征集评估指数
算法：**使用**特征集评估指数来**评估**特征集
结果：给定特征集的质量得分

基于包装的特征选择方法

基于包装的方法依赖于对比构建在不同特征集上的多个分类器的质量。后面我们会提出两个基于包装的特征集评估算法。这些算法被多次执行以获取多组模型，我们选择其中最优的一组(如算法 1.5 所示)。

算法 1.5　基于分类器的给定特征集评估

数据：特征集
　　　学习样本集

```
        分类方法
        分类器评估方法
算法：  将学习样本集分割为训练集和测试集
        构件分类器，给定
            分类方法和训练集
          for 训练集和测试集 do
            评估构建的分类器
              使用给定的分类器评估方法
        使用分类器评估作为特征评估
结果：  给定特征集的质量得分
```

该算法按如下流程运行：首先，我们使用给定分类方法和学习样本集来构建一个分类器。一旦分类器被构建出来，分类器评估方法在训练集和测试集上就会产生各自的得分。最后，得分将影响到特征集的评估。

该算法通常通过交叉验证技术进行扩展，从而实现分类器结构的平均化。我们做了些小调整，重新写了算法 1.5 以用于强调交叉验证涉及训练集，而测试集只用于分类器评估。再次，我们略过交叉验证技术的细节以保持叙述的清晰性。值得注意一点的是算法 1.5 是算法 1.6 在交叉验证值为 1 时的一个特例。

算法 1.6 基于分类器的交叉验证特征集评估

```
数据：  特征集
        学习样本集
        分类方法
        分类器评估方法
        r：交叉验证的折数
算法：  将学习样本集分割成训练集和测试集
        repeat r 次
        begin
          使用训练集来构建一折
          使用给定分类方法以及当前折来构建分类器
        end
        基于已获得的 r 个结果来构建最终分类器
        评估构建的分类器
          使用给定的分类器评估方法
            以及训练集和测试集
        使用分类器评估作为特征评估
结果：  给定特征集的质量得分
```

算法 1.5 和算法 1.6 提供了使用所选分类器来评估特征集的方法。典型的做法是，它们可以用来作为基于包装的特征选择方法的组成部分，以便生成特征集，然后使用评估算法来选择最佳的特征集。当然，这里提到的最好的特征集，我们指的是在学习样本集上获得最佳评估结果的特征集。我们同样希望这组特征能构建一个最好的分类器，并能用于未来的其他应用。

在已解决的方案中，分类器是基于训练集(学习样本集中用于构建模型的一个子集)设计的。接下来，我们在测试集上评估分类器的性能。测试集，换句话说，是一组未参与分类器构建过程的样本集。最后，训练集和测试集的测试得分可以通过某种方式结合以进行特征集的评估。为简便起见，我们不讨论诸如训练集和测试集占比、质量评估方法、训练集和测试集评估之间关系等这些细节。在早期的基于包装的特征选择的研究中，我们可以参见 Kohavi 和 John(1997)。

1.4.8 特征子集的生成

如前文提到的，为多组特征集构建分类器需要很长的计算时间，当然，在广泛的特征空间里系统地搜索是绝对没用的。因此，避开分类器的问题不谈，我们转而讨论指数在特征集质量评估中的应用。我们只依赖于分类器，使用基于包装的经典方法来对结果进行比较。我们强调基于包装的方法之间的对比，因此相关讨论放在了专门介绍基于包装的特征搜索方法的章节中。

然而，不管我们是否使用分类器或指数，这里仍然存在一个没解决的问题：怎么生成需要检查的特征子集?

在接下来的章节中，我们讨论多种可用于生成最佳特征集的方法。这里提到的最佳特征集，我们指的是该组特征的性能要尽可能好。需要强调的是，这样的一个特征集可能并不保证性能优于其他集合。原因有多种，诸如降低特征选择过程中的计算量。也没有一个通用且客观的方法可用来找到最佳特征集。

朴素(暴力破解)选择法

我们重温一下朴素(暴力破解)法来开始这个问题的讨论。更明确地说，我们可能使用朴素(暴力破解)法来选择，也就是，遍历所有非空的特征集子集来选择最佳的那个。当然，算法 1.7 描述的方法保证选择到学习样本集中最佳的那组。但是这组特征在处理学习集以外的样本时可能不那么成功。

算法 1.7 **朴素(暴力破解)的最佳特征子集选择**

数据：特征集
　　学习样本集
　　特征集评估指数
　　或分类方法和分类器评估方法
算法：**for** 特征集的每个非空子集 **do**
　　　调用算法 1.4(或 1.5 或 1.6)以评估该特征子集

选择具有最佳评估的子集

结果：具有最佳评估的特征集的子集

然而，朴素选择法的计算量是呈指数级的，因此只适用于较小的特征集，也就是是 M 值较小的场合。因此在实践中，针对多于 10 个特征的情况其是无用的。我们说的无用是指运行这种方法的时间有限，如果耗时太长的话我们将无法在合理时间内得到结果。这种情况下，取而代之，我们得使用不同的近似方法。接下来，我们将讨论四种方法：三种贪心算法和一个有限扩充方法。

基于单特征分级的贪心选择法

第一个从 k 个特征中选择近似最佳的尝试是使用由任何一种单特征质量评估法所选择的排位前 k 的特征。我们可能使用任何手段去评估单特征，比如 1.4 节中讨论过的那些，即一个分类器、ANOVA F-test、GDI-41、MCR 和 PBM 等指数。使用单特征分级可能适合于粗略的分类任务，得到最高质量的结果不是主要问题。不幸的是，如果高分类精度是主要目标的话，这种简单方法就不够充分。因此，为了生成质量更好的特征集，我们需要利用更复杂的选择方法。

当我们应用单特征分级选择过程且我们的目的是选择 k 个特征时，我们会选择前 k 个特征。它们被单独评估为最佳，但我们不知道它们如何与其他特征协作。相比而言，当使用贪心前向/后向选择时，我们会逐一添加/删除特征。我们并不看单个特征的质量。相反，在每一轮选择过程中，我们添加/删除一个特征以获得一个新的最佳特征集。

贪心前向选择

我们正在寻找给定基数的近似最佳特征集，例如，所有 M 个特征中的 k 个特征。在这个方案下，我们从一个空集开始，每次迭代添加一个特征。假设我们已选择了 l 个特征。那么，$M-l$ 个没被选中的特征中的每一个特征 f，会在加入特征集之后进行一次评估，也就是此时的特征集变成了 $l+1$ 个特征。在此之后，最佳评估的特征集中包含了 $l+1$ 个特征。最后，加入新建特征集的特征 f 会从没被选中的特征集中删除。这个方法在算法 1.8 中进行了正式的描述。

算法 1.8 最佳特征子集的贪心前向选择

数据：SofF（特征集）

NofFtoS（要选择的特征数）

学习样本集

特征集评估指数

或分类方法和分类器评估方法

算法：**初始化** SofSF（已选特征集）为空集

初始化 SofRF（剩余特征集）为 SofF

while SofSF 基数小于 NofFtoS **do**

```
begin
  for SofRF 中的每个特征 f do
    评估特征集 SofSF∪{f}
      使用算法 1.4(或 1.5 或 1.6)
  选择 SofSF∪{f}获得最佳评估的特征 f_max
  添加 f_max 到 SofSF
  从 SofRF 移除 f_max
end
结果：基数 NofFtoS 的特征子集
```

贪心前向选择(greedy forward selection)是一个迭代过程，直到被选的特征数达到所需基数才停止运行。在实践中，这种情况可能会被另一种情况所取代，这是基于一种直观的期望，那就是分类模型的质量会随着已选特征集基数的增加而提高。基于这个假设，该算法停止的准则涉及一个非常直观的条件，该条件基于在学习集上评估的分类模型质量，也就是，通过在训练集或测试集或两者的组合上测试所得的质量来判断。一旦达到需要的质量，这个迭代过程就停止了。

贪心后向选择

算法 1.9 展示了贪心后向选择法。不同于前向选择法从空集开始，后向选择法是从包含了所有特征的满集开始，并通过迭代逐步减少特征数。起初，我们给出所有 M 个特征的满集。接下来，每一轮里，我们都在现有集合中删除一个特征并进行一次评估。之后，用本轮具有最佳评估的那个子集来代替当前的特征集。这个过程一直重复，直到特征集中特征数量达到预定的值或达到另一个停止条件。每一次迭代之后我们都计算一次特征质量。当质量开始大幅下降时，这个过程就应该停止，而不用等待满足其他停止条件。贪心后向选择法可以用于初始特征满集不是很大的情况。当我们希望从较大的特征集中选择一个较小的特征子集时，前向选择法比后向选择法耗时较少。

稍后章节会提到，总体而言，降低特征数量能提高测试集评估质量。这是一个过拟合现象的结果。因此，当应用于大特征集时，基于质量评估的中止条件将被仔细定义。

算法 1.9　最佳特征子集的贪心后向选择

```
数据：SofF(特征集)
      NofFtoS(要选择的特征数)
      学习样本集
      特征评估方法
      或分类方法和分类器评估方法
算法：初始化 SofSF(已选特征集)为 SofF(特征集)
      while SofSF 基数小于 NofFtoS do
      begin
```

for SofSF 中的每个特征 f **do**
评估特征集 SofSF$-\{f\}$
使用算法 1.4(或 1.5 或 1.6)
选择 SofSF$-\{f\}$获得最佳评估的特征 f_{max}
从 SofRF 移除 f_{max}
end
结果：基数 NofFtoS 的特征子集

有限扩充的贪心前向选择法

有限扩充的贪心前向选择法是简单前向选择法的延伸。在本算法的每一轮迭代中，k 个特征中的 l 个最佳特征集将被处理，其中 l 是扩充宽度。每个这样的集都由一个特征进行扩充直到最优的 l 个特征集被选择出来。特别是，对于每一个基数为 k 的集，除了 l 个最佳集外，$M-k$ 个集是通过插入一个没被选择的特征而创建出来的。总共得到了基数为 $k+1$ 的 $l*(M-k)$个新特征集。接下来，消除重复的特征集，然后选出新的 k 个最优集。具体细节可参见算法 1.10。

算法 1.10　有限扩充的贪心前向选择

数据：SofF(特征集)
NofFtoS(要选择的特征数)
l：有限扩充宽度
停止条件
学习样本集
特征评估方法
或分类方法和分类器评估方法
算法：**for** $i=1\sim l$ **do**
初始化 $SofSF_i$(第 i 个已选特征集)为空集
while 停止条件不满足 **do**
begin
初始化 PLofSofF(特征集的未处理清单)为空白清单
for $i=1\sim l$ **do**
begin
初始化 SofRF(剩余特征集)为 SofF$-SofSF_i$
for SofRF 中的每个特征 f **do**
添加 $SofSF_i\cup\{f\}$到 PLofSofF
end
从 PLofSofF 中**删除**重复项
从 PLofSofF 中**评估**特征集
使用算法 1.4(或 1.5 或 1.6)
for $i=1\sim l$ **do**

将 $SofSF_i$(第 i 个已选特征集)**替换为**
来自 PLofSofF 的第 i 个顶部集
end
结果：已选特征的 l 个最佳子集

请注意当参数 $l=1$ 时，带有限扩充的贪心前向搜索算法变成了一个简单的贪心前向搜索算法。另外，当每一轮 l 等于 $M-k$，也就是等于当前集中已选但未用的特征数时，这个算法变成了朴素选择法。

关于计算复杂度的说明

如前所述，所提出的搜索算法的计算复杂度存在显著差异，这决定了其在实际应用中的实用性。我们再来仔细研究一下这个问题。对创建出的特征子集的评估是算法 1.7～1.10 中的主要操作。因此，这些算法的运行时间与操作执行次数是成正比的。特征集的评估在算法 1.4(基于指数)或算法 1.5(分类器，非交叉验证)或算法 1.6(带交叉验证的分类器)中都有体现。对于算法 1.6 的执行，粗略地讲，其运行时间是算法 1.5 的 r 倍，其中 r 是交叉验证的次数。

考虑到这一点，让我们来估算一下不同子集上搜索算法的运行时间，实际上相当于渐近复杂度：

- 基于单个特征的分级的贪心选择需要对每个特征进行一次评估。因此复杂度与分级数 M 相关，也就是 $O(M)$。
- 朴素(暴力破解)选择法需要对每个特征集的子集进行评估，这就使得复杂度呈指数形式，也就是 $O(2^M)$。
- 在贪心前向选择法和贪心后向选择法中，每一次都会对连续的 M，$M-1$，$M-2$，$M-3$，…组特征进行评估，这使得复杂度变为平方复杂度 $O(M^2)$。
- 带有限扩充的贪心前向选择需要评估相对于简单贪心前向选择法 k 倍多的特征集，其中 k 为常数，且 $k \ll M$，复杂度则为 $O(kM^2)$，其中 k 为有限扩充的宽度。

因此，从计算复杂度的角度看，除了朴素方法(只适合较小特征集的情况)外，任何一个前面提及的方法都是合理的。

说明性实验

在这个实验中，采用算法 1.10 对特征选择方法进行测试。我们测试了不同评估方法的运行时间和构建于已选特征上的分类器的质量。该实验是在手写数字集上进行的(LeCun 等，1998)。

除了前面提到的渐近复杂度估计外，实践中重要的是主要操作的运行时间以及主要操作与全部操作之间运行时间的比值。在我们这个例子中，特征集评估是主要操作。我们使用了两种类型的评估器：分类器和聚类指数。在表 1-6 中，给出了算法 1.10 的运行时间。为了展示图 1-10 和图 1-11 中的特性曲线，我们对不同分类模型和评估方法执行了该算法，也即是，在每个计算项中(评估方法)被选出的都是连续基数(1，2，

3，…，100)的特征集。在 k-NN 方法中，我们选取了一个邻域而不涉及交叉验证。在 SVM 分类器中，我们设置的参数包括高斯核函数、$\gamma=0.0625$ 和 $C=1$，以及 10 折交叉验证；参见 2.3 节。

表 1-6 针对三个聚类指数和两个分类器的 MNIST 数据集(LeCun 等，1998)上算法 1.10 的执行时间

	ANOVA	MCR	PBM	k-NN	SVM
$k=1$	1.5	15	17	7	135
$k=3$	4.5	47	50	20	400
$k=5$	7.5	70	80	33	650

注：此表给出了计算图 1-10 和图 1-11 中数据属性所需的执行时间。

实践中，根据图 1-10 和图 1-11 中给出的属性，最终特征集的基数介于 20～40 之间，远小于 100 个特征。因此，前向选择方法的计算时间应该除以一个恰当的因子，比如 SVM 选择器除以 5，其他选择器除以 2.5。不管怎样，值得注意的是，即便考虑到了这些因素，时间范围也仍然很宽。这个范围从一个/几小时(ANOVA F-test)到 15 小时左右(k-NN 和指数)，再到 15 天左右(SVM)。因此，我们可以得出一个结论，运行时间是一个必须考虑在内的重要因素。当然，评估方法的选择不仅决定了对应的运行时间，还决定了用已选特征构建的最终分类器的质量。

图 1-9 中，我们给出了三个扩充极限值和特征集基数介于 1～100 之间的最佳特征集的指数值。测试是在手写数字库上进行的。展示的结果包括在用三个扩充极限值(1、

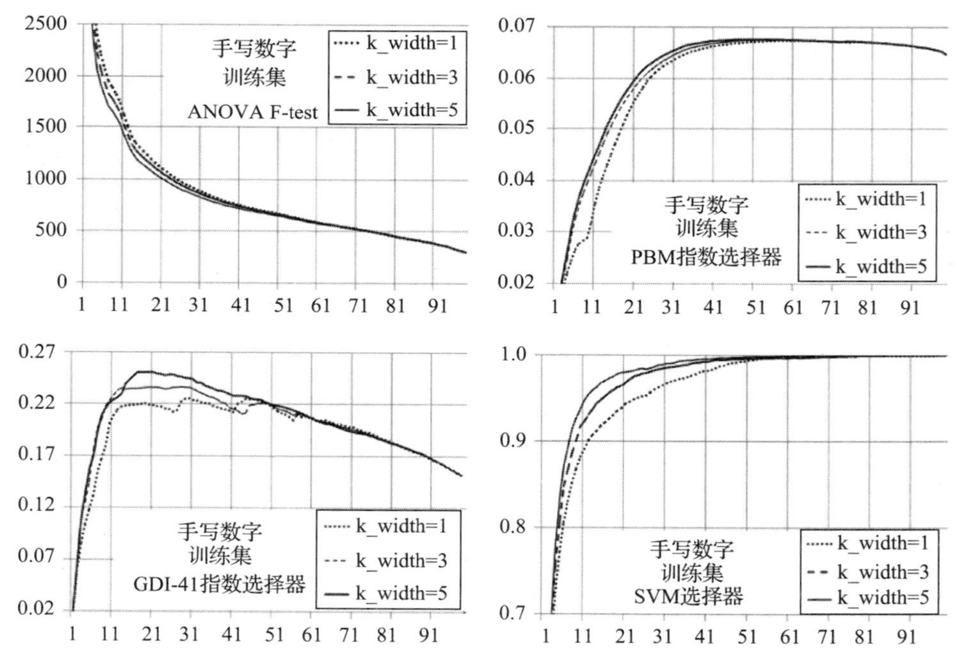

图 1-9 采用 ANOVA F-test、PBM 指数、GDI-41 指数和 SVM 分类器的特征集评估结果。特征集是依据带三个扩充极限值(1、3、5)的贪心前向算法选择出来的。显示的是整个训练样本集指数的得分以及 SVM 分类器在训练样本集上作为特征基数(1～100)的函数(横轴)运行的精度(纵轴)。结果是在手写数字库上运行得到的

3、5)选择的最佳特征集上运行的 ANOVA F-test、PBM 指数、GDI-41 指数和 SVM 分类器精度(参见算法 1.10)。

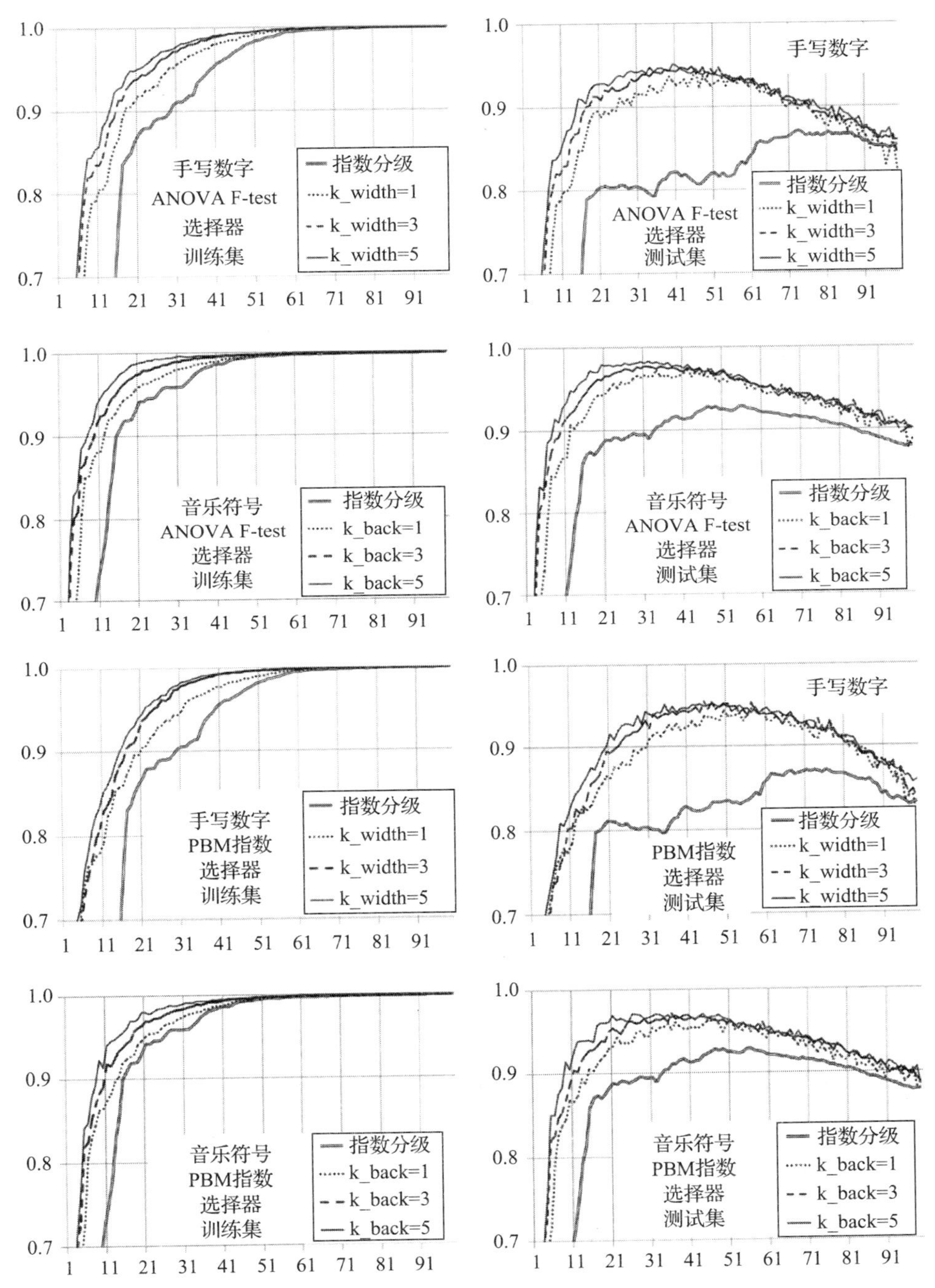

图 1-10　基于已选特征集构建的 SVM 分类器的分类质量。特征集的选择是通过 ANOVA F-test 和 PBM 指数完成的。分类精度(纵轴)分别针对训练集、带有三个扩充极限值的测试集以及独立指数分级最好的特征进行了衡量，特征集的基数从 1 到 100(横轴)。图的前两行是 F-ANOVA 的结果，后两行是 PBM。结果包含了手写数字和音乐符号数据集

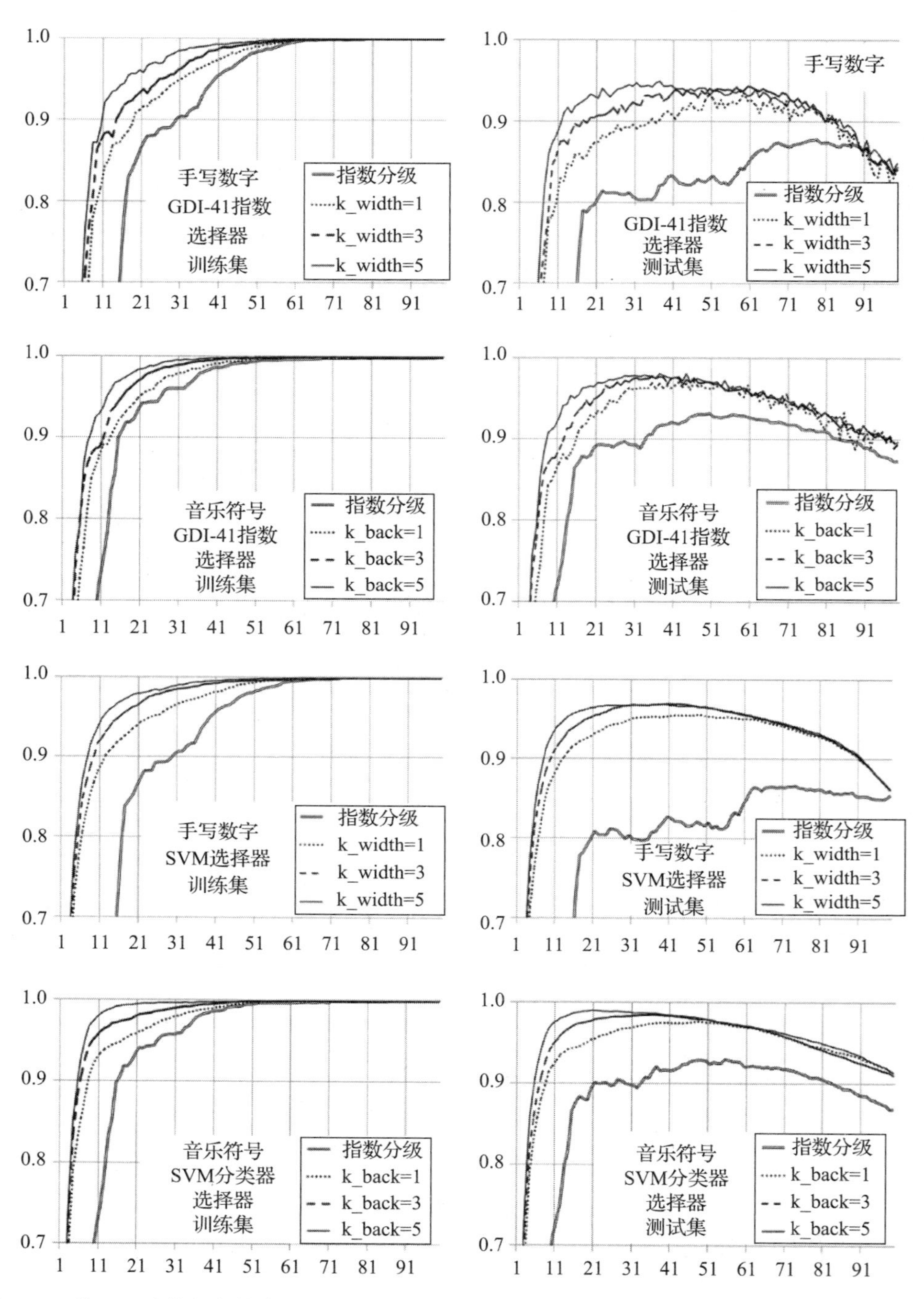

图 1-11　基于已选特征集构建的 SVM 分类器的分类质量。特征集的选择是通过 GDI-41 指数和 SVM 分类器完成的。分类精度(纵轴)分别针对训练集、带有三个扩充极限值的测试集以及独立指数分级最好的特征进行了衡量，特征集的基数从 1 到 100(横轴)。图的前两行是 F-ANOVA 的结果，后两行是 PBM。结果包含了手写数字和音乐符号数据集

让我们来回顾一下，指数/精度值越高，特征集的质量便越好。针对 PBM 指数、

GDI-41 指数和 SVM 分类器，质量是随扩充极限的增长而提高的，而最佳特征集的基数和 ANOVA F-test 则呈相反趋势：质量随之下降。在所有四个例子中，介于区间[20，30]，有一个调转区间(ANOVA F-test、PBM 指数和 SVM)和最大区间(GDI-41 指数)。

图 1-10 和图 1-11 中展示的是构建在用多种方法选择出的特征集上的分类器的质量。针对每一个特征集，都构建一个参数设置为高斯核函数($\gamma=0.0625$ 和 $C=1$，以及 10 折交叉验证)的 SVM 分类器。在给定指数和 SVM 分类器下，都给出了训练集和测试集上用于特征集评估的测试结果。

需要注意的是，SVM 参数对于每组测试特征集来说都是一样的，也就是没有做过参数调整。参数调整是凭经验进行的。这实际上意味着为选择最佳参数，额外重复的模型构建过程是有必要的。当本节讨论的核心不是 SVM 本身而是特征选择时，这个额外的尝试似乎显得不合理。当然，参数调整可能提高最终分类器的质量，我们也建议为最终模型构建执行参数优化。

显而易见的是，SVM 分类器在对由 SVM 分类器选出来的特征进行分类时的表现要强于其他基于指数构建的分类。首先，SVM 选择器的最高精度要比其他选择器高几个百分点。其次，这个最高精度是针对较小特征集得到的。再次，SVM 分类器的属性要比其他分类器更规则、更平滑，尤其对于测试集。然而，SVM 作为一个评估方法，其特征搜索的计算量是巨大的。观察图 1-10 和图 1-11 中所示的属性，对比训练集从 0.9 到 0.98 之间的精度。我们能发现的是使用 PBM 和 ANOVA F-test 计算出的最佳特征集基数比使用 SVM 选择器抽取到的特征集基数要大 1.5 倍。

同样，PBM 和基于 ANOVA F-test 的模型在特征集的测试集上达到了最高精度，这些特征集是 SVM 选择器的两倍大。考虑到这一点并参见表 1-6，使用 McClain 和 PBM 的过程耗时是采用 ANOVA F-test 选择器过程耗时的 10 倍。再者，使用 SVM 的过程耗时是 ANOVA F-test 选择器过程耗时的 50 倍。因此，我们可以得出结论：特征选择器的选择是模型质量和对应构建成本之间权衡的问题。

作为贪心特征搜索实验的结果，我们发现了适当的特征集，可用于描述手写数字和印刷体音乐符号的数据库。对于手写数字，我们选择了 24 个特征为一组，而对音乐符号则由 20 个特征来描述。所有这些特征都列在附录 1.B 中。排列顺序是按照 SVM 分类器(用于特征评估)实现的分级来确定的。

1.5　结论

不言而喻，在任何模式识别任务中，选择适当的特征都是一个基本且必要的任务。它决定了后期生成的模型的质量。在视觉模式识别中，特征选择很大程度上受数据类型影响。在这里，我们将重点放在特性上，并提出了适合这类问题的方法。但是，如果我们希望处理来自不同领域的本质上不同的数据，比如由高端医用设备采集到的高分辨率彩色扫描图片，那么这里讨论的方法可能未必是最好的。与模式识别的许多其他技术层面一样，方法的选择通常是由数据驱动的。

附录 1.A

以下列举的是用于手写数字识别和乐符识别实验的 159 个特征。恒定特征已经从整体的 171 个特征列中删除了。

1 Projection V—Raw—Min—Value
2 Projection V—Raw—Min—Position
3 Projection V—Raw—Max—Value
4 Projection V—Raw—Max—Position
5 Projection V—Raw—Mean
6 Projection V—Raw—First moment
7 Projection V—Raw—Peaks count
8 Projection V—Differential—Min—Value
9 Projection V—Differential—Min—Position
10 Projection V—Differential—Max—Value
11 Projection V—Differential—Max—Position
12 Projection V—Differential—Mean
13 Projection V—Differential—First moment
14 Projection V—Differential—Peaks count
15 Projection H—Raw—Min—Value
16 Projection H—Raw—Min—Position
17 Projection H—Raw—Max—Value
18 Projection H—Raw—Max—Position
19 Projection H—Raw—Mean
20 Projection H—Raw—First moment
21 Projection H—Raw—Peaks count
22 Projection H—Differential—Min—Value
23 Projection H—Differential—Min—Position
24 Projection H—Differential—Max—Value
25 Projection H—Differential—Max—Position
26 Projection H—Differential—Mean
27 Projection H—Differential—First moment
28 Projection H—Differential—Peaks count
29 Histogram V—Raw—Min—Position
30 Histogram V—Raw—Max—Value
31 Histogram V—Raw—Max—Position
32 Histogram V—Raw—Mean
33 Histogram V—Raw—First moment
34 Histogram V—Raw—Peaks count
35 Histogram V—Differential—Min—Value
36 Histogram V—Differential—Min—Position
37 Histogram V—Differential—Max—Value
38 Histogram V—Differential—Max—Position
39 Histogram V—Differential—First moment
40 Histogram V—Differential—Peaks count
41 Histogram H—Raw—Min—Position
42 Histogram H—Raw—Max—Value
43 Histogram H—Raw—Max—Position
44 Histogram H—Raw—Mean
45 Histogram H—Raw—First moment
46 Histogram H—Raw—Peaks count
47 Histogram H—Differential—Min—Value
48 Histogram H—Differential—Min—Position
49 Histogram H—Differential—Max—Value
50 Histogram H—Differential—Max—Position
51 Histogram H—Differential—First moment
52 Histogram H—Differential—Peaks count
53 Cumulative Histogram V—Raw—Min—Value
54 Cumulative Histogram V—Raw—Max—Value
55 Cumulative Histogram V—Raw——Max—Position
56 Cumulative Histogram V—Raw—Mean
57 Cumulative Histogram V—Raw—First moment
58 Cumulative Histogram V—Raw—Peaks count
59 Cumulative Histogram H—Raw—Min—Value
60 Cumulative Histogram H—Raw—Max—Value
61 Cumulative Histogram H—Raw—Max—Position
62 Cumulative Histogram H—Raw—Mean
63 Cumulative Histogram H—Raw—First moment
64 Cumulative Histogram H—Raw—Peaks count
65 Transitions V—Raw—Min—Value
66 Transitions V—Raw—Min—Position
67 Transitions V—Raw—Max—Value
68 Transitions V—Raw—Max—Position
69 Transitions V—Raw—Mean
70 Transitions V—Raw—First moment

71 Transitions V—Differential—Min—Value
72 Transitions V—Differential—Min—Position
73 Transitions V—Differential—Max—Value
74 Transitions V—Differential—Max—Position
75 Transitions V—Differential—First moment
76 Transitions H—Raw—Min—Value
77 Transitions H—Raw—Min—Position
78 Transitions H—Raw—Max—Value
79 Transitions H—Raw—Max—Position
80 Transitions H—Raw—Mean
81 Transitions H—Raw—First moment
82 Transitions H—Differential—Min—Value
83 Transitions H—Differential—Min—Position
84 Transitions H—Differential—Max—Value
85 Transitions H—Differential—Max—Position
86 Transitions H—Differential—First moment
87 Offsets L—Raw—Min—Value
88 Offsets L—Raw—Min—Position
89 Offsets L—Raw—Max—Value
90 Offsets L—Raw—Max—Position
91 Offsets L—Raw—Mean
92 Offsets L—Raw—First moment
93 Offsets L—Raw—Peaks count
94 Offsets L—Differential—Min—Value
95 Offsets L—Differential—Min—Position
96 Offsets L—Differential—Max—Value
97 Offsets L—Differential—Max—Position
98 Offsets L—Differential—Mean
99 Offsets L—Differential—First moment
100 Offsets L—Differential—Peaks count
101 Offsets R—Raw—Min—Value
102 Offsets R—Raw—Min—Position
103 Offsets R—Raw—Max—Value
104 Offsets R—Raw—Max—Position
105 Offsets R—Raw—Mean
106 Offsets R—Raw—First moment
107 Offsets R—Raw—Peaks count
108 Offsets R—Differential—Min—Value
109 Offsets R—Differential—Min—Position
110 Offsets R—Differential—Max—Value
111 Offsets R—Differential—Max—Position
112 Offsets R—Differential—Mean
113 Offsets R—Differential—First moment
114 Offsets R—Differential—Peaks count
115 Offsets T—Raw—Min—Value
116 Offsets T—Raw—Min—Position
117 Offsets T—Raw—Max—Value
118 Offsets T—Raw—Max—Position
119 Offsets T—Raw—Mean
120 Offsets T—Raw—First moment
121 Offsets T—Raw—Peaks count
122 Offsets T—Differential—Min—Value
123 Offsets T—Differential—Min—Position
124 Offsets T—Differential—Max—Value
125 Offsets T—Differential—Max—Position
126 Offsets T—Differential—Mean
127 Offsets T—Differential—First moment
128 Offsets T—Differential—Peaks count
129 Offsets B—Raw—Min—Value
130 Offsets B—Raw—Min—Position
131 Offsets B—Raw—Max—Value
132 Offsets B—Raw—Max—Position
133 Offsets B—Raw—Mean
134 Offsets B—Raw—First moment
135 Offsets B—Raw—Peaks count
136 Offsets B—Differential—Min—Value
137 Offsets B—Differential—Min—Position
138 Offsets B—Differential—Max—Value
139 Offsets B—Differential—Max—Position
140 Offsets B—Differential—Mean
141 Offsets B—Differential—First moment
142 Offsets B—Differential—Peaks count
143 Directions—0
144 Directions—135
145 Directions—90
146 Directions—45
147 Directions—WE—Y
148 Directions—NS—X
149 Raw moments—First—m10
150 Raw moments—First—m01
151 Central moments—Second—m20
152 Central moments—Second—m11
153 Central moments—Second—m02
154 Height/width
155 Blackness level
156 Eccentricity
157 Euler number 4
158 Euler number 8
159 Euler number 6

附录 1. B

以下列举的是用于手写数字识别（左列）和乐符识别（右列）实验的已选取的特征。

	手写数字识别		乐符识别
1	Raw moments—First—m01	1	Height/width
2	Central moments—Second—m02	2	Offsets T—Raw—Min—Position
3	Offsets L—Differential—Max—Position	3	Central Moments—Second—m11
4	Euler number 4	4	Projection V—Raw—Max—Value
5	Offsets R—Raw—Min—Position	5	Offsets R—Raw—First moment
6	Offsets L—Differential—Min—Position	6	Offsets R—Raw—Mean
7	Directions—45	7	Euler number 4
8	Offsets L—Differential—Max—Value	8	Central moments—Second—m02
9	Offsets R—Differential—First moment	9	Directions—135
10	Offsets T—Differential—Max—Value	10	Transitions H—Raw—Max—Value
11	Raw Moments—first—m10	11	Central moments—Second—m20
12	Height/width	12	Offsets R—Raw—Min—Position
13	Cumulative Histogram V—Raw—First moment	13	Directions—45
14	Offsets L—Differential—Min—Value	14	Offsets L—Raw—Max—Value
15	Offsets L—Differential—First moment	15	Projection V—Differential—Max—Value
16	Central Moments—Second—m20	16	Projection H—Differential—Peaks count
17	Offsets T—Raw—Min—Position	17	Raw moments—First—m01
18	Projection V—Raw—Max—Value	18	Offsets L—Raw—Mean
19	Offsets R—Differential—Max—Value	19	Cumulative histogram V—Raw—first Moment
20	Cumulative Histogram V—Raw—Max—Position	20	Cumulative histogram H—Raw—Peaks Count
21	Projection H—Differential—Min —Value		
22	Directions—90		
23	Offsets B—Differential—Min—Position		
24	Offsets L—Raw—Max—Value		

参考文献

S. Bandyopadhyay, M. Pakhira, and U. Maulik, Validity index for crisp and fuzzy clusters, *Pattern Recognition* 37, 2004, 487–501.

H. Bay, A. Ess, T. Tuytelaars, and L. Van Gool, Speeded-up robust features (SURF), *Computer Vision and Image Understanding* 110(3), 2008, 346–359.

M. Charrad, NbClust: An R package for determining the relevant number of clusters in a data set, *Journal of Statistical Software* 61(6), 2014, 1–36.

B. Desgraupes, Clustering indices, *Report*, University Paris Ouest, Lab Modal'X, 2013.

B. Desgraupes, Package clusterCrit for R, *R Documentation*, 2016.

J. C. Dunn, A fuzzy relative of the ISODATA process and its use in detecting compact well-separated clusters, *Journal of Cybernetics* 3(3), 1973, 32–57.

N. O. F. Elssied, O. Ibrahim, and A. H. Osman, A novel feature selection based on one-way ANOVA F-test for e-mail spam classification, *Research Journal of Applied Sciences* 7(3), 2014, 625–638.

I. Guyon, J. Weston, S. Barnhill, and V. Vapnik, Gene selection for cancer classification using support vector machines, *Machine Learning* 46 (1–3), 2002, 389–422.

K. Haris, S. N. Efstratiadis, N. Maglaveras, and A. K. Katsaggelos, Hybrid image segmentation using watersheds and fast region merging, *IEEE Transactions on Image Processing* 7(12), 1998, 1684–1699.

W. Homenda, A. Jastrzebska, and W. Pedrycz, *The web page of the classification with rejection project*, 2017, http://classificationwithrejection.ibspan.waw.pl (accessed October 5, 2017).

W. Homenda, A. Jastrzebska, W. Pedrycz, and R. Piliszek, Classification with a limited space of features: Improving quality by rejecting misclassifications. In: *Proceedings of the 4th World Congress on Information and Communication Technologies (WICT 2014)*, Malacca, Malaysia, December 8–11, 2014.

W. Homenda, M. Luckner, and W. Pedrycz, *Classification with rejection: concepts and formal evaluations, Knowledge, Information and Creativity Support Systems: Recent Trends*, Advances and Solutions, Advances in Intelligent Systems and Computing 364, Switzerland, Springer International Publishing, 2016, 413–425.

M. K. Hu, Visual pattern recognition by moment invariants, *IRE Transactions on Information Theory* IT-8, 1962, 179–187

C. L. Huang and C. J. Wang, A GA-based feature selection and parameters optimization for support vector machines, *Expert Systems with Applications* 31(2), 2006, 231–240.

R. Kohavi and G. H. John, Wrappers for feature subset selection, *Artificial Intelligence* 97(1–2), 1997, 273–324.

S. Krig, *Computer Vision Metrics. Survey, Taxonomy, and Analysis*, New York, Springer, 2014.

M. Kudo and J. Sklansky, Comparison of algorithms that select features for pattern classifiers, *Pattern Recognition* 33(1), 2000, 25–41.

Y. LeCun, C. Cortes, and C. J. C. Burges, *The MNIST database of handwritten digits*, 1998, http://yann.lecun.com/exdb/mnist/ (accessed October 5, 2017).

D. G. Lowe, Distinctive image features from scale-invariant keypoints, *International Journal of Computer Vision* 60(2), 2004, 91–110.

B. S. Manjunath and W. Y. Ma, Texture features for browsing and retrieval of image data, *IEEE Transactions on Pattern Analysis and Machine Intelligence* 18(8), 1996, 837–842.

J. O. McClain and V. R. Rao, CLUSTISZ: A program to test for the quality of clustering of a set of objects, *Journal of Marketing Research* 12(4), 1975, 456–460.

P. Mitra, C. A. Murthy, and S. K. Pal, Unsupervised feature selection using feature similarity, *IEEE Transactions on Pattern Analysis and Machine Intelligence* 24(3), 2002, 301–312.

H. C. Peng, F. H. Long, and C. Ding, Feature selection based on mutual information: Criteria of max-dependency, max-relevance, and min-redundancy, *IEEE Transactions on Pattern Analysis and Machine Intelligence* 27(8), 2005, 1226–1238.

Y. Saeys, I. Inza, and P. Larranaga, A review of feature selection techniques in bioinformatics, *Bioinformatics* 23(19), 2007, 2507–2517.

M. Sonka, V. Hlavac, and R. Boyle, *Image Processing, Analysis and Machine Vision*, Pacific Grove, CA, PWS Publishing, 1998.

J. H. Sossa-Azuela, R. Santiago-Montero, M. Pérez-Cisneros, and E. Rubio-Espino, Computing the Euler number of a binary image based on a vertex codification, *Journal of Applied Research and Technology* 11(3), 2013, 360–370.

R. W. Swiniarski and A. Skowron, Rough set methods in feature selection and recognition, *Pattern Recognition Letters* 24(6), 2003, 833–849.

X. Tan and B. Triggs, Enhanced local texture feature sets for face recognition under difficult lighting conditions, *IEEE Transactions on Image Processing* 9(6), 2010, 1635–1650.

O. D. Trier, A. K. Jain, and T. Taxt, Feature extraction methods for character recognition – A survey, *Pattern Recognition* 29(4), 1996, 641–662.

M. Turk and A. Pentland, Eigenfaces for recognition, *Journal of Cognitive Neuroscience* 3(1), 1991, 71–86.

第 2 章

Pattern Recognition：A Quality of Data Perspective

模式识别：分类器

在前一章，我们讨论了模式识别全过程中引导性阶段的内容。而在本章，我们将进行细节部分的讨论，并提出精选的算法以用于特征空间的操作和分类机制的实现。我们还将讨论架构和基本分类器(例如概率分类器、基于特征空间几何分布的分类器，以及集成分类器)的设计方法。

本章结构如下：首先，给出用于处理进一步问题阐述的原始标记；接着，介绍几个分类器，包括 k 最近邻(k-NN)、支持向量机(SVM)、决策树、集成分类器，以及集成分类器的一个特例(随机森林和朴素贝叶斯分类器)。

本章旨在介绍不同处理能力和计算开销下丰富多样的模式识别方法，内容主要涉及标准方法，因此后面的讨论将建立在所提出的算法的基础之上。

2.1 概念

回顾一下，标准模式识别问题的本质是将一组样本 $O=\{o_1, o_2, o_3, \cdots\}$ 分成 C 个子集 O_1，O_2，…，O_C，每个类都包含属于该类的样本，因此这些子集是不相交的：

$$O=\bigcup_{i=1}^{C} O_i \text{ 且}(\forall i,j \in \{1,2,\cdots,C\}, i \neq j) O_i \cap O_j = \varnothing \tag{2.1}$$

这个过程由映射 Ψ：$O \to \Theta$ 定义(称为分类器)，其中 $\Theta=\{O_1, O_2, \cdots, O_C\}$ 是类的集。为简便起见，我们假设映射 Ψ 携带了类指数的值 $\Theta=\{1, 2, \cdots, C\}$，也就是类别标签，而不是类本身。类别标签当然可能有别于数字 1，2，…，C。比如，对于一个二类问题，我们可能会给出 -1 和 1 的类别标签。在本章中，默认的类别标签是 1，2，…,C，如果有不同标签的情况，则会另作声明。

模式识别通常在观察到的描述样本的特征上运行，而非直接处理样本本身。因此，我们要区分一下从样本空间 O 到特征空间 X 的映射 φ：$O \to X$，这个映射被称为特征提取器。接下来，我们考虑从特征空间到类别空间的映射 ψ：$X \to \Theta$，这个映射被称为分类器。要重点注意的是，“分类器”这个名词用在不同场合：样本分类和特征分类，或更准确地说，是特征空间分布点的分类。这个名词的意思可以根据上下文来解析。因此，我们不会明确区分这个词的不同含义。上述两个映射联立起来可以组成分类器：$\Psi=\psi \circ \varphi$，换句话说，映射

$$O \xrightarrow{\Psi} \Theta \tag{2.2}$$

可分解为

$$O \xrightarrow{\varphi} X \xrightarrow{\psi} \Theta \tag{2.3}$$

通常，分类器 Ψ 是未知的，也就是说，我们不知道一个给定样本所属的类别。然而，在模式识别问题中，假设分类器 Ψ 对全体样本中的一些子集是已知的，特别是被称为学习集(learning set)的子集。学习集是所有样本集的一个子集($L \subset O$)，其样本所属的类别是已知的，对于学习集中的任何样本 $o \in L$，$\Psi(o)$的值是给定的。借助学习集来构建分类器 Ψ 是模式识别的最终目标。总结来说，我们研究模式识别问题，试图寻求一个分类器，也叫作映射：

$$\Psi: O \to \Theta \tag{2.4}$$

假设当 $L \subset O$ 时这个映射是已知的。分类器可被分解为特征提取器

$$\varphi: O \to X \tag{2.5}$$

以及(特征)分类器(或者说是一个分类算法)

$$\psi: X \to \Theta \tag{2.6}$$

给定一个学习样本集 $O \supset L = \{l_1, l_2, \cdots, l_N\}$，它可被分解为多个类：

$$L = \bigcup_{i=1}^{C} L_i \text{ 且}(\forall i \in \{1,2,\cdots,C\}) L_i \subset O_i \tag{2.7}$$

这预示着不同学习类之间也是相互分离的：

$$(\forall i,j \in \{1,2,\cdots,C\}, i \neq j) L_i \cap L_j = \varnothing \tag{2.8}$$

很明显，学习集应该包含 O 中所有类的样本。

此外，每一个学习类通常都会被分成两个不相交且非空的子集，称为训练集和测试集：

$$L_i = Tr_i \cup Ts_i, \quad \text{其中 } Tr_i \cap Ts_i = \varnothing, \quad i = 1,2,\cdots,C \tag{2.9}$$

一种常见做法是，把学习集分为三个不相交的子集，分别叫作训练集、测试集和验证集。

机器学习和模式识别都是已确立且发展很迅速的学科，在诸多领域都有广泛应用，也有许多极具代表性的教材可供参考。在本章中，我们特别提到了 Bishop(2006)、Duda 等(2001)、Frank 等(2001)、Hastie 等(2009)、Mitchell(1997)，以及 Webb 和 Copsey(2001)。此外，我们还想请大家注意由 Koronacki 和 Ćwik(2005)以及 Stapor(2011)撰写的以波兰语出版的一系列具有代表性的机器学习教材。

2.2　最近邻分类方法

假定特征空间是实数的笛卡儿积的子集，也就是 $X = X_1 \times X_2 \times \cdots \times X_M \subset R^M$，其中 M 代表特征数(特征空间的维数)。特征值通常是给定区间里的数值(整数或实数)。因此在实践中，我们可能假设 $X = I_1 \times I_2 \times \cdots \times I_M \subset R^M$，其中 $I_j = [l_j, r_j]$是一个左右端点分别为 l_j 和 r_j 的闭区间，$j=1, 2, \cdots, M$。

接下来，假设样本被映射到特征空间 X_1，X_2，…，X_M，两个样本 p 和 r 用以下特征值表征：$\varphi(p)=\boldsymbol{x}=(x_1, x_2, \cdots, x_M)^{\mathrm{T}}\in R^M$ 和 $\varphi(r)=\boldsymbol{y}=(y_1, y_2, \cdots, y_M)^{\mathrm{T}}\in R^M$。

最近邻(NN)分类器是基于样本相似性的概念。本书中，相似性是以特征空间 R^M 中的转换距离函数(转换度量标准)来表达的。意思是两个样本间距离越短，两个样本越相似。有相当多关于 R^M 中距离函数(度量)的例子。最著名的度量包括欧氏(Euclidean)距离、曼哈顿(Manhattan)距离和切比雪夫(Chebyshev)距离。对于任何一对点 $\boldsymbol{x}$，$\boldsymbol{y}\in R^M$ 而言，它们的表达式如下：

$$\begin{aligned}
d_{\mathrm{E}}(\boldsymbol{x},\boldsymbol{y}) &= \sqrt{(x_1-y_1)^2+(x_2-y_2)^2+\cdots+(x_M-y_M)^2} \text{—— 欧氏距离}\\
d_{\mathrm{H}}(\boldsymbol{x},\boldsymbol{y}) &= |x_1-y_1|+|x_2-y_2|+\cdots+|x_M-y_M| \text{—— 曼哈顿距离}\\
d_{\mathrm{C}}(\boldsymbol{x},\boldsymbol{y}) &= \max\{|x_1-y_1|,|x_2-y_2|,\cdots,|x_M-y_M|\} \text{—— 切比雪夫距离}
\end{aligned} \tag{2.10}$$

比如，有一组带标记的训练样本。我们获得了一个新的、未知类别的样本需要进行分类。一个合理的做法是在训练样本中寻找一个离未知样本最近的样本(基于假定的距离函数)，然后将该训练样本的类别号赋给未知样本。两个样本的相似性有一贯的表达方式，如前所述，可表达为特征空间中两个样本之间的转换距离：距离最近的样本最相似。因此，下面公式定义了最近邻法则：

$$\Psi(p)=\Psi(r_{\min}),\quad \text{其中 } r_{\min}=\arg\min_{r\in Tr}\{d(p,r)\}=\arg\min_{r\in Tr}\{d(\boldsymbol{x},\boldsymbol{y})\} \tag{2.11}$$

其中 p 是待分类的样本，r 是训练集中的一个样本，$\boldsymbol{x}$ 和 $\boldsymbol{y}$ 分别是描述样本 p 和 r 的特征向量，$r_{\min}$是训练集中最接近未知样本 p 的一个样本。

最近邻方法可以被推广为 k 最近邻方法，简称 k-NN。假设有一个待分类的特征向量为 $\boldsymbol{x}$ 的样本 p，我们找到训练样本中有 k 个样本距离 p 最近。为了实现 k-NN 分类，我们考虑在 R_M 空间中找到一个以 $\boldsymbol{x}$ 为中心的球体，其包含训练集 Tr 中的 k 个样本。那么样本 p 属于在球体中被最频繁地观察到的那个类别。

当两个或多个类的样本占比一样多时，我们可能会考虑进行二次决策。二次决策最简单的规则莫过于从占比最多的类中随机选取一个类。除了随机选取以外，还可以考虑其他更恰当的因素。我们可能应用 NN 选择法来对球体内出现最多的类做出选择。换句话说，只考虑球体内占比最大的类，然后在这些类里选出与样本 p 最接近的那个类。我们也可能在占比最大的类中选择到样本 p 距离和最小的那个类。

k-NN 方法在图 2-1 中进行了说明。位于图中间的黑色五角星是待分类样本。我们在其周边画了多个圆圈，用于计算每个圈内的训练样本数。依据最近邻(NN)原则，当设 k 为 1 时，待分类样本与加号样本(“+”)归为一类。当设 k 为 3 时，两个方框样本和一个加号样本包含在第二个圆圈内，因此待分类样本应该被判为方框类。当设 k 为 5 时，在第三个圆圈内包含了两个方框样本、两个三角形样本和一个加号样本，这种情况下我们还需要使用二次决策。很明显，方框样本要比三角形样本离五角星更近，假设距离是二次决策的依据，我们就可以将五角星判为方框类。相比而言，另一种二次决策可以是距离之和。可以看到图 2-1 中两个方框样本到五角星的距离之和小于三角形，因此，按这个判据可以将五角星判为方框类。当设 k 为 7 时，离五角星最近的有三个三角形样本、两个方框样本和两个加号样本。因此，五角星应该被判为三角形类。

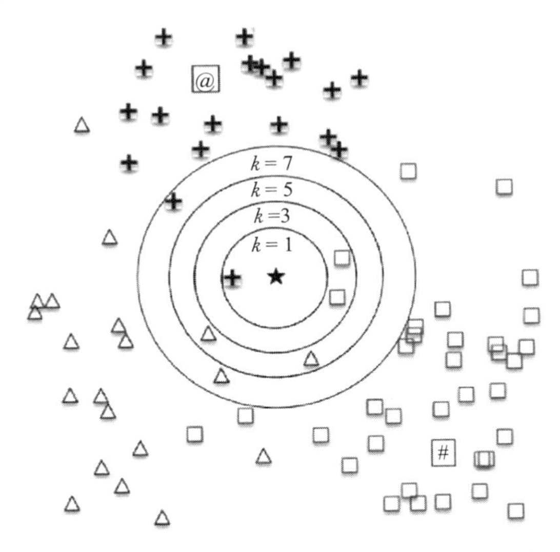

图 2-1　k-NN 分类器的图示说明。标记为黑色五角星的样本为待分类样本，其分类结果取决于参数 k 的值：当 $k=1$ 时，归为加号类；当 $k=3$ 时，归为方框类；当 $k=7$ 时，归为三角形类。我们可以得出这样的结论：五角星样本的分类结果很大程度上依赖于参数 k。相比而言，很明显，两个样本（“#”和“@”）的分类独立于参数 k

另外，图中标注为“#”和“@”的两个样本很显然应该被分别归类为方框和加号。可以看到这两个样本的归类不依赖于参数 k 的取值。以上讨论的分类案例让我们可以得出结论：k-NN 分类器的效率取决于参数 k 的取值（近邻样本数）。此外，我们注意到 k-NN 分类性质（风格）是不同的，当待分类样本位于被同一个类占据大部分的区域时更稳定，而当位于多个类边界或类的分布稀疏时则不稳定。

k-NN 方法不需要任何学习：整个训练集就是模型。因此，我们称之为懒惰分类器（lazy classifier）。即使它很简单，但很多更复杂的方法也都依赖于 k-NN 的思想，比如 Denoeux（1995）、Hu 等（2008）、Tan 等（2005），以及 Zouhal 和 Denoeux（1998）。

关于 k-NN 的更多内容，请参考 Hastie 等（2009，13.3 节）、Mitchell（1997，8.2 节）和 Duda 等（2001，第 4 章）。我们还想推荐一篇与 k-NN 方法非常相关的文章，见 Friedman（1997）。

2.3　支持向量机分类算法

支持向量机（Support Vector Machine，SVM）算法由 C. Cortes 和 V. Vapnik 于 1995 年发表。SVM 的本质是非概率二值化线性分类器，主要用于监督机器学习，将样本集 $O=\{o_1, o_2, \cdots, o_N\}$ 分解成带不同标记（-1，1）的两类，也就是 $\Theta=\{O_{-1}, O_1\}$。我们假设表征样本的特征表达为 φ：$O\rightarrow X$，$X\subset R^M$，考虑到简便性，我们寻求一个映射 ψ：

$X \to \{-1, 1\}$。

2.3.1 线性可分类的线性划分

假设 O_{-1} 和 O_1 两类的特征在欧式空间 R^M 中线性可分，也就是存在一个超平面将两个类分离开来。假设下面的公式定义了这个超平面 H'：

$$\boldsymbol{w}'^{\mathrm{T}}\boldsymbol{x} + b' \equiv \boldsymbol{w}' \cdot \boldsymbol{x} + b' = 0 \tag{2.12}$$

其中 $\boldsymbol{x}$ 定义了欧式空间 R^M 中超平面的点，$\boldsymbol{w}'$ 是超平面的法向量，$b' \in R$ 是一个标量，$\boldsymbol{w}'^{\mathrm{T}}\boldsymbol{x}$ 表示矩阵乘积，对向量而言，等价于内积 $\boldsymbol{w}' \cdot \boldsymbol{x}$。

如果超平面将 O_{-1} 和 O_1 两类进行了划分，那么以下不等式成立：对于所有 $\boldsymbol{x}_i = \varphi(o_i)$ 都有 $\boldsymbol{w}' \cdot \boldsymbol{x}_i + b' < 0$，那么 $o_i \in O_{-1}$；相反，对于所有 $\boldsymbol{x}_i = \varphi(o_i)$ 都有 $\boldsymbol{w}' \cdot \boldsymbol{x}_i + b' > 0$，那么 $o_i \in O_1$。因此我们可以总结出一个简单的分类规则：

$$\psi(x_i) = \mathrm{sgn}(\boldsymbol{w}' \cdot \boldsymbol{x}_i + b') \tag{2.13}$$

图 2-2 中给出了一个简单的说明，其中可能不止一个(而是多个)分类超平面(separating hyperplane)。我们来考虑一个分类超平面和来自两个类的样本之间的距离，给定一个类，找到该类中离分类超平面最近的那个样本，这种距离最近的样本叫作*支持向量*(support vector，即从坐标原点开始，终止于样本)或支持样本，这些样本用于构建两个边界超平面 H'_{-1} 和 H'_1，一个平面分隔开一个类。很明显，边界超平面之间的区域被称为*分类间隔*(seperating margin)，不包含任何的样本。最大化边界超平面之间的距离，即增大分类间隔的宽度，决定了边界超平面的唯一性。因此，在间隔区域的中间插入一个超平面也是唯一的。假设这个分类超平面定义为：

$$\boldsymbol{w}' \cdot \boldsymbol{x} + b' = 0 \tag{2.14}$$

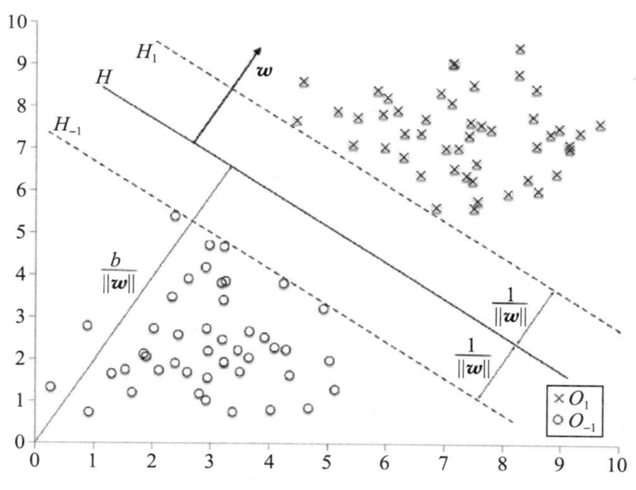

图 2-2 支持向量机分类算法的图解：一个线性可分类示例

那么对于两个类 O_{-1} 和 O_1 中的任何一个样本 $\boldsymbol{x}_i$，可以得到如下不等式：

$$\boldsymbol{w}' \cdot \boldsymbol{x} + b' \leqslant -c \text{ 和 } \boldsymbol{w}' \cdot \boldsymbol{x}_i + b' \geqslant c \tag{2.15}$$

最后，经过重新尺度化调整后，我们得出以下关于分类超平面 H 的等式：

$$\boldsymbol{w} \cdot \boldsymbol{x} + b = 0 \tag{2.16}$$

边界超平面 H_{-1} 和 H_1：

$$\boldsymbol{w} \cdot \boldsymbol{x} + b = -1 \text{ 和 } \boldsymbol{w} \cdot \boldsymbol{x} + b = 1 \tag{2.17}$$

以及来自两类样本的不等式：

$$\boldsymbol{w} \cdot \boldsymbol{x} + b \leqslant -1 \text{ 和 } \boldsymbol{w} \cdot \boldsymbol{x}_i + b \geqslant 1 \tag{2.18}$$

当然，$\boldsymbol{w} = \boldsymbol{w}'/c$ 且 $b = b'/c$。

对于两个类的样本，以上两个不等式可以联立为：

$$y_i(\boldsymbol{w} \cdot \boldsymbol{x}_i + b) \geqslant 1 \tag{2.19}$$

其中 $y_i = \psi(\boldsymbol{x}_i) = \psi(\varphi(o_i))$ 为类 o_i 的类别标签。

分类超平面 H 与两个边界超平面 H_{-1} 和 H_1 之间的距离等于 $1/\|\boldsymbol{w}\|$，因此两个边界超平面之间的距离是 $2/\|\boldsymbol{w}\|$。因此，分类超平面的最佳位置，即使分类间隔最大的位置，需要使上述式子最大化，或等价于让下式最小化：

$$\frac{\|\boldsymbol{w}\|^2}{2} \tag{2.20}$$

假设有以下限制条件：

$$y_i(\boldsymbol{w} \cdot \boldsymbol{x}_i + b) \geqslant 1 \tag{2.21}$$

以上两个公式定义的任务就是著名的优化问题，用以下带线性约束的平方目标函数表示：$\|\boldsymbol{w}\|^2 = \boldsymbol{w} \cdot \boldsymbol{w} = w_1^2 + w_2^2 + w_3^2 + \cdots + w_M^2$。这类优化问题可用拉格朗日函数求解：

$$L(\boldsymbol{w}, b, \boldsymbol{\alpha}) = \frac{1}{2}\|\boldsymbol{w}\| - \sum_{i=1}^{N} \alpha_i [y_i(\boldsymbol{w} \cdot \boldsymbol{x}_i + b) - 1] \tag{2.22}$$

其中 $\alpha = (\alpha_1, \alpha_2, \cdots, \alpha_N)$ 是一个非负的拉格朗日乘子向量。该方程的解是一个鞍点(saddle point)，是在拉格朗日函数达到最大值时得到的，此时 $\boldsymbol{w}$ 和 b 取最小值。由于偏导必须在该点处消失，因此我们将利用这个条件去寻找该点。

同时，我们注意到表达式 $\alpha_i[y_i(\boldsymbol{w} \cdot \boldsymbol{x}_i + b) - 1]$ 是非负的，那么当 $L(\boldsymbol{w}, b, \boldsymbol{\alpha})$ 达到最大值时下式成立：

$$\alpha_i [y_i(\boldsymbol{w} \cdot \boldsymbol{x}_i + b) - 1] = 0, i = 1, 2, \cdots, N \tag{2.23}$$

这就意味着如果 $\boldsymbol{x}_i$ 不是一个支持样本，那么 $\alpha_i = 0$；而如果 $\boldsymbol{x}_i$ 为支持样本，那么由 $y_i(\boldsymbol{w} \cdot \boldsymbol{x}_i + b) - 1 = 0$ 可知 $\alpha_i \geqslant 0$。

对向量 $\boldsymbol{w}$ 求导得到的梯度消失方程为：

$$\frac{\partial}{\partial \boldsymbol{w}} L(\boldsymbol{w}, b, \boldsymbol{\alpha}) = \boldsymbol{w} - \sum_{i=1}^{N} \alpha_i y_i \boldsymbol{x}_i = 0$$

可推导出：

$$\boldsymbol{w} = \sum_{i=1}^{N} \alpha_i y_i \boldsymbol{x}_i \tag{2.24}$$

上式对 b 求导得出：

$$\frac{\partial}{\partial b}L(\boldsymbol{w},b,\boldsymbol{\alpha})=\sum_{i=1}^{N}\alpha_i y_i=0 \tag{2.25}$$

重写式(2.22)可以得到：

$$L(\boldsymbol{w},b,\boldsymbol{\alpha})=\frac{1}{2}\boldsymbol{w}^{\mathrm{T}}\cdot\boldsymbol{w}-\sum_{i=1}^{N}\alpha_i y_i\boldsymbol{w}\cdot\boldsymbol{x}_i-b\sum_{i=1}^{N}\alpha_i y_i+\sum_{i=1}^{N}\alpha_i$$

将式(2.24)代入上式可得到：

$$L(\boldsymbol{w},b,\boldsymbol{\alpha})\equiv L(\boldsymbol{\alpha})=\frac{1}{2}\sum_{i=1}^{N}\sum_{j=1}^{N}\alpha_i\alpha_j y_i y_j\boldsymbol{x}_i^{\mathrm{T}}\cdot\boldsymbol{x}_j-\sum_{i=1}^{N}\sum_{j=1}^{N}\alpha_i\alpha_j y_i y_j\boldsymbol{x}_i^{\mathrm{T}}\cdot\boldsymbol{x}_j-b\sum_{i=1}^{N}\alpha_i y_i+\sum_{i=1}^{N}\alpha_i$$

最终我们得到拉格朗日函数的最小值：

$$L(\alpha)=\sum_{i=1}^{N}\alpha_i-\frac{1}{2}\sum_{i=1}^{N}\sum_{i=1}^{N}\alpha_i\alpha_j y_i y_j\boldsymbol{x}_i^{\mathrm{T}}\cdot\boldsymbol{x}_j \tag{2.26}$$

其约束条件为：

$$\alpha_i\geqslant 0,\quad i=1,2,\cdots,N,\quad \sum_{i=1}^{N}\alpha_i y_i=0 \tag{2.27}$$

回顾一下式(2.23)以及得出的结论，即当 $\boldsymbol{x}_i$ 不在边界超平面上时，α_i 应该等于 0，其中 $i=1$，2，…，N。因此，式(2.26)和式(2.27)都受边界超平面上点 $\boldsymbol{x}_i$ 指数的约束，也就是说，受支持向量指数的约束。

总结一下，优化问题的解给出了拉格朗日乘子的最优值 $\boldsymbol{\alpha}^0=(\alpha_1^0,\ \alpha_2^0,\ \cdots,\ \alpha_N^0)$以及以下分类超平面公式：

$$\sum_{i\in SV}\alpha_i^0 y_i\boldsymbol{x}\cdot\boldsymbol{x}_i+b^0=0 \tag{2.28}$$

其中 SV 是支持向量的指数集。系数 b^0 必须满足公式(2.23)，可用一个支持向量来计算其值。然而在实践中，它的值是一个基于支持向量的平均值：

$$b^0=\frac{1}{|SV|}\left[\sum_{\boldsymbol{x}_i\in SV}y_i-\sum_{\boldsymbol{x}_i\in SV}\left(\sum_{\boldsymbol{x}_j\in SV}\alpha_i\boldsymbol{x}_j\right)\cdot\boldsymbol{x}_i\right] \tag{2.29}$$

回顾公式(2.24)，当 $\boldsymbol{x}_i$ 不是支持向量时，$\boldsymbol{\alpha}_i=0$，我们可得出以下公式：

$$\boldsymbol{w}=\sum_{\boldsymbol{x}_i\in SV}\alpha_i^0 y_i\boldsymbol{x}_i \tag{2.30}$$

最终，决策公式(2.13)可表达为：

$$\psi(\boldsymbol{x})=\mathrm{sgn}(\boldsymbol{w}\cdot\boldsymbol{x})=\mathrm{sgn}\left(\sum_{\boldsymbol{x}_i\in SV}\alpha_i^0 y_i\boldsymbol{x}\cdot\boldsymbol{x}_i+b^0\right) \tag{2.31}$$

2.3.2　线性不可分类的线性划分

至此，我们假设归为两类的样本都是线性可分的。然而，实际问题很少能满足这个假设，类都是线性不可分的，这样就会导致分类错误。比如，大家可能看到过不同类之间的样本分布靠得很近的情况(在某种意义上称为紧密度)，因此无法用一个超平面对其进行划分。在这样的例子中，不等式(2.19)变成：

$$y_i(\boldsymbol{w}\cdot\boldsymbol{x}_i+b)\geqslant 1-\xi_i \tag{2.32}$$

其中 $\xi_i\geqslant 0$，$i=1$，2，…，N。

当 $0<\xi_i<1$ 时，样本 $\boldsymbol{x}_i$ 位于两个支持向量间隔的中间，但仍偏向分类超平面正确的一侧，也就是它处于分类超平面和边界超平面之间，属于所对应的那类样本。对于 $\xi_i>1$，样本 $\boldsymbol{x}_i$ 位于分类超平面错误的一侧(参见图 2-3)，式(2.20)和式(2.21)中的最小化问题转换成了最小化以下目标函数的问题：

$$\frac{\|\boldsymbol{w}\|^2}{2}+C\sum_{i=1}^{N}\zeta_i \tag{2.33}$$

且受式(2.32)约束。

存在一个机制只允许部分分类，这被称为软间隔(soft margin)。C 参数(参见式(2.33))又被称作正则化参数(regularization parameter)，通过调整对错分的惩罚，控制了间隔的形状。C 参数是一个正实数，当其值过高时，可能导致过拟合，也就是说，构建的分类器可能对训练样本分类得非常准确，但对于训练样本以外的样本未必准确。

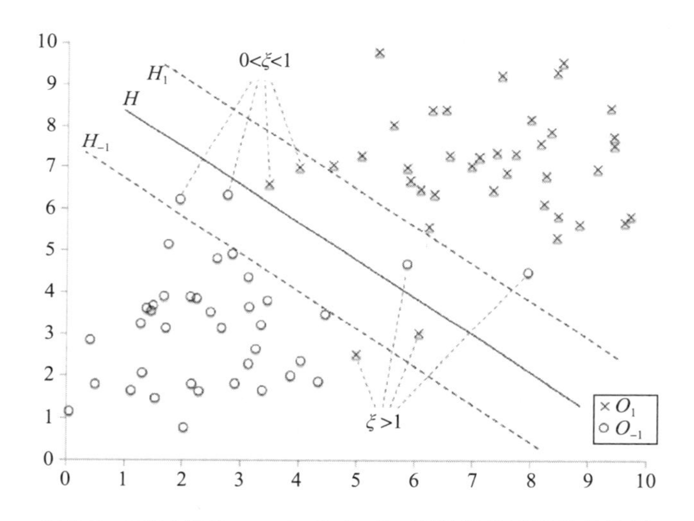

图 2-3　SVM 算法：一个 O_1 和 O_{-1} 两类线性不可分的示例

正则化参数 C 是一个错误分类代价的指标。这个值越大，错误分类的损失就越大。因此，C 值越大，分类间隔就越小。另外，C 值越小，我们所获模型的泛化能力(generalization capability)就越强。

总结来说，针对一个线性不可分问题，我们构建一个分类超平面，通过最小化受约束的目标函数来求解。这样的一个优化问题可以按照前述方式解决，也就是利用拉格朗日函数：

$$L(\boldsymbol{\alpha})=\sum_{i=1}^{N}\alpha_i-\frac{1}{2}\sum_{i=1}^{N}\sum_{j=1}^{N}\alpha_i\alpha_j y_i y_j \boldsymbol{x}_i^{\mathrm{T}}\cdot\boldsymbol{x}_j \tag{2.34}$$

以及修正的约束条件：

$$0\leqslant\alpha_i\leqslant C,\quad i=1,2,\cdots,N,\quad \sum_{i=1}^{N}\alpha_i y_i=0 \tag{2.35}$$

2.3.3　线性不可分类的非线性划分

在前面列出的公式(例如式(2.31))中，我们看到了点积作为一个基本操作在样本分类中的应用。前文已解释过，一个理想的分类(零分类错误率)可用在线性可分的两类问题中。然而，可以有意地考虑将 M 维空间的样本转换到更高维度，那样我们就可以利用点积来处理扩展后的空间里的样本。更具体地说，一个特征向量 $\boldsymbol{x}\in I^M$ 可以利用向量函数 $\boldsymbol{g}: I^M \to I^K$ 转换成一个向量 $\boldsymbol{g}(\boldsymbol{x})\in I^K$，其中 $I=[a, b]\subset R$ 是一个实数闭区间，且 $M<K$，通常 $M\ll K$。这样一来，点积 $\boldsymbol{x}\cdot\boldsymbol{x}_i$ 就可以用 $\boldsymbol{g}(\boldsymbol{x})\cdot\boldsymbol{g}(\boldsymbol{x}_i)$来代替。这种情况下，特征空间 I^K 中的分类超平面就对应着原始特征空间 I^M 中一个更为复杂的超曲面。这样一个超曲面可以轻易地将线性不可分的类分离开来。

我们来考虑一个不超过二次的多项式特征变换。对于有两个特征的特征向量 $\boldsymbol{x}=(x_1, x_2)$，我们有 6 个基本单项式 1，$x_1$，$x_2$，$x_1x_2$，$x_1^2$，$x_2^2$，因此这种情况下 $M=2$，$K=6$。对于更多的特征和更高次的多项式，对应单项式的数量增长得非常快，因此可能带来难以接受的复杂度。比如，对于 M 个特征，我们有 d 次单项式$\binom{M+d-1}{d}$和最高 d 次单项式$\binom{M+d}{d}=\binom{M+d}{M}$，这是一个 M 变量 d 次多项式。无论如何，向高维特征空间转换以及使用点积的思想都是简单直接的。考虑两个特征的示例，转换到最多二维多项式，我们有$\binom{2+2}{2}=6$ 个最高 2 次的单项式，而转换方程为：

$$\boldsymbol{g}(\boldsymbol{x}) = \begin{bmatrix} g_1 \\ g_2 \\ g_3 \\ g_4 \\ g_5 \\ g_6 \end{bmatrix}(x_1, x_2) = \begin{bmatrix} g_1(x_1, x_2) \\ g_2(x_1, x_2) \\ g_3(x_1, x_2) \\ g_4(x_1, x_2) \\ g_5(x_1, x_2) \\ g_6(x_1, x_2) \end{bmatrix} = \begin{bmatrix} 1 \\ x_1 \\ x_2 \\ x_1x_2 \\ x_1^2 \\ x_2^2 \end{bmatrix} \tag{2.36}$$

最终，决策公式(2.13)变成：

$$\psi(\boldsymbol{x}) = \operatorname{sgn}(\boldsymbol{g}(\boldsymbol{w})\cdot\boldsymbol{g}(\boldsymbol{x})) = \operatorname{sgn}\Big(\sum_{i\in SV}\alpha_i^0 y_i \boldsymbol{g}(\boldsymbol{x})\cdot\boldsymbol{g}(\boldsymbol{x}_i) + b^0\Big) \tag{2.37}$$

对于多项式变换，目标空间的维度是有限的，但我们可能也会考虑目标空间的无限维度。更重要的是，不同于先计算转换再计算点积的方式，我们可以在特征空间 I^M 中应用一个特别的方程，而不用在图像空间 I^K 中做点积，其中 I 是一个闭区间实数，也就是说，我们用 $K(\boldsymbol{x}, \boldsymbol{x}_i)$来代替 $\boldsymbol{g}(\boldsymbol{x})\cdot\boldsymbol{g}(\boldsymbol{x}_i)$，称为*核函数*：

$$\boldsymbol{g}(\boldsymbol{x})\cdot\boldsymbol{g}(\boldsymbol{x}_i) = K(\boldsymbol{x}, \boldsymbol{x}_i) \tag{2.38}$$

因此，决策公式变成：

$$\psi(\boldsymbol{x}) = \operatorname{sgn}\Big(\sum_{i\in SV}\alpha_i^0 y_i K(\boldsymbol{x}, \boldsymbol{x}_i) + b^0\Big) \tag{2.39}$$

需要重点注意的是，我们并不需要知道转换式 $\boldsymbol{g}$：$I^M \to I^K$。这里，我们足以将核函数应用在决策公式(2.39)中。然而，问题是如何针对给定转换方程 $\boldsymbol{g}$ 来设计核函数 K。这个问题可以换种方式来表述，即针对一些变换 $\boldsymbol{g}$：$I^M \to I^K$，K：$I^M \times I^M \to R$ 是否对应着内积 $\boldsymbol{g}(\boldsymbol{x}) \cdot \boldsymbol{g}(\boldsymbol{x}_i)$(对应关系见式(2.38))。针对这个问题的回答要依赖于 Mercer 定理，该定理是在泛函分析领域发展起来的。对于对称函数 T：$I^M \times I^M \to R$，如果其满足一定条件，则是一个核函数。对称函数的充分条件是连续且非负，尽管这些条件可能被削弱。

有一些核函数可以成功地用在现实应用中：

- 带一个参数 c 的线性核，其不能用于非线性划分：

$$K(\boldsymbol{x},\boldsymbol{y}) = \langle \boldsymbol{x},\boldsymbol{y} \rangle + c$$

- d 次多项式核函数，用于规范化数据：

$$K(\boldsymbol{x},\boldsymbol{y}) = (\langle \boldsymbol{x},\boldsymbol{y} \rangle + c)^d$$

- 高斯核函数，也叫作径向基函数(Radial Basis Function，RBF)，是一个基础的核函数，广泛用于经验分类研究，并取得了良好的分类结果：

$$K(\boldsymbol{x},\boldsymbol{y}) = \exp(-\gamma \|\boldsymbol{x} - \boldsymbol{y}\|^2) \tag{2.40}$$

这里要专门提到一篇文章(Scholkopf 等，1997)，其中我们找到了一个关于 SVM 和高斯核的 RBF 分类器(旧技术)的对比。

- 带 γ 的双曲正切，表征的是弧线的陡度：

$$K(\boldsymbol{x},\boldsymbol{y}) = \tanh(\gamma \cdot \langle \boldsymbol{x},\boldsymbol{y} \rangle + c)$$

- 拉普拉斯函数：

$$K(\boldsymbol{x},\boldsymbol{y}) = \exp(-\gamma \cdot |\boldsymbol{x} - \boldsymbol{y}|)$$

- sinc(主正弦函数)核函数：

$$K(\boldsymbol{x},\boldsymbol{y}) = \text{sinc}(|\boldsymbol{x} - \boldsymbol{y}|) = \frac{\sin(|\boldsymbol{x} - \boldsymbol{y}|)}{|\boldsymbol{x} - \boldsymbol{y}|}$$

- sinc2 核函数：

$$K(\boldsymbol{x},\boldsymbol{y}) = \text{sinc}(\|\boldsymbol{x} - \boldsymbol{y}\|^2) = \frac{\sin(\|\boldsymbol{x} - \boldsymbol{y}\|^2)}{\|\boldsymbol{x} - \boldsymbol{y}\|^2}$$

- 二次核函数：

$$K(\boldsymbol{x},\boldsymbol{y}) = 1 - \frac{\|\boldsymbol{x} - \boldsymbol{y}\|^2}{\|\boldsymbol{x} - \boldsymbol{y}\|^2 + c}$$

- 最小核函数：

$$K(\boldsymbol{x},\boldsymbol{y}) = \sum_i \min(x_i, y_i) \tag{2.41}$$

为了使可读性更好，$\langle \boldsymbol{x}, \boldsymbol{y} \rangle$用于指代点积，$\|\boldsymbol{x} - \boldsymbol{y}\| = \sqrt{\sum_i (x_i - y_i)^2}$ 为欧式范数，$|\boldsymbol{x} - \boldsymbol{y}| = \sum_i |x_i - y_i|$ 为曼哈顿范数。

其他关于 SVM 和核方法的材料可以在以下论文中查阅到：Bishop(2006，第 6

章)、Webb 和 Copsey(2001，第 5 章)、Hastie 等(2009，12.3 节)以及 Frank 等(2001，12.3 节)。

SVM 以其优异的性能而著名。因此，它成功应用在了诸多科学领域，包括卫星图像分类(Huang 等，2002)、药品设计(Burbidge 等，2001)、垃圾邮件检测(Drucker 等，1999)、模式识别(Burges，1998)、微阵列数据分类(Brown 等，2000；Furey 等，2000)、生物特征(Osuna 等，1997；Dehak 等，2011)等。

2.4　分类问题中的决策树

一个树是一个通用数据结构，也被称为*非循环连接图*。这个定义没有区分图中的任意一个*节点*(node)。同样重要的是，树中没有循环的回路使得每两个节点都连接在一起，也就是说，两节点间只有一条路径。

为简单起见，本书另外给出了一个更方便的定义。一个树是一个无向的图 $T=(V, E)$，其中 V 是一个有限节点集，而 $E\subset\{\{u, v\}: u, v\in V\}$是树中无向的*边*(edge)。同时，可得到以下定义和关系：

- 有一个很特别的节点 $v\in V$，称作*根节点*(root node)。
- 其他节点(除根节点以外)可分成 k 类或更少的两两不相交的子集。
- 每一个这种子集都是一个树，且有自己的根节点，我们称之为*子树*。
- 对每一个子树，都有一个连接根节点 v 和子树根节点的无方向的边。这个节点 v 被称作子树根节点的父节点。子树根节点被称作节点 v 的子节点。

只有一个节点的子集会创建一个没有子树的(退化)树。这个树被称作*叶*(leaf)。一个树被称为 k 树，其特征是至少有一个节点有 k 个子节点，当然，所有节点都有不超过 k 个子节点。

很明显，上述定义暗示了一个树是无向非循环连接图。对于任意的节点，都有一条从根节点到这个节点的唯一路径。类似地，我们可能会说除根节点外的每一个节点都有明确的父节点。一条路径中边的数量被称作路径的长度。树的高度指的是从根到叶的最长路径。

2.4.1　决策树一览

决策树是树的一种，可用作分类器。在决策树中，每个节点都有赋给它的一个训练样本子集。这样将树节点和样本进行配对的过程发生在树的构造阶段。树的构造其实是分类器的训练。在树的构造过程中，我们可能利用样本赋给节点的相应信息来构成一个标签，以辨识该节点。根节点被赋予了所有的训练集。如果节点 v 不是叶节点，那么它的训练样本集就被分解成子集，再赋给它的子节点(同时，父节点保留了赋给子节点的所有样本)。一个点集基于选定的特征被分解成多个子集。当一些终止条件满足后，这个分解过程就完成了。这些终止条件的其中一个是被赋给一个节点的所有样本属于同一类。这种情况下，该节点的所有样本都属于一个单一类别，该节点也就变成了叶节点，而且它被标注上与这些样本同类的标签。

构建这样一个树，我们可以用它来进行新样本的分类。一个给定新样本会根据其特征值从树的根节点遍历到叶节点，也就是说，对于每一个节点，样本都会根据其特征值移向其对应的一个子节点。

在开始决策树构建之前，我们必须回答以下问题：

- 如何针对给定的节点来选定样本特征，以便完成分解？
- 给定节点的特征，如何寻找子集的数量(也就是给定节点的子节点数)？
- 应何时终止树的生长？也就是何时停止分解训练样本集的过程？
- 哪一个类别标签应该赋给一个给定的叶节点？特别是哪一个类别标签应该赋给一个包含多样本的叶节点？

我们先简要讨论一下上述问题，后面会进行深入探讨。

最后两个问题前面已经解决了。回想一下，当分配到给定节点的所有样本都属于同一个类的时候，分解过程就停止了。不幸的是，这个解决方案时常导致细分(fine-grained splitting)，进而引发过拟合(over-fitting)。这个问题需要从细节处理，构造更复杂的解决方案来完善停止准则。

最后一个问题的答案可以表述如下："哪一个类别标签应该赋给一个给定的叶节点"似乎并不重要，假设在该叶节点中我们只有来自一类的样本，这时候不存在任何问题。但是当该叶节点有来自多于一类的样本时，占比最高的类便会将类别标签赋给该叶节点。这个规则适用于树中的任何节点，而不限于叶节点。

第一个问题的回答不是那么明显。直觉认为合理的做法是选择一个特征，能将不同的类进行良好的区分。这个特征的选择与第二个问题相关，即怎样去寻找给定特征的子集数量(换句话说，应该给父节点赋予多少个子节点)。选择一个特征，将样本分解成子集以使得每个子集只包含一类的样本，这是最佳解决方案。在这种情况下，需要将这个特征进行分解以使得结果能完整分类的一个必要(但在一些情况下非充分)条件，是拥有与类别数量相同的子集数，且用C表示。在这种情况下，我们会得到一个高度为1的子树，其根节点被赋予了一组训练样本集，且其C个子节点被赋予的样本属于同一个类。注意，对于一些特定的特征，属于不同类的样本可能具有相等的特征值。鉴于我们构建一个分类模型通常会用到超过一个特征，因此进行分解后样本子集数会少于类别数。如果分解后子集数少于类别数，那么一些子集将会包含一些样本，这些样本同时属于多个类。接着，这些子集会被进一步递归分解。重复这些过程最后将导致一个子集里的样本都归属于同一个类。这种情况下，整个决策树的高度都会等于递归的深度。

不幸的是，只来自一个类的样本子集被赋给叶节点这样一个完美的解决方案在实践中是非常不现实的。因此，我们将寻求一个更好的方案。有一个不太显而易见的方案，就是模型设计者不能仅通过审视数据或做一些简单的统计计算来选择用于分解的特征。同样，需要做分解的子集的数量也不是直接可见的。因此，我们假设进行二进制分解，那么基于这个假设，最好的特征将被选择出来。

一个树的示意性图例如图 2-4 所示。为了构建这个树，我们使用了 UCI 机器学习库中的红酒数据集。数据集 $O=\{o_1, o_2, \cdots, o_{178}\}=O_1 \cup O_2 \cup O_3$ 包含 178 个来自三个类的样本，用 13 个数值特征来进行描述。初步数据审查发现有一个特征与另两个特征相关，因此我们将其删除。最后，我们选出 12 个特征(删除了第 7 个关联特征)，分别用数字 1 到 13 列出。数据集按 7∶3 的比例分解成一个训练集和一个测试集。训练集包含三个类 O_1、O_2 和 O_3，分别包含 43、52 和 35 个样本，我们写为 43-52-35。测试集包含 16-19-13 个样本，分属于三个类。我们使用以下训练集来构建树：

- 训练集 43-52-35 个样本被赋给根节点。
- 第 13 个特征和 730 被选择，以便将样本集分解成两个子集。
- 两个子集，分别包含样本 0-46-31 和 43-6-4，被赋给根节点的子节点。
- 第 11 个特征和 0.78 用于将样本集 0-46-31 分解成两个子集，并赋给这个节点(节点 0-46-31)的子节点。
- 第 10 个特征和 3.46 用于将样本集 43-6-4 分解成两个子集，并赋给当前节点的子节点。

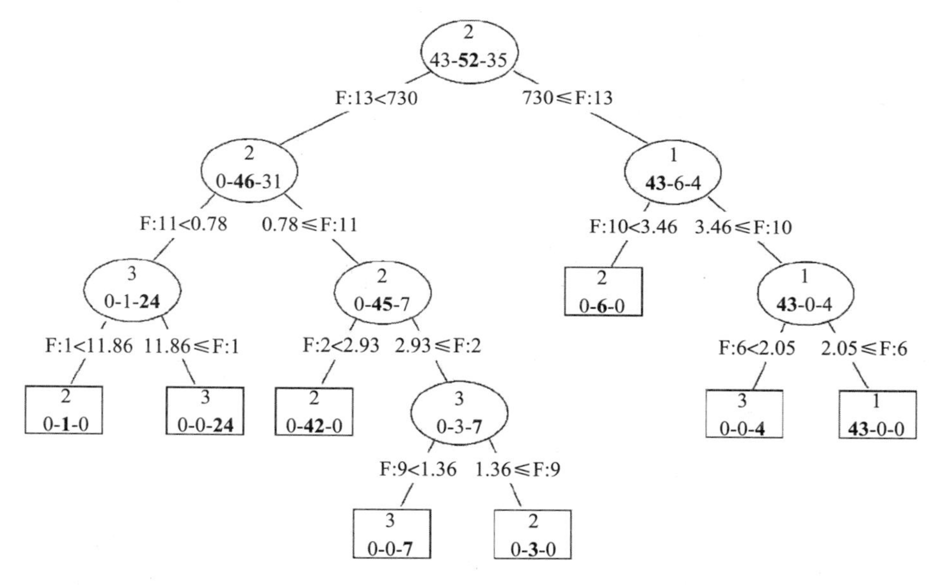

图 2-4　用来自红酒数据集的训练集构建的决策树。节点用椭圆(非叶节点)和矩形(叶节点)表示。标识符 x-y-z(比如根节点中的 43-52-35)提示了三个类(O_1、O_2 和 O_3)中各自的样本数量，被赋给一个给定节点。节点内，位于 x-y-z 上方的位置用个位数表示了该节点样本所属类别的多数类的标签。多数类(majority class)样本也用黑体数字进行了标注，比如根节点 43-**52**-35，表明其中第二个数字 52 是该节点的多数类。下方的不等式表示父节点样本分解的条件，而这些特征则用于完成这一分解

当一个节点中的样本集都来自同一个类时，这个分解过程就停止了。因此，每个叶节点表征一个类。

图2-4给出了一个树的例子。内部节点(椭圆)和叶节点(矩形)包含了两行数字。第二行包含三个整数，按照x-y-z这样的格式书写，其中x指代的是有多少属于O_1类的样本赋给了给定节点，y指代的是有多少属于O_2类的样本赋给了给定节点，z指代的是有多少属于O_3类的样本赋给了给定节点。此外，每个节点中，最大的那个数(换句话说就是多数类)用黑体进行标注。每个节点的第一行都包含一个单独的整数，表征了多数类——我们用符号1、2和3表示，分别对应了O_1、O_2和O_3三个类。例如，树根节点的第二行标的是43-**52**-35，其中三个数分别表示：有43个样本来自第1类(O_1)、有52个样本来自第2类(O_2)以及有35个样本来自第3类(O_3)。根节点中的数字2代表该节点的多数类是第2类。接下来，训练样本集根据选定特征进行分解。第13个特征被用到树的根节点(图中写为F：13)中，730这个值用于完成分解过程。若样本第13个特征的特征值小于730，则移向左侧子节点，其余样本移向右侧子节点。我们为边缘标注上特征编号和分解值。这个过程会持续下去，每个节点继续向左右子节点延伸，直到赋给节点的样本集只包含一个类的元素为止。对于一个节点，如果其包含的样本只属于一个类的话，该节点就成了叶节点。针对所有节点，包括内部节点和树的叶节点，我们都要辨识出该节点样本的多数类。这就终止了树的构建过程。最后结果是这样的：训练出的决策树可用于对先前未见的样本所属类的预测。这种情况下，未见样本来自测试集。注意，在树的构建过程中，我们没有应用额外的停止条件。树被构建成了一个完整的形式。构建过程用到了训练数据，由于其是一个完整树(每个叶节点只包含来自一个类的样本)，因此在训练集上的分类精度为100%。

一旦树被构建出来，我们就能用该树来对任何样本进行分类。为了做到这一点，我们可以从根节点开始往下直至到达叶节点。接着，在基于训练样本的树的构建过程中，我们检查了叶节点中属于多数类的类，并假设这个样本属于多数类。一个决策树是一个分类器，其在树的构建过程之后能被用于训练样本集以外的样本的分类。自然地，我们必须提前准备好训练样本集来构造它。图2-4是一个决策树实例，它对于训练集来说是一个完美的分类器，这意味着当我们用这个树来进行分类时，所有130个来自红酒数据集的训练样本都得到了正确的类别标签。然而，如果我们使用一个树来对训练样本集以外的样本进行分类，那么分类结果可能不一定完全正确。

有关红酒数据集的测试集的分类结果如图2-5所示。注意，这个树的结构是在构建过程中被发掘的，因此和图2-4中的情况是一样的。特别是，给节点分配类别标签和分解任务形成了树构建的一个重要结果。我们可以看到测试样本的分类结果不是完全正确的，也就是说，48个样本中有3个样本被错分了。同样，当我们将测试样本往下分解时，并非所有的树的分支都用到了：4个叶节点和1个内部节点在测试集分类过程中并未涉及。此外，这里只有一个内部节点和一个叶节点，其中测试集的多数类与预期的类别分配不匹配。因此，我们能够得出结论，树的结构可以通过删除一些节点来简化。

一个简化版本的树结构如图2-6所示。这里有两个树：左侧我们看到的是训练集的结果，右侧是测试集的结果。这个简化版本的树是通过修剪得到的：从完整的树中剪掉了少许枝干，这样就将一些内部节点变成了叶节点。修剪树的规则是，如果某个节点处的训练样本包含少于10%的错误分类样本，那么该内部节点会被转变成叶节点。

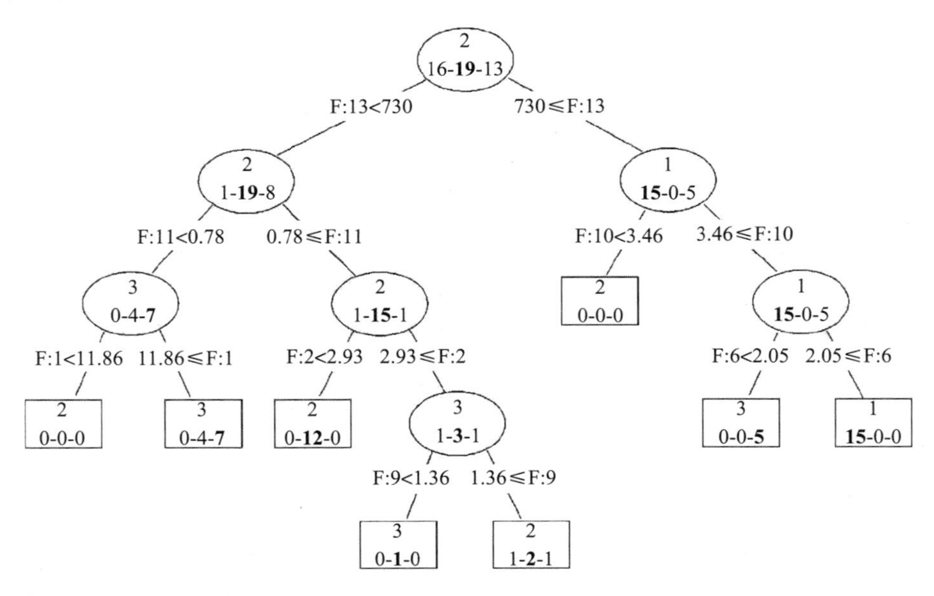

图 2-5　关于使用图 2-4 中决策树对测试集进行分类的过程。节点（椭圆和矩形）内部的数字刻画了赋予该节点的样本数。多数类（节点第一行的整数）指代的是训练数据集。测试集的多数类在第二行中用黑体字加以标注

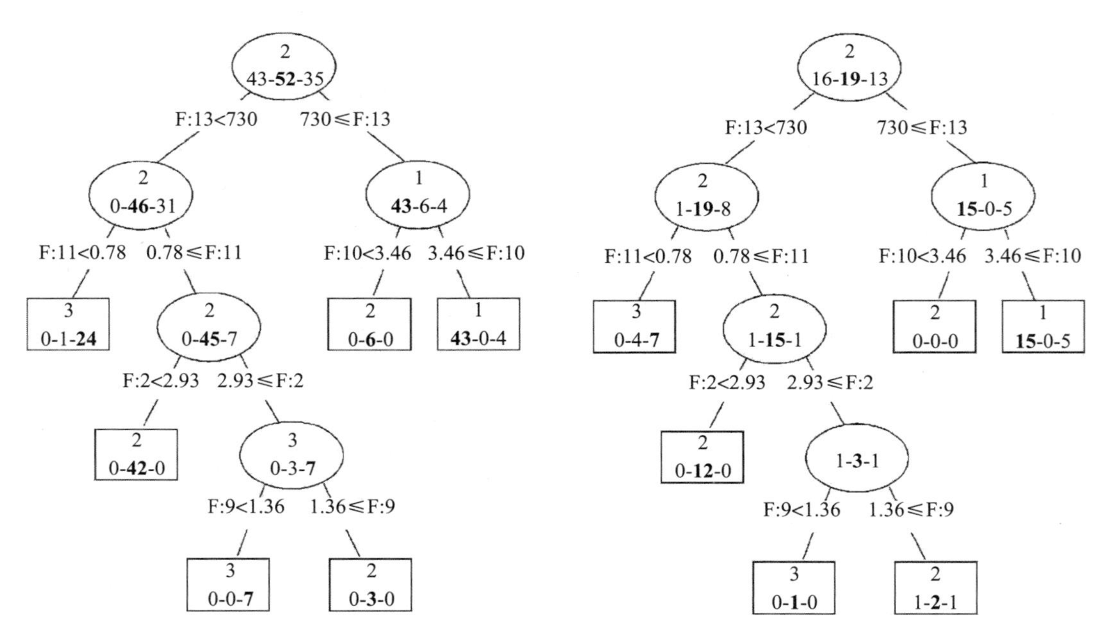

图 2-6　一个简化版的决策树。在图 2-4 的完整树结构中，训练样本集分类误差为10%以内的内部节点被转变为叶节点。图中展示了简化版（修剪）的树的分类结果，其左侧为训练集（左图），右侧为测试集（右图）

2.4.2　特征分解

我们为了选择一个特征而开始树的构建过程，首先要考虑整个特征集，从根节点开始分解。然而，在树的低端，我们可能考虑两个选择。第一个选择是对每个节点进行分解，我们考虑整体特征集。这种情况下，同样的特征可能从树根到树叶被使用多次。第二个选择是，在一个给定节点上使用某个特征后，该特征将被移出特征集——该节点的子节点中分解的特征候选集。这种情况下，从根节点到叶节点，特征都不会重复。如果我们决定选择第二个选项，那么树的最大路径长度不得超过特征数，因此，特征数自然会限制树的高度。

应选择上述两个选项中的哪一个？这取决于问题和数据(特征)类型。如果一个样本集的分解是基于一个特征和一些显著特征值，且每个值都创造出了自己的样本子集，那么该特征应该不能被再次使用。然而，当子节点数小于(远小于)显著特征值个数时，重复使用这些特征可能非常有效。另外，一个好的特征选择方法应该消除已使用过的特征，其在未来树的构建过程中不会继续有效。

如前所述，一个关于分解样本集的子集数量的问题是另一个决定特征选择的重要问题。这里没有一个普适的正确答案来回答这个问题。最好的解决方法应该是将训练样本集分解成一些子集，每个子集刚好包含同属一个类(且仅一个类)的所有样本。比如，有 15 个样本来自一个类，5 个样本来自另一个类，那么最佳分解应该是将那 15 个样本分为一个子集，而将那 5 个样本分为另一个子集。然而，前面已提及过，这种完美的案例一般极少出现在实践中。另外，在处理超过两个类的情况时，一个样本集里分配给一些节点的不同类别的标签数量可能不同，因为我们不能保证所有类都在样本集中得到了体现。其次，要在其他类中完美区分出单个类的样本是很少见的一种情况。因此，为简便起见，我们通常使用二进制分解(binary split)。二进制分解被用在了几个例子中，以说明本章的主要内容。

因此，针对同样与分解相关的问题，也就是假设的子集数量和特征选择，合理的做法包括以下几点(Koronacki 和 Ćwik，2005)：

- 最小化每个子集中类别的差异性，而不是完美划分。
- 最大化子集间的差异性。
- 设计一个方法来优化前述两个准则。

有很多方法用于度量一个样本集类别的差异性。我们给出了三种常用方法。一个关于分解方法的更复杂例子被提了出来，比如参见 Hothorn 等(2006)。引用的方法使用了基于排序测试(permutation test)的分解准则。

2.4.3　度量类的差异性

假设样本集 $O=\{o_1, o_2, \cdots, o_N\}$ 被分解成多个类 O_1，O_2，$\cdots$，O_C，类的概率分布计算如下：

$$p_k = \frac{|O_k|}{|O|}, \quad k = 1,2,\cdots,C \tag{2.42}$$

也就是，p_k 代表类 O_k 的概率，以及

$$\hat{k} = \arg\max_k p_k \tag{2.43}$$

为集合 O 中出现频率最高的类的指数。

一组样本集的类的差异性是一种度量，当多数样本来自同一个类时其值较低，而当样本来自具有相似基数的不同类时其值偏高。合理的假设是这个度量的值应在[0，1]内，当所有样本属于同一类时，度量值等于或接近 0，也就是，$|O_{\hat{k}}| = |O|$ 且 $|O_1| = \cdots = |O_{\hat{k}-1}| = |O_{\hat{k}+1}| = \cdots = |O_C| = 0$，或等价地，$p_{\hat{k}} = 1$ 且 $p_1 = \cdots = p_{\hat{k}-1} = p_{\hat{k}+1} = \cdots = p_C = 0$。相反，当所有类均等出现时，该度量等于或接近 1，也就是 $|O_1| = |O_2| = \cdots = |O_C|$，或等价地，$p_1 = p_2 = \cdots = p_C$。然而，我们可以看到，更方便的做法是不去将这个值限制在一个区间内。

很容易设计满足上述直觉观察的度量值。我们将讲述三种最流行的方法。

误分类指数

误分类指数(index of incorrect classification)是一个简单的差异性度量，表达了所有样本中不属于多数类的样本的数量：

$$R(O) = p_1 + \cdots + p_{\hat{k}-1} + p_{\hat{k}+1} + \cdots + p_C = 1 - p_{\hat{k}} \tag{2.44}$$

当所有样本都来自一个类时，这个指数为 0；当来自不同类的所有样本均等分布时，这个值为 $1-1/C$。假设 $C=2$、$p_1=p_2=0.5$、$\hat{k}=1$，我们得到 $R(O)=1-p_1=0.5$。

假设集合 O 里只有一个类 O_1 的样本，$p_1=1$，$p_2=0$，此时的指数值取最小值；而当两类样本均匀出现时，$p_1=1/2=p_2$，指数值取最大值(如图 2-7 所示)。

$$\begin{aligned} R(O) &= 1 - 1 = 0 \\ R(O) &= 1 - 1/2 = 1/2 \end{aligned} \tag{2.45}$$

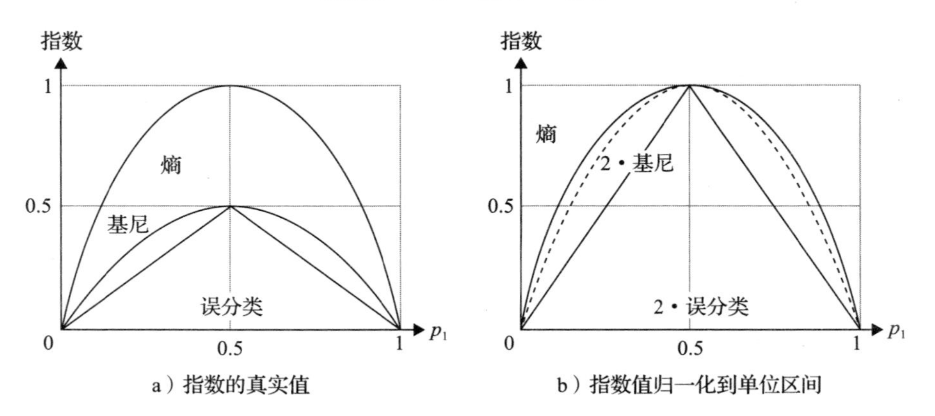

图 2-7　熵值图、基尼指数图和两类问题的误分类指数

我们来研究一下 $C=8$ 时的情况。先考虑只有一个类 O_1 的样本的情况，此时 $p_1=$

1，$p_2=\cdots=p_8=0$；另一种情况是当所有样本都均匀分布时，$p_1=\cdots=p_8=1/8$。

$$\begin{aligned} R(O) &= 1-1=0 \\ R(O) &= 1-1/8=7/8 \end{aligned} \tag{2.46}$$

例如，针对红酒数据集的训练样本，误分类指数是：

$$R(O)=p_1+p_3=1-p_2=\frac{43}{130}+\frac{35}{130}=1-\frac{52}{130}=0.6 \tag{2.47}$$

熵

我们回到关于特征最优选择和分解值的问题上来。这里有一个方法，其应用看似非常直接。假设一个特征是数值，例如红酒数据集的所有特征，我们简单地考虑将所有特征分解到两个区间的可能性。接着，我们需要一个信息分散度的度量和一个关于该度量的显著示例，这就是熵(entroy)。当我们几乎可以确定类成员时(没有不确定的)，熵值取最小。因此，我们为每一个分解计算一个熵值，然后按照取最小熵时的方案值来对特征进行分解，最终我们选择了该特征及其(具有最小熵值的)分解办法。

在我们的讨论中，样本集 $O=\{o_1, o_2, \cdots, o_N\}$的信息熵等于公式(2.42)中定义的随机变量的熵，也就是类集合的概率分布。这个集合的信息熵由下式定义：

$$E(O)=-\sum_{i=1}^{C}\frac{|O_i|}{|O|}\log_2\frac{|O_i|}{|O|}=-\sum_{i=1}^{C}p_i\log_2 p_i \tag{2.48}$$

但由于 $\log_2 0$ 没有被定义，我们假设 $\log_2 0=\lim_{p\to 0^+}\log_2 p=0$。

注意，熵值越大，数据的差异性就越大。当所有样本都来自一个类的时候，熵值为0；当样本越趋向于均匀地分布在不同类中时，熵值越高。我们用一个简单示例来说明熵值的性质。假设 $C=2$，我们有 $p_1=1-p_2$，且 $0\leqslant p_1\leqslant 1$。因此，熵值变成了：

$$E(O)=-p_1\log_2 p_1-p_2\log_2 p_2=-p_1\log_2 p_1-(1-p_1)\log_2(1-p_1) \tag{2.49}$$

假设值在[0，1]内(见图 2-7)。

当集合 O 中的样本仅来自一个类时(例如 O_1)，熵值取最小，此时 $p_1=1$、$p_2=0$；当两类样本数量相等时，熵值取最大，此时 $p_1=1/2=p_2$。

$$\begin{aligned} E(O) &= -1\cdot\log_2 1-0\cdot\log_2 0=0 \\ E(O) &= -1/2\cdot\log_2 1/2-1/2\cdot\log_2 1/2=1 \end{aligned} \tag{2.50}$$

现在我们来看一下 $C=8$ 时的情况。我们对两种极端情况感兴趣：一种是所有样本都只属于一个类(比如 O_1)，此时 $p_1=1$、$p_2=\cdots=p_8=0$；而当所有样本都来自不同的类且均匀分布时，$p_1=\cdots=p_8=1/8$。

$$\begin{aligned} E(O) &= -1\cdot\log_2 1-0\cdot\log_2 0-\cdots-0\cdot\log_2 0=0 \\ E(O) &= -1/8\cdot\log_2 1/8-\cdots-1/8\cdot\log_2 1/8=3 \end{aligned} \tag{2.51}$$

让我们看一下红酒数据集中训练集的熵值。它等于：

$$E(O)=-\frac{43}{130}\log_2\frac{43}{130}-\frac{52}{130}\log_2\frac{52}{130}-\frac{35}{130}\log_2\frac{35}{130}=1.57 \tag{2.52}$$

基尼指数

基尼指数(Gini index)度量了类集合中概率分布值的不平衡性：

$$G(O)=\sum_{i\neq j}p_ip_j=\sum_{k=1}^{C}p_k(1-p_k) \tag{2.53}$$

与前一种度量一样，基尼指数越大，数据的差异化就越大。基尼系数为0表示类中的样本基数完全不平衡。换句话说，它描述了一种情况，就是当所有数据集中的样本都来自同一个类的时候。针对类间样本均匀分布的情况，对于C个类来说，基尼指数的值等于$1-1/C=(C-1)/C$。我们以这个简单示例进行说明。假设我们有$p_1=1-p_2$且$0\leqslant p_1\leqslant 1$。因此，基尼指数按下式计算：

$$G(O)=p_1p_2+p_2p_1=2p_1p_2=2p_1(1-p_1) \tag{2.54}$$

其值位于[0，1]区间内(见图2-7)。

当所有样本都来自一个类(例如O_1)时，基尼指数取最小值，此时$p_1=1$、$p_2=0$；当样本来自两类且均匀分布时，基尼取最大值，此时$p_1=1/2=p_2$。

$$\begin{aligned}G(O)&=1\cdot 0+0\cdot 1=0\\ G(O)&=1/2\cdot 1/2+1/2\cdot 1/2=1/2\end{aligned} \tag{2.55}$$

让我们来研究一下$C=8$的情况。我们对两个极端情况感兴趣：①所有样本来自一个类，比如都来自O_1，那么$p_1=1$、$p_2=\cdots=p_8=0$；②所有样本来自不同类且均匀分布，那么$p_1=\cdots=p_8=1/8$。

$$\begin{aligned}G(O)&=1\cdot 0+0\cdot 1+\cdots+0\cdot 1=0\\ G(O)&=1/8\cdot 7/8+\cdots+1/8\cdot 7/8=7/8\end{aligned} \tag{2.56}$$

最后，计算一下红酒训练集数据库的基尼指数：

$$G(O)=\frac{43}{130}\cdot\left(1-\frac{43}{130}\right)+\frac{52}{130}\cdot\left(1-\frac{52}{130}\right)+\frac{35}{130}\cdot\left(1-\frac{35}{130}\right)=0.66 \tag{2.57}$$

2.4.4 选择一个分解特征

考虑一组样本$O=\{o_1, o_2, \cdots, o_N\}$及其分解出的不相交子集$\Theta=\{Q_1, Q_2, \cdots, Q_r\}$，也就是$\bigcup_{i=1}^{r}Q_i=O$且$Q_i\cap Q_j=\varnothing$，其中$i$，$j=1, 2, \cdots, r$且$i\neq j$。要注意的是，训练样本集的分解不同于类$O_1$，$O_2$，…，$O_C$的分解。在2.4.2节中，我们讨论了如何度量样本集中类的差异性，因此我们具备了必要的工具以计算集合O和族$\Theta=\{Q_1, Q_2, \cdots, Q_r\}$中的每一个成员$Q_i$。首先，我们希望度量子集族$\Theta$中类的差异性。接着，有了这个度量，我们就能发现集合O与其子集r中类的差异性。当然，我们希望能减小这个差异值，即希望增加其中的不同之处。结果是，使得不同之处最多的特征是最希望获得的。

整个子集族中类的差异性被定义为所有子集中差异性的加权和，其中权重与每个子集的大小成正比：

$$D(\Theta)=\sum_{i=1}^{r}\frac{|Q_i|}{|O|}D(Q_i)=\sum_{i=1}^{r}q_iD(Q_i) \tag{2.58}$$

类差异性的增量则是 O 和 Θ 之间差异性的差值：

$$\Delta D(O,\Theta) = D(O) - D(\Theta) \tag{2.59}$$

其中 D 是类差异性的度量，比如误分类指数、熵或基尼指数。

任何对应这些度量的特征值集合都是有限的，因为训练样本集是有限的。因此，我们可以考虑所有可能的特征 F 的值的分解和对应特征值分解的样本的分解。然而，这种方法虽然理论上可行，但也依旧因其指数复杂性而显得没用。只考虑二进制分解，也就是分解成子集和补集，我们得到如下数量的对偶对：

$$\frac{2^{|F|}-2}{2}$$

其中 $F=\{f_1, f_2, \cdots, f_{|F|}\}$ 是特征 F 的值的集合，当然 $|F| \leqslant |O| = N$，极端情况下，样本集 O 中会有大量与样本数一样多的特征值。这是所有重要的 F 的子集族的基数(其中空集和整个 F 集没考虑在内)。因此，有更多族的分解都包含了超过两个成员的情况。

取而代之的是，假设所有特征值都是线性有序的(例如数字编码)，比如 $f_1 < f_2 < \cdots < f_{|F|}$，我们考虑分解到子间隔(subinterval)里，覆盖整个特征值区间 $[f_1, f_{|F|}]$，那样的话每一个子间隔里都至少包含一个样本。比如，分解成 k 个子间隔：

$$[f^{(0)}, f^{(1)}], (f^{(1)}, f^{(2)}], \cdots, (f^{(k-1)}, f^{(k)}]$$

其中 $f_1 = f^{(0)}$，$f^{(k)} = f_{|F|}$，因此 $[f^{(0)}, f^{(1)}] \cap F \neq \varnothing$ 且 $(f^{(i-1)}, f^{(i)}] \cap F \neq \varnothing$，$i = 2, \cdots, k$。

到子间隔的分解可以预见样本集 O 分解成子类 O_1，O_2，…，O_C 的特征值分布，因为对于一个给定样本类，特征值分布范围可能很窄。即便是最简单类型的分解，比如二进制分解，也可以划分两个子类的样本。当然，在实践中，对特征值分布的期待过于乐观。尽管如此，这种不现实的期待也很好地说明了现存的问题。

2.4.5　限制树的结构

这里有三种方法可以用来限制决策树的生长：

- **显而易见地终止扩张**。这种方法用于以下情况：①样本集为空集；②所有样本属于同一个类；③没有更多的特征被使用。
- **早期终止**。这意味着检查一个预定义条件，如果这个条件得到满足，我们就停止树的生长。避免过拟合以及缩减树的结构则是这种情况的例子。
- **树的修剪**(限制树的结构而不是树的扩张)。其可以用于限制树的生长而非提前终止条件；我们从一个完全树开始，接着剪掉较弱的枝干(需要一个标准来评估枝干或节点)。

第一种方法比理论上证明的更具技术性。当运行树构建的过程时，使用训练集来生成树的结构。这里有三种前述情况，都没有理由继续进行树的扩张。第一种情况是没有任何样本进行分解时(样本集为空)。第二种情况是到达一个节点，其被赋予的样本只属于一个类时。我们无法完成分解，因为分解时没有不同的类能让我们最大化类的差异性。第三种情况是没有特征被使用，这可能出现在我们决定从树根到树叶的路径上不再重复特征的时候。

第二种和第三种方法，也就是提前终止条件和树的修剪，都是众所周知和频繁使用的策略，用于提升决策树的质量。需要强调的是，如果不采取任何措施来进行树结构的精简，那么我们最终会得到一个完整树。这种模型完全适用于从训练集进行样本分类——在红酒数据集的说明性示例中，我们展示了完整树对训练集的测试精度为100%。然而，通常情况下，这类树会变得过拟合，也就是对不属于训练集的样本的分类效率很低。为了提高泛化能力，我们需要修改(简化)树的结构，使其不那么细致。为此，可以生成一个完全树并进行修剪，或者在早期就停止树的生成过程。在图2-4所展示的分类树中，仅使用一个类的样本的情况限制了树的扩展。接着，修剪被用来限制这个树的结构(见图2-6)。

决策树是机器学习中最基本的算法。大家可以参见其他文献中更详尽的相关讨论，以下书籍就是很好的例子：Frank等(2001，第6章)、Duda等(2001，8.2～8.4节)、Webb和Copsey(2001，第7章)、Hastie等(2009，9.2节)以及Mitchell(1997，第3章)。同样需要重温一下的是一些关于决策树方法的综述(Safavian和Landgrebe，1991；Murthy，1998)。

关于决策树的研究已经产生了一系列有价值的算法，包括一些著名的树构建的策略，例如CHAID(CHi-square Automatic Interaction Detector，*卡方自动交互检测器*)(Sonquist和Morgan，1964)、CART(Classification And Regression Tree，*分类和回归树*)(Breiman等，1983)和ID3/4.5/5.0(Quinlan，1986；Utgoff，1989；Wu等，2003)。关于决策树研究的强度没有变化，但是决策树随着混合和集成分类器时代的到来而重新获得了关注。

2.5 集成分类器

纵观各种分类器和分类方案的优缺点，一个想法诞生了，即也许通过构建一个*集成分类器*(ensemble classifier)把多种分类模型整合起来可以提高分类精度。这就促成了所谓的*集成分类*(ensemble classification)方法的发展。一个集成分类器是一组单分类器的组合(也就是常说的*弱分类器*)，或者是一种将多个单分类器的结果聚合成最终分类决策的方法。一种直观的聚合分类决策的方法是通过简单的*投票*(voting)，也就是，我们构建一些分类器，然后用它们来预测一个样本的类别，并将多数分类器分类结果的类别标签赋予这个样本。当类别数超过一个多数类时，最终决策结果可能需要制定一个第二准则，例如随机决策或设置一些权重。当然，我们希望一个集成分类器应该比每个弱分类器都要好。让我们考虑一个两类分类问题。假设已有比随机判别(判别的正确率略高于0.5)稍微好一些的弱分类器，我们希望一个由若干弱分类器组成的集成分类器的效果更好，也就是能达到正确判别率远高于0.5。集成分类器的其他优势是它可能更稳定，且有比弱分类器更小的方差。如果一个集成分类器的偏差(bias)比单个分类器小，那将是很好的，尽管很多时候不是这样。需要注意的是，我们会避开只关注特定类型的弱分类器。取而代之的是，在合理范围内，任何弱分类器都可以用来整合成一个集成分类器。然而，选择决策树作为弱分类器是非常流行的做法。重要的是，集成分类不能仅被限制在构成多种分类器的技术问题上，它同样需要分类方案的适应性改变。这就需要重新考虑训练/验证/测试集的使用。

关于弱分类器的聚合这里有不同的方法。后面，我们会讨论"袋装"和"提升"，其是弱分类器聚合方法中的两种常见示例。我们同样会讨论提升算法的一个特例，即AdaBoost算法。

集成分类方法的出现没有延缓关于标准单模态分类器的研究脚步。对比单分类器和复分类器的效率是一个实际的、存在已久的话题。读者可参考这篇文章(Lim等，2000)。

2.5.1 袋装

Breiman(1996)提出了一个非常简单的方法，用于连接单分类器。这个方法被称为袋装(bagging，其全称为bootstrap aggregating，译为自举汇聚法)。该方法假设构建B个训练样本集$O^{(1)}$，$O^{(2)}$，…，$O^{(B)}$，基于给定训练集$O=\{o_1, o_2, \cdots, o_N\}$对其进行"袋装"。那么，对于每一个袋装训练集，一个弱分类器就构建成了。每一个袋装训练集$O^{(i)}$都是通过随机采样和从训练样本集O中替换而生成的。采样是在训练集$O=\{o_1, o_2, \cdots, o_N\}$中基于均匀概率分布进行的，也就是，任何一个样本被选中的概率都是$1/N$。请注意，训练集$O^{(1)}$，$O^{(2)}$，…，$O^{(B)}$可能有一些重复或缺失的样本。从统计上讲，每个集合中大概包含了1/3的缺失样本(更准确的数字是1/e，约等于0.368)。细节由以下算法给出：

算法2.1 **用自举汇聚法构建弱分类器**

数据：训练样本集$O=\{o_1, o_2, \cdots, o_N\}$
　　分类方法(弱分类器)
　　B：弱分类器数量
算法：**假设**权重$w_i=1/N$，$i=1, 2, \cdots, N$
　　for $k=1\sim B$ **do**
　　begin
　　　通过来自训练集$O=\{o_1, o_2, \cdots, o_N\}$的随机抽样替换来构建袋装训练集$O^{(k)}$
　　　为训练集$O^{(k)}$构建弱分类器$\psi^{(k)}$
　　end
结果：弱分类器的集合$\psi^{(1)}$，$\psi^{(2)}$，…，$\psi^{(B)}$

给定一个样本 $\boldsymbol{x}$，一个袋装集成分类器分配给它的类别标签结果由 B 个弱分类器 $\psi^{(1)}$，$\psi^{(2)}$，…，$\psi^{(B)}$ 的投票结果决定：

$$\psi(\boldsymbol{x}) = \arg \max_{1\leqslant k\leqslant C} \sum_{i=1}^{B} \delta_{k,\psi^{(i)}(\boldsymbol{x})} \tag{2.60}$$

其中 $\delta_{i,j}$ 是克罗内克 δ 函数。换句话说，一个样本 $\boldsymbol{x}$ 被赋予类别标签 k，使得为其投票的弱分类器的数量是最大的。

2.5.2　提升

另外一个更常规的方法叫作提升(boosting)，由 Shapire(1990)提出，后又被 Freud 和 Schapire(1997)改进。提升算法的发明独立于 Breiman 的袋装算法，但它又可以被视为袋装法的一个推广。袋装和提升的训练集 $O^{(1)}$，$O^{(2)}$，…，$O^{(B)}$ 的构建均采用了从给定训练集 $O=\{o_1, o_2, \cdots, o_N\}$ 中按照一个给定概率密度分布随机采样的方法。对于所有袋装训练集，随机采样都是基于一个固定的均匀概率分布进行的。然而，提升算法能适应连续训练集的概率密度分布。已选定的样本被当前弱分类器错分的概率会提高(这种样本学习起来很难，因此我们希望在设计分类器时强调它们的角色)。随着这些样本的权重增加，选择到易分类样本的概率就降低了，也就是，被当前弱分类器正确区分的样本将不太可能出现在新的训练集里。

这里有很多方法可用于定义概率分布。我们会讨论最著名的一个，叫作 AdaBoost (Adaptive Boosting，自适应提升)(Freund 和 Schapire，1997)。AdaBoost 在开始时会采用均匀概率密度分布来选择第一组训练集 $O^{(1)}$，接着在第二组训练集 $O^{(i+1)}$ 中提高被当前弱分类器 ψ^{i}，$i=1, 2, \cdots, B-1$ 错分的样本的权重，当然，被正确分类的样本的权重会降低。然后，被错分的样本在下一轮提升训练集里得到比正确分类样本更高的被选中的概率。

算法 2.2　构建用于提升的弱分类器

数据：训练样本集 $O=\{o_1, o_2, \cdots, o_N\}$
　　$\boldsymbol{x}_i$：样本 o_i 的特征向量
　　y_i：样本 o_i 的类别标签
　　分类方法
　　B：弱分类器数量
算法：**假设**权重 $w_i^{(1)}=1/N$，$i=1, 2, \cdots, N$
　　for $k=1\sim B$ **do**
　　begin
　　　通过训练集 $O=\{o_1, o_2, \cdots, o_N\}$ 的带权重的随机抽样替换来构建袋装训练集 $O^{(k)}$
　　　为训练集 $O^{(k)}$ 构建弱分类器 $\psi^{(k)}$
　　　计算带权重的错误率 $wer^{(k)} = \sum_{i}^{N} w_i^{(k)} \bar{\delta}_i$，$\bar{\delta}_i = (1-\delta_{y_i,\psi^{(k)}(\boldsymbol{x}_i)})$

计算纠正因子 $\chi^{(k)}=\frac{1-wer^{(k)}}{wer^{(k)}}$

调整权重 $w_i^{(k+1)}=\begin{cases} w_i^{(k)}(\chi^{(k)})^{\delta_i} / \sum_{j=1}^{N} w_j^{(k)}(\chi^{(k)})^{\bar{\delta}_i} & \chi^{(k)} \geqslant 1 \\ 1 & 其他情况 \end{cases}, \quad i=1,2,\cdots,N$

end

结果：弱分类器的集合 $\psi^{(1)}$，$\psi^{(2)}$，…，$\psi^{(B)}$

最终，未知样本将由所有弱分类器进行分类，多数分类器的分类结果将以分类器 $\psi^{(1)}$，$\psi^{(2)}$，…，$\psi^{(B)}$ 的带权重投票方法赋予这个样本。对于一个给定样本 $\boldsymbol{x}$，提升集成分类器按以下规则赋予类别标签：

$$\psi(\boldsymbol{x})=\arg\max_{1\leqslant k\leqslant C}\sum_{i=1}^{B}(\delta_{k,\psi_{(\boldsymbol{x})}^{(i)}}\cdot\ln\chi^{(k)}) \tag{2.61}$$

其中 $\delta_{i,j}$ 是克罗内克 δ 函数。

2.5.3　随机森林

随机森林(random forest)是集成分类器中的一种类型，由 Breiman(2001)开发。随机森林把决策树当作弱分类器。随机森林的分类质量依赖于弱分类器的质量和独立性，也就是，依赖于决策树的质量。总的来说，对于一个给定的分类问题，我们构建一组弱分类器。不同于袋装和提升示例(其中任何一类分类器都能被用到)，随机森林必须使用决策树作为弱分类器。聚合弱分类器以得到随机森林是基于简单投票，就像袋装示例那样。

算法 2.3　为随机森林构建弱分类器

数据：训练样本集 $O=\{o_1, o_2, \cdots, o_N\}$

特征集 $F=\{f_1, f_2, \cdots, f_M\}$

B：弱分类器(决策树)数量

p：用于构建弱分类器的特征数

算法：**假设**权重 $w_i=1/N$，$i=1, 2, \cdots, N$

for $k=1\sim B$ **do**

begin

通过训练集 $O=\{o_1, o_2, \cdots, o_N\}$ 的随机抽样替换来**构建**袋装训练集 $O^{(k)}$，使用权重 w_i 来进行抽样

为训练集 $O^{(k)}$ 的 $\psi^{(k)}$ **构建**决策树如下：

begin

for 已构建树的**每一个**节点 **do**

if 该节点不是叶节点 **do**

begin

通过无替换的随机抽样从特征全集 F 中**选出** p 个特征，假设 $p \ll M$
从选定的 p 个特征中**找出**最好特征
找到训练样本集的最佳分割
使用每一个分解子集来构建树的相应节点
end
end
end
结果：决策树(弱分类器)的集合 $\psi^{(1)}$，$\psi^{(2)}$，…，$\psi^{(B)}$

对于一个给定样本 $\boldsymbol{x}$，应用弱分类器 $\psi^{(1)}$，$\psi^{(2)}$，…，$\psi^{(B)}$ 的简单投票机制赋予类别标签：

$$\psi(\boldsymbol{x}) = \arg\max_{1 \leqslant k \leqslant C} \sum_{i=1}^{B} \delta_{k,\psi^{(i)}}(\boldsymbol{x}) \tag{2.62}$$

其中 $\delta_{i,j}$ 是克罗内克 δ 函数。

树的扩展过程不会使用到所有的特征；相反，只有一小部分的特征会用到树的构建过程中。这就将标准决策树和森林中树的生长区别开来了，其中分解特征选自整个特征集。构建森林中的树时所用的特征子集来自整个特征集中无替换随机抽样的 p 个特征。同样的参数 p 也用于森林里所有决策树的构建。为了选取一个恰当的 p 值，一些文献建议取所有特征数的平方根($p \approx \sqrt{M}$)。当 p 值太大时，我们可以提高预测强度，但同时也会面临高相关性的风险(Breiman，2001)。或者，也可以专门为一个特定分类问题调参。这个公式显示，用于构建树的特征集可以在很大程度上进行简化。这就意味着随机森林中的树确实很弱(weak)。一个关于随机森林特征选择中偏差的深入研究在 Strobl 等(2007)的文章中进行了讨论。所引用的文章给出了一个结论，那就是对于不同类型的数据，有必要重新考虑随机森林的构建过程。

此外，随机森林非常适合用在特征数庞大(甚至上千)的分类应用上。换句话说，随机森林包含它们自己的随机方法，可用于特征选择。此外，随机森林中的特征选择算法作为一个单独的机制应用在了其他算法中(Genuer 等，2010)。

随机森林(以及“袋装”)采用了一个有趣的方法来进行质量评估。我们曾在 2.5.1 节中提到过，针对每一个袋装训练集 $O^{(k)}$，大约所有训练集中 0.368 的样本没有被包含进来，其中 $k=1$，2，…，B。因此，也有一个类似比例的袋装训练样本集没有被包含在给定训练样本中。结果，一个给定训练样本 $\boldsymbol{x}$ 可以用一个树来分类，这个树的构建过程是基于不包含样本 $\boldsymbol{x}$ 的袋装训练集完成的。最终，样本 $\boldsymbol{x}$ 的类别标签由这些树给出的分类结果的多数结果决定。有了这些训练样本的分类结果，我们就可以计算被正确分类的样本数和所有训练样本数的比例。这个值是对构建出的随机森林质量的一个很好的评估。因为每一个训练样本的分类结果都只由这些树的一小部分决定，其构建过程没有使用到这个样本，所以这个评估是无偏的(unbiased)。当然，该评估同样涉及一个使用任何弱二元分类器(weak binary classifier)的袋装集成分类器。

随机森林和其他基于决策树的集成分类器成功应用到了很多领域，诸如生态学预测(Prasad 等，2006；Elith 等，2008)、微阵列分析(Diaz-Uriarte 和 de Andres，2006)、化学信息学建模(Svetnik 等，2003)、遥感分类(Ham 等，2005；Pal，2005)、计算机辅助医学分析(Wu 等，2003)以及其他领域。

针对关于集成分类器的更详尽描述，可参见 Hastie 等(2009，第 10、15 和 16 章)、Duda 等(2001，9.5 节)、Bishop(2006，第 14 章)以及 Frank 等(2001，第 8 章)。

2.6　贝叶斯分类器

本节中，我们将讨论基于已知类别组概率分布的分类问题和一个给定类别的特征空间概率分布问题。类别组概率分布被称为*先验概率*(priori probability)。给定类的特征空间概率分布被称为*类条件概率*(class conditional probability)。那么，给定一个由特征值来描述的样本，我们可以计算该样本属于某个类的概率。这些概率被称为*后验概率*(posteriori probability)。最终，该样本的属类由最高后验概率决定。这种分类器最小化了错分概率，被称为*贝叶斯分类器*。这种方法的推广提供了不同于最小化错分概率的条件分类。

2.6.1　应用贝叶斯理论

为了规范化这些直观想法，假设针对一个给定的分类问题，我们拥有关于一部分归属每一类的样本以及每个类的特征属性的信息。这些信息可以基于收集的观察结果获得，例如，基于一个训练集。假设一个给定样本属于某一个类 O_i 的概率为 $P(O_i)$，其中 $O_i \in \Theta$，我们有以下类概率分布：

$$p:\Theta \rightarrow [0,1], \sum_{O_k \in \Theta} P(O_k) = 1 \tag{2.63}$$

其中小写的 p 代表概率密度，大写的 P 代表一个事件的概率。类概率分布定义在类别集合(也就是一个有限集)中。概率分布的值要么已知，要么可以通过训练集中一部分属于给定类的样本来确定。从这个意义上讲，概率分布 $p(O_i)$的值等于一个给定样本属于某个类的概率 $P(O_i)$。要注意的是，训练样本可能无法很好地反映真实世界。比如一个训练集可能包含一个相似数量的数据，这些数据描述了健康的人和一些有疾病的患者，而在现实世界中，患病人数的比例还是很小的。因此，在类似情况下，要获得能反映真实世界问题的概率分布还是很有挑战性的。

接下来，让我们假设一个来自类别 O_k 的样本由一个来自特征空间 R^M 的向量 $\boldsymbol{X}$ 来描述，也就是 $\boldsymbol{X} \in R^M$。同时，假设我们知道类条件概率 $P(\boldsymbol{X}|O_k)$，或者可以用某种方法对其进行估计；通常前一种情况很少见。估计类条件概率也不像获得先验概率那样直接。为了继续关于贝叶斯分类的讨论，让我们假设类条件概率的密度函数 $p(\boldsymbol{x}|O_k)$已经给出，且是连续分布的。我们在后面会详尽地考虑类条件概率。密度函数 $p(\boldsymbol{x}|O_k)$定义

了类别 O_k 在特征空间中的概率分布。基于前述的假设，使用贝叶斯公式得出的后验概率可写为以下形式：

$$p(O_k|\boldsymbol{x}) = \frac{P(\boldsymbol{x}|O_k)\cdot P(O_k)}{p(\boldsymbol{x})} \tag{2.64}$$

其中 $\boldsymbol{x}\in R^M$，$p(\boldsymbol{x})$是无条件归一化因子，也就是(无条件)密度函数，由以下公式给出：

$$p(\boldsymbol{x}) = \sum_{k=1}^{C} p(\boldsymbol{x}|O_k)\cdot P(O_k) \tag{2.65}$$

归一化因子保证了后验概率 $p(O_k|\boldsymbol{x})$的和为 1：

$$\sum_{k=1}^{C} p(O_k|\boldsymbol{x}) = 1 \tag{2.66}$$

我们同样假设基于这个分布，类别 O_k 具备特征值 $\boldsymbol{X}\in R^M$ 的概率 $P(\boldsymbol{X}|O_k)$是已知的，其中 $k=1$，2，…，C。

现在假设对于一个具有特征值 $\boldsymbol{X}$ 的给定样本，条件概率 $P(\boldsymbol{X}|O_k)$和先验概率 $P(O_k)$是已知的，而条件概率 $P(O_k|\boldsymbol{X})$，也就是在得到特征值 $\boldsymbol{X}$ 的条件下该样本属于 O_k 的概率，则由下式定义(根据式(2.64))：

$$P(O_k|\boldsymbol{X}) = \frac{P(\boldsymbol{X}|O_k)\cdot P(O_k)}{P(\boldsymbol{X})} \tag{2.67}$$

其中 $P(\boldsymbol{X})$是无条件归一化因子，计算方式如下：

$$P(\boldsymbol{X}) = \sum_{k=1}^{C} P(\boldsymbol{X}|O_k)\cdot P(O_k) \tag{2.68}$$

最终，我们会得到贝叶斯分类器公式：

$$\Psi(\boldsymbol{X}) = \arg\max_k P(O_k|\boldsymbol{X}) \tag{2.69}$$

换句话说，如果下式成立，那么贝叶斯分类器会为一个由特征值 $\boldsymbol{X}$ 描述的未知样本赋予类别标签 O_k：

$$P(O_k|\boldsymbol{X} > P(O_j|\boldsymbol{X}),\quad \text{对于所有 } j=1,2,\cdots,C,\quad j\neq k \tag{2.70}$$

式中归一化因子是一个常数，且独立于类别，这就意味着：

$$P(\boldsymbol{X}|O_k)\cdot P(O_k) > P(\boldsymbol{X}|O_j)\cdot P(O_j),\quad \text{对于所有 } j=1,2,\cdots,C,\quad j\neq k \tag{2.71}$$

这是一种规则，用于将特征空间的每个点分配给 C 个类中的一个类。这意味着贝叶斯分类器将特征空间分割成了由公式(2.70)定义的 C 个决策域 D^1，D^2，…，D^C，它们分别对应着 O_1，O_2，…，O_C 的类，也就是，每一个由特征向量 $\boldsymbol{X}\in D^k$ 描述的样本都被赋给了类别标签 $O_k(k=1,\ 2,\ \cdots,\ C)$中的一个类。需要重点注意的是，这些区域不需要相互连接，也许被分割成不相交的区域，但对应着同一个类。决策域的边界被称为决策边界(decision boundary)或决策面(decision surface)。

2.6.2 最小化错分概率

如前所述，贝叶斯分类器保证了最小错分概率。现在，我们来论证一下这个观点，考虑一个两类问题，其中类条件密度函数为连续的。图 2-8 示意性地说明了联合先验概率和类条件概率，也就是两者的乘积。当然，这种联合概率与后验概率成正比，归一化因子便是比例因子。x 轴方向上的两条竖线定义了特征空间中的决策边界。我们有两种不同的决策域区间表示：D^1，D^2 和 D_0^1，D_0^2。要注意给定一个决策边界，错分概率就可以用两条曲线下方相交区域的面积来表示，也就是 O_1 曲线下方属于 O_2 类的部分，以及 O_2 曲线下方属于 O_1 类的部分(参见图 2-8 中的斜线区域)。

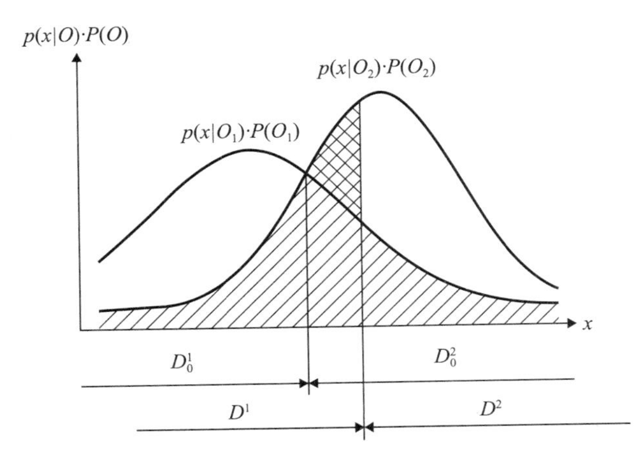

图 2-8　关于贝叶斯分类器的说明。两条曲线交点处为最小错分点。最小错分误差由斜线区域表示；可约误差(reducible error)由双斜线区域表示

对于决策区域 D^1 和 D^2，错分概率如图 2-8 中的斜线区域和双斜线区域所示。同样，对于决策区域 D_0^1 和 D_0^2，错分概率由(单)斜线区域表示。我们可以正式地将其表示如下：

$$
\begin{aligned}
P(\text{missclassif.}) &= \int_{D^1} P(x|O_2)\cdot P(O_2)\mathrm{d}x + \int_{D^2} P(x|O_1)\cdot P(O_1)\mathrm{d}x \\
P_0(\text{missclassif.}) &= \int_{D_0^1} P(x|O_2)\cdot P(O_2)\mathrm{d}x + \int_{D_0^2} P(x|O_1)\cdot P(O_1)\mathrm{d}x
\end{aligned}
\tag{2.72}
$$

很容易注意到的是，我们得到决策域中的最小错分误差时正好位于概率分布曲线的交点处。其他任何在决策域上的选择都会带来可约误差，如图 2-8 中的双斜线区域所示。

2.6.3　最小化损失

错分概率准则是一个贝叶斯分类器质量评估的特殊例子。该准则应用了一个目标函数，其允许根据公式(2.67)来给一个样本赋上类别标签。然而在现实应用中，这并不是最恰当的准则，比如考虑医学中的应用。错分的损失会导致病人失去救治的机会(因为系统告知他是健康的，但实际上有疾病)，而这将是不能接受的。因此，我们希望重新权衡一下决策，在这种情况下，假设他有疾病从而犯下错误，要比假设他健康从而犯下错误更安全。因此，我们需要在分类过程中包含以下优先级。这可以通过定义损失矩阵

$[L_{kl}](k, l=1, 2, \cdots, C)$来实现。矩阵的入口指定了与错误分类相关的惩罚(penalty)。也即是，元素L_{kl}表明了给一个由特征向量$\boldsymbol{X}$描述的样本赋予类别O_l所带来的惩罚量，而这个样本实际上属于类O_k。明显地，正确分类不会带来损失，也就是$L_{kk}=0$，$k=1$，2，…，C。接下来我们可以计算针对这种样本和每一个O_k类的错分的平均损失：

$$R'_k(\boldsymbol{X}) = \sum_{i=1}^{C} L_{kl} P(O_l|\boldsymbol{X}) = \sum_{i=1}^{C} L_{kl} \frac{P(\boldsymbol{X}|O_l) \cdot P(O_l)}{P(\boldsymbol{X})} \tag{2.73}$$

由于归一化因子$P(\boldsymbol{X})$是一个常数且独立于类，因此我们可以简化这个公式，从而得到：

$$R_k(\boldsymbol{X}) = \sum_{l=1}^{C} L_{kl} P(\boldsymbol{X}|O_l) \cdot P(O_l) \tag{2.74}$$

最终，如果下式成立，则为该样本赋予类别O_k：

$$R_k(\boldsymbol{X}) < R_l(\boldsymbol{X}), \quad \text{对于所有 } j,k = 1,2,\cdots,C, \quad j \neq k \tag{2.75}$$

或等同地，分类器由以下公式定义：

$$\Psi(\boldsymbol{X}) = \arg\min_k R_k \tag{2.76}$$

当损失矩阵的元素等于$L_{kl}=1-\delta_{kl}$(其中k，$l=1$，2，…，C，δ_{kl}是克罗内克δ函数)，也就是，斜对角线上元素都为0且其他元素都为1时，最小损失等于最小错分概率。然而，对于不同应用场景，损失矩阵的元素可能大为不同。比如，对于前述的医学示例，我们需要将有疾病患者判为健康的错分损失值被设置得远高于将健康的人判为有疾病患者的损失值。这个值可以借助专家(来自医学领域)来设定，或者基于可信数据组的基础来确定。

2.6.4 拒绝不确定样本

我们可能期待在贝叶斯分类问题中，多数被错分的样本能分布在联合先验概率和类条件概率(也即后验概率)相互很接近的特征空间区域中，也就是分布在决策面附近。另一个错分潜在区域就是对应这些概率值较小的区域，如图2-9所示。在这个示例图中，潜在错分的情况要么出现在两条概率曲线交点附近，要么远离这个交点。这些样本肩负着很高的分类不确定性，因此，它们应该被排除在分类过程以外。这个观察结果很重要，因为我们最好避开对它们的分类而不是冒着错误的风险去做。被排除的样本可以在后面进行进一步的处理，自动或手动都行。我们可能会通过设立两个阈值而正式地给出一些需要满足的条件来排除分类过程中的一个样本。第一个阈值λ_{diff}限制了最大和次最大后验概率的差值，该差值揭示了以最大后验概率作为分类标准的不确定性。第二个阈值$\lambda_{\max}$则约束了所有的后验概率，这可被视为一种对赋予任何类别标签的犹豫。更准确地说，当最大后验概率和次最大后验概率之差小于λ_{diff}时，分类过程不会进行：

$$\max_l P(O_l|\boldsymbol{X}) - \max_{l,l\neq k} P(O_l|\boldsymbol{X}) < \lambda_{\text{diff}} \quad k = \arg\max_i P(O_i|\boldsymbol{X}) \tag{2.77}$$

或者当最大后验概率值小于$\lambda_{\max}$：

$$\max_{l} P(O_l \mid \boldsymbol{X}) < \lambda_{\max} \tag{2.78}$$

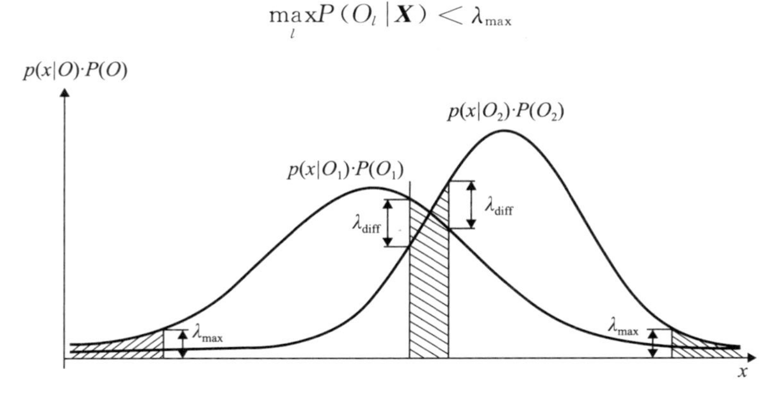

图 2-9　关于贝叶斯分类器拒绝区域的说明。两类的后验概率分别在左侧和右侧小于 $\lambda_{\max}$，而两类后验概率差值的绝对值小于图中间区域的 λ_{diff}

这个阈值越大，就会有越多的样本被拒绝掉，而只有少数样本能进行分类。图 2-9 说明了用一个特征进行二分类的情况所对应的拒绝区域。

除了刚才提到的带两个阈值(λ_{diff}和 $\lambda_{\max}$外)的后验概率外，我们还可以使用损失值。当次最小和最小损失值差值小于 λ_{diff}时，无法进行分类：

$$\min_{l, l \neq k} R_l(\boldsymbol{X}) - \min_{l} R_l(\boldsymbol{X}) < \lambda_{\text{diff}} \quad k = \arg \min_{l} R_l(\boldsymbol{X}) \tag{2.79}$$

或当最小损失值和所有其他损失值都大于 $\lambda_{\max}$时：

$$\min_{l} R_l(\boldsymbol{X}) > \lambda_{\max} \tag{2.80}$$

λ_{diff}的值越大，越多的样本会被拒绝，而只有少数样本能进行分类。同样，$\lambda_{\max}$值越小，越多的样本会被拒绝，而只有少数样本能进行分类。

2.6.5　类条件概率分布

我们假设先验概率和类条件概率分布已知。通常，这些分布是未知的。如前所述，先验概率分布可以通过在过去观察的基础上进行统计而得到。如果这无法实现，那么我们可以基于训练样本估计一个分布，假设训练样本代表了整个样本空间。

$$p(O_k) = \frac{|O_k|}{|O|} \quad k = 1, 2, \cdots, C \tag{2.81}$$

找寻类条件概率分布 $p(\boldsymbol{x} \mid O_k)$，$k=1$，2，…，$C$ 不是那么直接的。典型地，我们无法归纳出这些分布，因为我们只有少许样本。因此，我们要利用训练样本来进行估计。一般而言，我们要面临两种情况。第一种情况，如果我们知道一个概率分布族，那么需要找到分布函数的参数。相比之下，如果一个分布函数类型未知的话，我们能使用*非参数方法*(nonparametric method)。需要重点注意的是，我们将寻求足够平滑的密度函数。考虑到实际原因，这种函数应该有二阶导数，这有利于找寻函数的最优点。出于简便考虑，关于这些分布的讨论对每个类来说都是一样的，我们略过了类的指数(index)，用 $p(x)$代表被考虑的样本，而用 N 代表类别集合中的样本数。

参数估计

对密度函数的参数估计(parametric estimation)需要我们知道该函数的类别(族)，这意味着我们要知道一个函数的明确定义，以及受哪些参数影响。参数值可能可以借助一个给定数据集的帮助来确定，也即是使用训练样本。参数值通常由一些优化过程确定。例如，待优化的是基于给定训练集的估计值的均方误差，目的是找寻训练集中估计函数的最优解。最广泛使用且(也许)最简单的密度函数是高斯函数。我们将讨论范围局限在这个函数熵，因为我们的目标是解释密度函数参数估计的基本原理。

现在，让我们回顾一下关于正态分布的基本事实。一个变量的正态密度函数可以写为：

$$p(x) = \frac{1}{\sqrt{2\pi\sigma^2}}\exp\left(-\frac{(x-\mu)^2}{2\sigma^2}\right) \tag{2.82}$$

其中 μ 和 σ 是该函数的参数。μ 被称为期望或均值，而 σ^2 被称为方差(二阶矩)，σ 被称为标准差。缩放因子 $1/\sqrt{2\pi\sigma^2}$ 保证了函数积分为 1。当然，正态分布(2.82)的均值和方差可以使用通用公式来计算：

$$\begin{aligned} \mu &= E[x] = \int_{-\infty}^{\infty} xp(x)\mathrm{d}x \\ \sigma^2 &= E[(x-\mu)^2] = \int_{-\infty}^{\infty}(x-\mu)^2 p(x)\mathrm{d}x \end{aligned} \tag{2.83}$$

其中 $E[x]$代表随机变量 x 的期望值。请注意方差 σ^2 是随机变量$(x-\mu)^2$的期望值。

M 维正态分布函数有以下形式：

$$p(\boldsymbol{x}) = \frac{1}{\sqrt{(2\pi)^M|\boldsymbol{\Sigma}|}} = \exp\left(-\frac{1}{2}(\boldsymbol{x}-\boldsymbol{\mu})^{\mathrm{T}}\boldsymbol{\Sigma}^{-1}(\boldsymbol{x}-\boldsymbol{\mu})\right) \tag{2.84}$$

其中 $\boldsymbol{x}$ 和 $\boldsymbol{\mu}$ 是 R^M 空间中的点(向量)，$\boldsymbol{\mu}$ 是一个 M 维均值向量，$\boldsymbol{\Sigma}$ 是 $M\times M$ 协方差矩阵，$|\boldsymbol{\Sigma}|$ 是协方差矩阵行列式，$\boldsymbol{\Sigma}_{-1}$是协方差矩阵的逆。根据公式(2.83)类推，M 维均值向量和密度函数(2.84)的协方差矩阵($M\times M$)可以利用下式来计算：

$$\begin{aligned} \boldsymbol{\mu} &= E[\boldsymbol{x}] \\ \boldsymbol{\Sigma} &= E[(\boldsymbol{x}-\boldsymbol{\mu})(\boldsymbol{x}-\boldsymbol{\mu})^{\mathrm{T}}] \end{aligned} \tag{2.85}$$

注意式(2.85)中的协方差矩阵是对称阵，由于其元素都是实数，因此它具有*正定性*(positive defined)(我们不会去尝试讨论半正定协方差矩阵正态分布的退化问题)。这个函数出现在式(2.84)的指数上：

$$D_M(\boldsymbol{x},\mu) = \sqrt{(\boldsymbol{x}-\boldsymbol{\mu})^{\mathrm{T}}\boldsymbol{\Sigma}^{-1}(\boldsymbol{x}-\boldsymbol{\mu})} \tag{2.86}$$

被称为*马氏距离*(Mahalanobis distance)。由于协方差矩阵是正定的，由中心 $\boldsymbol{\mu}$ 到点 $\boldsymbol{x}$ 的距离定义成的表面称为*超椭球体*(hyperellipsoid)。因此，一个直接的推论是，常数表面的密度函数也是超椭球体。协方差矩阵的特征值和特征向量描述了该超椭球体。特征值和特征向量满足以下公式：$\boldsymbol{\Sigma}\boldsymbol{u}_i=\lambda_i\boldsymbol{u}_i$。特征向量对应着椭球体*主轴*(principal axis)；它们定义了*半轴*(semiaxis)，也就是，从原点 $\boldsymbol{\mu}$ 到表面的线段。特征值定义了对应半轴的长度。

需要重点注意的是，协方差矩阵 $\boldsymbol{\Sigma}$ 是对称阵，它有 $M(M+1)/2$ 个独立元素。当然，均值向量 $\boldsymbol{\mu}$ 是一个有 M 个独立元素的向量。因此，一个完整的高斯密度函数的估计需要 $M(M+3)/2$ 个待估的参数。

如果 $\boldsymbol{\Sigma}$ 是一个对角矩阵，其对角元素是 σ_l^2，其中 $l=1$，2，…，M，那么公式(2.84)变成了一维高斯密度函数的乘积：

$$p(\boldsymbol{x}) = \prod_{l=1}^{M} \frac{1}{\sqrt{2\pi\sigma_l^2}}\exp\left(-\frac{(x_l-\mu_l)^2}{2\sigma_l^2}\right) \tag{2.87}$$

其中 $\boldsymbol{x}=[x_1, x_2, \cdots, x_M]^{\mathrm{T}}$，因此一维概率分布是独立的。这种情况下，密度函数的估计需要确定 $2M$ 个参数。当然，最简单的情况是 $\boldsymbol{\Sigma}=\sigma^2\boldsymbol{I}$，其中 $\boldsymbol{I}$ 是单位阵，可将式(2.84)变换为：

$$p(\boldsymbol{x}) = \frac{1}{(2\pi\sigma^2)^{M/2}}\prod_{l=1}^{M}\exp\left(-\frac{(x_l-\mu_l)}{2\sigma^2}\right) \tag{2.88}$$

待求的参数有 $M+1$ 个。

非参数估计：一维示例

当没有关于密度函数类型的假设时，可以使用非参数类条件概率分布。让我们讨论一个最简单的例子——整个实数集内一维数值特征的直方图(histogram)。当然，当我们有 $M>1$ 个特征时，则需要独立地处理每个特征。一个直接估计类条件概率的方法是使用训练样本子集来构造近似的概率分布。比如，为了形成一个直方图(密度分布的近似)，我们需要将该特征域(一组实数)分解成区间。这里有很多不同的方法可用来分解特征值，比如，我们或许可以对特征值进行聚类，或者按实数集的单元将特征值分解成不同的区间。实数集可以分解成等长度的区间(称为*等长度分解*，equilength split)，或包含相同或相似数量的样本的区间(称为*等密度分解*，equidense split)。等长度分解是一个简单的情况，尽管对于*数据偏差*(data deviation)而言有较高的敏感度。等密度方法也类似，但它需要解决更多的技术细节。相比于等长度分解，等密度方法更可靠。由于我们的目标是提出一个观点，因此这里讨论等长度方法及其特征聚类的属性。很明显的是，由于训练集有限，因此特征值的区间也是有限的，那么只有有限数量的区间里包含一个或多个样本。

为了分解一个特征空间 R，我们需要固定一个区间序列的原点 X^0 和区间的长度 h。所有区间都有相同的长度，称为*直方图库*(histogram bin)，

$$\cdots,(X^0-2h,X^0-h],(X^0-h,X^0],(X^0,X^0+h],(X^0+h,X^0+2h],\cdots$$

那么我们假设每个区间内需要求解的分布函数为：

$$p(x) = \frac{1}{hN}\sum_{i=1}^{N}\delta(X_i,(X^0+kh,X^0+(K+1)h]),\quad x\in(X^0+kh,X^0+(k+1)h] \tag{2.89}$$

其中 X_i 是第 i 个样本的特征值，映射 δ 定义如下：

$$\delta(X,(a,b]) = \begin{cases}1 & X\in(a,b]\\ 0 & X\notin(a,b]\end{cases} \tag{2.90}$$

也就是，给定区间(库)内的分布函数是固定的，且与落入该库的样本数成正比。区间里的样本数通过除以训练样本集的基数和区间长度来进行归一化。注意，这是一个在整个域 R 内明确定义的分布函数：

$$\int_R p(x)\mathrm{d}x = \frac{1}{hN}\sum_{k=-\infty}^{+\infty}\sum_{i=1}^{N}\delta(X_i,(X^0+kh,X^0+(k+1)h]) = 1 \tag{2.91}$$

具有直方图的直接密度估计的简单性是它的优势。一旦分布函数被构建起来，我们就可以直接丢弃源数据而只保留分布函数没消失的区域的原点 X^0、区间长度 h，以及区间的有限列表。然而这个函数不是平滑的，也就是说，其是分段的常值函数，且在有限数量的区间终点内是不连续的。

一个基于直方图的密度估计的例子如图 2-10 所示。该例子建立在红酒数据集和第一个特征的基础上(参见 2.4.1 节)。根据式(2.89)，等长度特征域分解用在了密度函数的估计上。

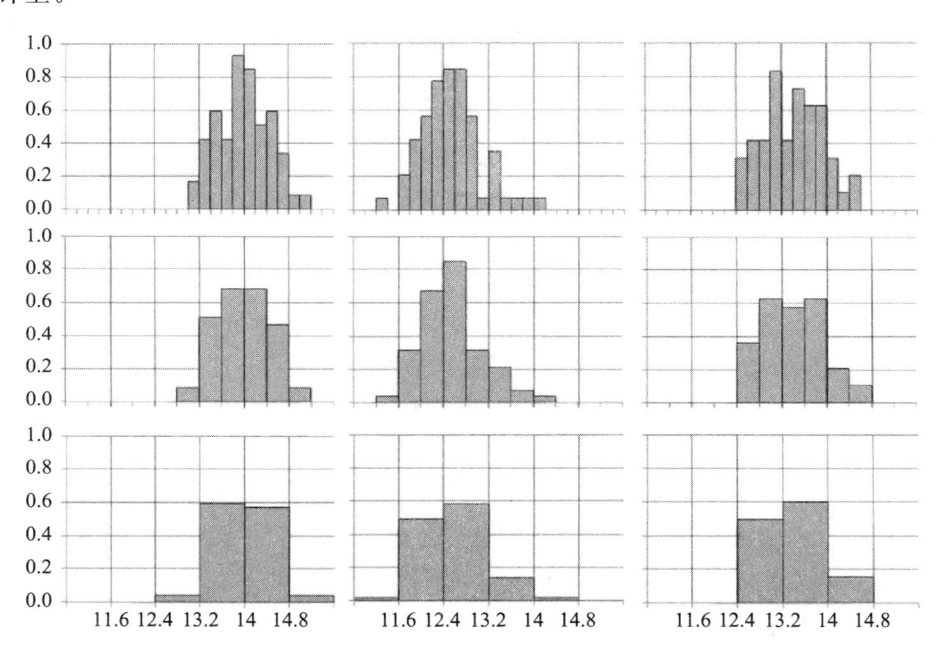

图 2-10　红酒数据集第一个特征的密度函数估计。我们分别在第一列、第二列和第三列中给出类别 1、2、3 所对应的密度函数估计，最终得到第一列、第二列和第三列中区间长度分别为 0.2、0.4 和 0.8 时的结果

如前所述，对于一个特征空间 R 的等长度分解，我们需要固定一个区间序列的原点 X^0 和区间长度 h。因此，该分解基于这两个参数进行。原点 X^0 的选择对密度函数的影响较小，而区间长度 h 则影响较大。短区间生成一个密度函数，反映了一个问题的细节，但对于数据波动的情况来说可靠性较低。相比而言，较长区间反映出总体趋势，并给出了一个平滑且更可靠的密度(参见图 2-10)。值得强调的是，公式(2.89)必须谨慎使用：过度减少区间长度 h 值可能导致密度函数的值大于 1。

这是一个有趣的关于分布函数的基于直方图估计的修改。不同于找寻一个固定区间

内密度函数 $p(x)$的值，区间的中心可以被迁移到中心点 x 处：

$$p(x)=\frac{1}{hN}\sum_{i=1}^{N}\delta(X_i,(x-h/2,x+h/2]) \tag{2.92}$$

这个函数类似于前面提到的基于直方图的函数(参见式(2.89))，也就是说，它是分段恒定的，在有限数量的有限区间里值为非零，且在有限数量的区间终点内是不连续的。当然，存储完整信息来定义这样一个方程是很容易的；只是一个(有限的)区间列表，其密度函数不会消失，每个区间里有一个函数值。然而在这种情况下，函数稳定性区间不会像直方图那样常规，也就是，它们在长度上不同。同样，也有如同训练集基数那样多的区间。

另一个有趣的基于直方图密度估计的修改涉及最近邻(NN)。我们选取最小的区间，其中心在点 x 位置，也就是$(x-h/2,\ x+h/2]$，这样一来它包含了 k 个样本(更准确地说是至少有 k 个样本)，也就是 k-NN 区间，那么我们就可以用以下公式来计算密度估计：

$$p(x)=p(x|O)=\frac{k}{k'h} \tag{2.93}$$

其中 k'是区间内训练样本的数量，k 是类别 O 中包含的样本数。注意 k 是 k-NN 方法的一个参数，k'是区间内样本的数量。通常 k'等于 k，但当超过一个样本位于 k-NN 区间的最后时，也许 k'比 k 要大。

函数 $\delta(X_i,\ (x-h/2,\ x+h/2))$(参见式(2.92))当且仅当 $x-h/2<X_i\leqslant x+h/2$ 时才不会消失，也就是，$-h/2<X_i-x$ 且 $X_i-x\leqslant h/2$，因此，我们可以重写式(2.92)为

$$p(x)=\frac{1}{hN}\sum_{i=1}^{N}\kappa\left(\frac{x-X_i}{h}\right) \tag{2.94}$$

其中 X_i 是第 i 个样本的特征值，且为了与前面关于区间的假设保持一致性，通过交换严格与非严格不等式之后，我们得到：

$$\kappa(u)=\begin{cases}1 & u\in(-1/2,1/2]\\ 0 & u\notin(-1/2,1/2]\end{cases}$$

公式(2.94)是一个下面这个密度估计的特殊示例：

$$p(x)=\frac{1}{hN}\sum_{i=1}^{N}K\left(\frac{x-X_i}{h}\right) \tag{2.95}$$

其中 K 是核函数。

密度函数(在式(2.95)中定义的)是一个核函数的线性组合(针对不同的 X_i)。由于核 κ 是一个矩形函数，因此密度函数(在式(2.94)中定义的)是非连续的。我们可以将一个平滑的核函数 K 视为一个平滑的密度函数(2.95)。关于这种函数的一个普通示例是高斯函数(Gaussian function)：

$$K(u)=\frac{1}{\sqrt{2\pi}}\exp\left(-\frac{u^2}{2}\right)$$

或者参数化的版本：

$$K(x)=\frac{1}{\sqrt{2\pi\sigma^2}}\exp\left(-\frac{(x-\mu)^2}{2\sigma^2}\right) \tag{2.96}$$

其中参数 μ 和 σ 在基于直方图的密度估计中分别扮演着类似 X^0 和 h 的角色。这个核给出了如下密度函数：

$$p(x)=\frac{1}{\sqrt{2\pi}hN}\sum_{i=1}^{N}\exp\left(-\frac{(x-X_i)^2}{2h^2}\right) \tag{2.97}$$

一个密度估计的例子在图 2-10 中给出。在基于直方图的密度估计中，这个例子是基于红酒数据集和它的第一个特征(参见 2.4.1 节)。估计方法采用了三个类以及三个不同长度区间的密度(如式(2.97)定义的)。密度函数是平滑的，因为核函数是平滑的，且密度是核函数的线性组合。再次，较短区间生成的密度函数反映出了问题的细节，但对数据变化来说其可靠性也较低。相比而言，较长区间施以一般性，并且使数据多变性更平滑、更可靠(如图 2-11 所示)。

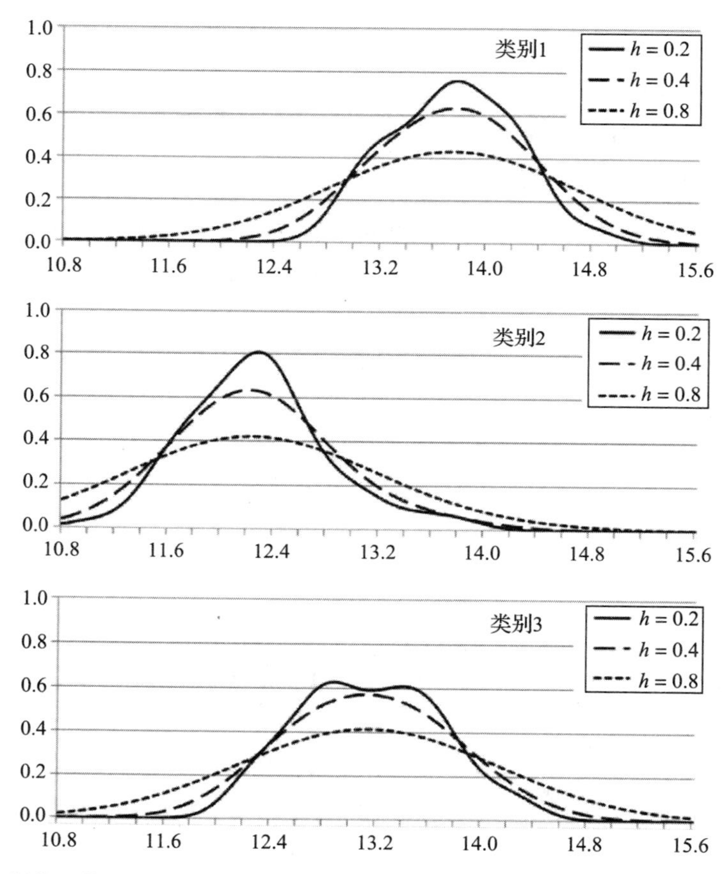

图 2-11　利用高斯核函数对红酒数据集第一个特征的密度函数估计。我们给出类别 1、2、3 的密度函数估计以及区间长度(h)分别为 0.2、0.4、0.8 的密度估计

非参数估计：多维示例

截至目前，我们讨论了一维特征的基于直方图的密度估计。粗略地说，从一维推广

到多维(比如 M 维)的情况是很直接的：我们可以将特征空间 R^M 分解成 M 个库(超立方体或超矩形)，这些都可以扮演库 D 的角色。下一步，我们记录一下落入每个库的样本数，类似于公式(2.89)，将这个统计数除以库的量和样本总数以进行归一化处理。

概括一下刚才讨论的内容，假设我们有一个定义在特征空间 R^M 中的密度函数 $p(\boldsymbol{x})$。那么一个样本掉入到一个决策域 $D \subset R^M$ 的概率是：

$$P(D) = \int_D p(\boldsymbol{x}) \mathrm{d}\boldsymbol{x} \tag{2.98}$$

如果区域 D 是闭区间，密度函数 $p(\boldsymbol{x})$ 在 D 中足够平滑(如果连续可微)，那么由于均值理论，存在一个点 $\boldsymbol{x} \in D$ 满足 $P(D) = p(\boldsymbol{x}) \int_D \mathrm{d}\boldsymbol{x} = p(\boldsymbol{x}) \cdot V(D)$。如果这个区间较小，由一个小量 V 表示为：$V(D) = \int_D \mathrm{d}\boldsymbol{x}$，那么我们可以假设密度 $p(\boldsymbol{x})$ 在区间 D 内近似为恒定值。因此，我们可得到如下密度近似公式：

$$p(\boldsymbol{x}) = \frac{1}{V(D) \cdot N} \sum_{i=1}^{N} \delta(\boldsymbol{X}_i, D), \quad \text{对于某些 } \boldsymbol{x} \in D \tag{2.99}$$

其中，类似于式(2.90)，我们得到：

$$\delta(\boldsymbol{X}, D) = \begin{cases} 1 & \boldsymbol{X} \in D \\ 0 & \boldsymbol{X} \notin D \end{cases} \tag{2.100}$$

用一个简单的几何图形去估计区域 D 是一个合理的做法。我们可以使用一个椭圆甚至一个圆，同样也可以选择一个超矩形或一个超立方体。当然，我们可以设想样本落在被这样一个图形包围的区域内(或多个这样的区域内)。让我们做一个旁注，球形和超立方体在各自的度量体系(欧氏距离和切比雪夫，参见式(2.10))下都可被视为球。我们也可以在其他度量体系下考虑球的情况，比如曼哈顿度量体系。

然而，为了得到一个合理的密度函数，我们需要更多数量的样本来构建这个模型。否则，密度函数会在大多数库里消失。例如，单位区间(一维，$M=1$)分解成 4 个子区间而得到 4 个直方图库。单位超立方体在 5 维空间中设置 $M=5$，并在每一个维度中分解成 4 个子区间，以得到 $4^5=1024$ 个直方图库。对于第一种情况，我们需要至少 4 个样本才能保证每个库里都是非零密度函数。而对于第二种情况，我们需要至少 $4^5=1024$ 个样本才能达到同样的目的。我们可以看到，对训练样本的需求呈指数级增长。这种指数级增长被称为维数灾难(curse of dimensionality)，其使得密度估计方法无法实施。

核函数：多维示例

一维高斯函数可被视为式(2.96)中给出的一个连续核函数的例子。现在，回顾一下公式(2.84)，我们将高斯密度函数推广到 M 维空间中。

$$p(\boldsymbol{x}) = \frac{1}{\sqrt{(2\pi)^M |\boldsymbol{\Sigma}|}} \exp\left(-\frac{1}{2}(x-\mu)^{\mathrm{T}} \boldsymbol{\Sigma}^{-1} (\boldsymbol{x}-\boldsymbol{\mu})\right) \tag{2.101}$$

其中 $\boldsymbol{x}$ 和 $\boldsymbol{\mu}$ 是特征空间 R^M 中的点(向量)，$\boldsymbol{\mu}$ 是一个 M 维的均值向量，$\boldsymbol{\Sigma}$ 是一个 $M \times M$ 协方差矩阵，它对应着一维密度的方差，$|\boldsymbol{\Sigma}|$ 是协方差矩阵的行列式，而 $\boldsymbol{\Sigma}^{-1}$ 是协方差

矩阵的逆。

由于贝叶斯分类器的参数 $P(\boldsymbol{x}|O_l)$ 和 $P(O_l)$（参见式(2.64)）通常情况下是未知的。它们应该是在训练集的基础上确定的。这里我们讨论高斯密度函数的例子，计算公式(2.101)中的类条件概率。因此，我们需要根据属于类 O_l 的训练样本来估计高斯函数的均值 $\boldsymbol{\mu}$ 和协方差矩阵 $\boldsymbol{\Sigma}$。我们已在公式(2.81)中给出，先验概率(a priori probability)只是训练集中某个给定类别的样本占总样本的一个比例。基于诸如最小二乘法或最大可靠性的高斯函数参数评估的方法由以下公式给出：

$$\boldsymbol{\mu} = \frac{1}{N}\sum_{i=1}^{N}\boldsymbol{X}_i$$
$$\boldsymbol{\Sigma} = \frac{1}{N-1}\sum_{i=1}^{N}(\boldsymbol{X}_i-\boldsymbol{\mu})(\boldsymbol{X}_i-\boldsymbol{\mu})^{\mathrm{T}} \tag{2.102}$$

其中 $\boldsymbol{X}_i$ 是类别 O_l 中的第 i 个样本，N 是这个类的训练样本总数。值得回顾的是，协方差矩阵 $\boldsymbol{\Sigma}$ 是对称的。因此，它有 $M(M+1)/2$ 个独立元素。当然，高斯函数的中心 $\boldsymbol{\mu}$ 是一个具有 M 个独立元素的向量。最后，高斯密度函数的完整估计需要确定 $M(M+3)/2$ 个参数。如果 $\boldsymbol{\Sigma}$ 是一个对角阵，对角线元素为 σ_l^2，$l=1$，2，…，M。那么公式(2.101)会变成一维高斯密度的乘积：

$$p(\boldsymbol{x}) = \prod_{l=1}^{M}\frac{1}{\sqrt{2\pi\sigma_l^2}}\exp\left(-\frac{(x_l-\mu_l)^2}{2\sigma_l^2}\right) \tag{2.103}$$

其中 $\boldsymbol{x}=[x_1, x_2, \cdots, x_M]^{\mathrm{T}}$。那么，一维概率分布就是独立的。在这个例子中，密度函数的估计需要确定 $2M$ 个参数。当然，最简单的情况是 $\boldsymbol{\Sigma}=\sigma^2\boldsymbol{I}$，其中 $\boldsymbol{I}$ 是单位阵。公式(2.103)转换成：

$$p(\boldsymbol{x}) = \frac{1}{(2\pi\sigma^2)^{C/2}}\prod_{l=1}^{C}\exp\left(-\frac{(x_l-\mu_l)}{2\sigma^2}\right) \tag{2.104}$$

并且需要确定 $M+1$ 个参数。因此，一个给定训练样本集可独立地用于解决每一个维度因维数灾难而产生的问题。

朴素贝叶斯分类器

为了克服维数灾难，通常假定 M 维密度函数的坐标是统计独立的。这个假设允许将 M 维概率分布 p：$R^M\to[0, 1]$分解为一维分布 p_l：$R\to[0, 1]$，$l=1$，2，…，M 的乘积：

$$p(\boldsymbol{x})\prod_{l=1}^{M}p_l(x_l)\boldsymbol{x} = (x_1, x_1, \cdots, x_M)^{\mathrm{T}} \tag{2.105}$$

那么我们可以在每一维空间中分别近似密度函数，以避免维数灾难。然而，一维概率分布的统计独立是很难满足的，所以对应的分解也是相当困难。不管怎样，实践中对统计独立的需求可以忽略，式(2.105)中描述的分解过程被应用得很成功。应用这个分解过程但没有提出独立性要求的贝叶斯分类器被称为朴素贝叶斯分类器(naïve bayes classifier)。

要记住公式(2.101)可作为类条件概率 $p(\boldsymbol{x}|O_i)$ 使用，我们可以将自然对数应用到公式(2.68)中，并去掉常数项 $C/2\cdot\ln(2\pi)$，以得到一个更简单的式(2.71)，其中类的

索引为 $l=1, 2, \cdots, M$。

$$d_l(\boldsymbol{x}) = -\frac{1}{2}(\boldsymbol{x}-\mu_l)^{\mathrm{T}}\boldsymbol{\Sigma}_l^{-1}(\boldsymbol{x}-\mu_l) - \frac{1}{2}\ln|\boldsymbol{\Sigma}_l| + \ln P(O_l) \tag{2.106}$$

注意，将自然对数应用到式(2.71)中定义的不等式并不会改变决策域。因此，我们可以从式(2.106)中得出一个结论，即分类面是二次超曲面(quadratic hypersurface)，比如椭圆体(ellipsoid)、抛物面(paraboloid)、双曲面(hyperboloid)。

贝叶斯分类是一个欣欣向荣的学科。更多的讨论可参见教科书 Hastie 等(2009，第 8 章)、Mitchell(1997，第 6 章)、Duda 等(2001，第 3 章)以及 Bishop(2006，第 2 章)。

2.7 结论

在模式识别领域的重大努力产生了广泛的分类算法。复杂多样的现实应用问题带来了对新解决方案的需求，且这些需求仍待满足。目前已出现了众多被大家认可的方法，如神经网络方法、复杂非参数概率方法等，这些在本章中都未提到。此外，分类问题本身也带来了与模式分析和分类相关的大量议题。本书后续章节将介绍选定问题，并伴随着标准模式识别任务。

参考文献

C. M. Bishop, *Pattern Recognition and Machine Learning*, New York, Springer, 2006.

L. Breiman, Bagging predictors, *Machine Learning* 24(2), 1996, 123–140.

L. Breiman, Random forests, *Machine Learning* 45(1), 2001, 5–32.

L. Breiman, J. H. Friedman, R. A. Olshen, and C. J. Stone: *CART: Classification and Regression Trees*, Belmont, CA, Wadsworth, 1983.

M. P. S. Brown, W. N. Grundy, D. Lin, N. Cristianini, C. W. Sugnet, T. S. Furey, M. Ares, and D. Haussler, Knowledge-based analysis of microarray gene expression data by using support vector machines, *Proceedings of The National Academy of Sciences of The United States of America* 97(1), 2000, 262–267.

R. Burbidge, M. Trotter, B. Buxton, and S. Holden, Drug design by machine learning: Support vector machines for pharmaceutical data analysis, *Computers & Chemistry* 26(1), 2001, 5–14.

C. J. C. Burges, A tutorial on support vector machines for pattern recognition, *Data Mining and Knowledge Discovery* 2(2), 1998, 121–167.

C. Cortes and V. Vapnik, Support-vector networks, *Machine Learning* 20(3), 1995, 273–297.

N. Dehak, P. J. Kenny, R. Dehak, P. Dumouchel, and P. Ouellet, Front-end factor analysis for speaker verification, *IEEE Transactions on Audio Speech and Language Processing* 19(4), 2011, 788–798.

T. Denoeux, A K-nearest neighbor classification rule-based on Dempster-Shafer theory, *IEEE Transactions on Systems Man and Cybernetics* 25(5), 1995, 804–813.

R. Diaz-Uriarte and S. A. de Andres, Gene selection and classification of microarray data using random forest, *BMC Bioinformatics* 7, 2006, article number 3.

H. Drucker, D. H. Wu, and V. Vapnik, Support vector machines for spam categorization, *IEEE Transactions on Neural Networks* 10(5), 1999, 1048–1054.

R. O. Duda, P. E. Hart, and D. G. Stork, *Pattern Classification*, 2nd ed., New York, John Wiley & Sons, Inc., 2001.

J. Elith, J. R. Leathwick, and T. Hastie, A working guide to boosted regression trees, *Journal of Animal Ecology* 77(4), 2008, 802–813.

E. Frank, I. H. Witten, and M. A. Hall, *Data Mining: Practical Machine Learning Tools and Techniques*, 3rd ed., London, Morgan Kaufmann Series in Data Management Systems, 2001.

Y. Freund and R. Schapire, A decision-theoretic generalization of on-line learning and an application to boosting, *Journal of Computer and System Sciences* 55(1), 1997, 119–139.

J. Friedman, On bias, variance, 0/1-loss, and the curse-of-dimensionality, *Data Mining and Knowledge Discovery* 1(1), 1997, 55–77.

T. S. Furey, N. Cristianini, N. Duffy, D. W. Bednarski, M. Schummer, and D. Haussler, Support vector machine classification and validation of cancer tissue samples using microarray expression data, *Bioinformatics* 16(10), 2000, 906–914.

R. Genuer, J. M. Poggi, and C. Tuleau-Malot, Variable selection using random forests, *Pattern Recognition Letters* 31(14), 2010, 2225–2236.

J. Ham, Y. C. Chen, M. M. Crawford, and J. Ghosh, Investigation of the random forest framework for classification of hyperspectral data, *IEEE Transactions on Geoscience and Remote Sensing* 43(3), 2005, 492–501.

T. Hastie, R. Tibshirani, and J. Friedman, *The Elements of Statistical Learning*, New York, Springer, 2009.

T. Hothorn, K. Hornik, and A. Zeileis, Unbiased recursive partitioning: A conditional inference framework. *Journal of Computational and Graphical Statistics*, 15(3), 2006, 651–674.

Q. Hu, D. Yu, and Z. Me, Neighborhood classifiers, *Expert Systems with Applications* 34(2), 2008, 866–876.

C. Huang, L. S. Davis, and J. R. G. Townshend, An assessment of support vector machines for land cover classification, *International Journal of Remote Sensing* 23(4), 2002, 725–749.

J. Koronacki and J. Ćwik, *Statistical Machine Learning Systems (in Polish)*, Warszawa, WNT, 2005.

T. S. Lim, W. Y. Loh, and Y. S. Shih, A comparison of prediction accuracy, complexity, and training time of thirty-three old and new classification algorithms, *Machine Learning* 40(3), 2000, 203–228.

T. Mitchell, *Machine Learning*, New York, McGraw Hill, 1997.

S. K. Murthy, Automatic construction of decision trees from data: A multi-disciplinary survey, *Data Mining and Knowledge Discovery* 2(4), 1998, 345–389.

E. Osuna, R. Freund, and F. Girosi, Training support vector machines: an application to face detection. In: *Proceedings of 1997 IEEE Computer Society Conference on Computer Vision and Pattern Recognition*, San Juan, Puerto Rico, 1997, 130–136.

M. Pal, Random forest classifier for remote sensing classification, *International Journal of Remote Sensing* 26(1), 2005, 217–222.

A. M. Prasad, L. R. Iverson, and A. Liaw, Newer classification and regression tree techniques: Bagging and random forests for ecological prediction, *Ecosystems* 9(2), 2006, 181–199.

J.R. Quinlan, Induction of decision trees, *Machine Learning* 1(1), 1986, 81–106.

S. R. Safavian and D. Landgrebe, A survey of decision tree classifier methodology, *IEEE Transactions on Systems Man and Cybernetics* 21(3), 1991, 660–674.

B. Scholkopf, K. K. Sung, C. J. C. Burges, F. Girosi, P. Niyogi, T. Poggio, and V. Vapnik, Comparing support vector machines with Gaussian kernels to radial basis function classifiers, *IEEE Transactions on Signal Processing* 45(11), 1997, 2758–2765.

R. E. Shapire, The strength of weak learnability, *Machine Learning* 5, 1990, 197–227.

J. A. Sonquist and J. N. Morgan, *The Detection of Interaction Effects*, Ann Arbor, MI, Survey Research Center, Institute for Social Research, The University of Michigan, 1964.

K. Stapor, *Methods of Objects Classification in Computer Vision (in Polish)*, Warszawa, WN PWN, 2011.

C. Strobl, A. L. Boulesteix, A. Zeileis, and T. Hothorn, Bias in random forest variable importance measures: Illustrations, sources and a solution, *BMC Bioinformatics* 8, 2007, article number 25.

V. Svetnik, A. Liaw, C. Tong, J. C. Culberson, R. P. Sheridan, and B. P. Feuston, Random forest: A classification and regression tool for compound classification and QSAR modeling, *Journal of Chemical Information and Computer Sciences* 43(6), 2003, 1947–1958.

X. Y. Tan, S. C. Chen, Z. H. Zhou, and F. Y. Zhang, Recognizing partially occluded, expression variant faces from single training image per person with SOM and soft *k*-NN ensemble, *IEEE Transactions on Neural Networks* 16(4), 2005, 875–886.

UCI Machine Learning Repository, https://archive.ics.uci.edu/ml/index.php (accessed October 11, 2017).

P. E. Utgoff, Incremental induction of decision trees, *Machine Learning* 4(2), 1989, 161–186.

A. R. Webb and K. D. Copsey, *Statistical Pattern Recognition*, 3rd ed., New York, John Wiley & Sons, Inc., 2001.

Wine Dataset, https://archive.ics.uci.edu/ml/datasets/Wine (accessed October 11, 2017).

B. L. Wu, T. Abbott, D. Fishman, W. McMurray, G. Mor, K. Stone, D. Ward, K. Williams, and H. Y. Zhao, Comparison of statistical methods for classification of ovarian cancer using mass spectrometry data, *Bioinformatics* 19(13), 2003, 1636–1643.

L. M. Zouhal and T. Denoeux, An evidence-theoretic *k*-NN rule with parameter optimization, *IEEE Transactions on Systems Man and Cybernetics, Part C-Applications and Reviews* 28 (2), 1998, 263–271.

第 3 章

Pattern Recognition: A Quality of Data Perspective

分类拒绝问题规范及概述

模式识别是计算机科学领域的一个主要课题，在理论研究和实际应用中展示出了无可估量的协同作用。近年来，模式识别已成为受实际应用驱动的纯理论的研究热点，该领域的发展通常展现在著名的科技期刊中。模式识别有众多的应用，一些具有代表性的例子包括对印刷体文本、手稿、音乐符号、生物特征、声音、录制的音乐、医学信号和图像的识别，以及视觉目标跟踪、控制和决策支持系统等。

在标准的规范下，模式识别涉及将一组样本分离成属于同一类的样本子集的问题，也就是说，将每个样本分类(分配)到一个集合中，该集合包含于或等于一个类。类别的组要么有固定的先验概率(监督学习问题)，要么在识别器构建阶段确定(非监督问题)。对于两种情况，假设每一个被分类的样本都归属于一个期望的、给定的类(要么预先知道，要么通过计算确定)。然而在实践中，这个假设通常过于乐观。在很多重要实践应用问题的识别任务中，我们既需要处理来自指定类别的样本，还需要处理类别不确定的样本，也就是样本不属于一个恰当的类别。让我们提及一下*被污染的数据集*(contaminated dataset)。被污染的数据集不仅包含恰当的样本，还包含因某些过失而出现的垃圾样本(garbage pattern)。

本章会提供关于分类拒绝问题的详尽描述，并给出大量的示例，同时还会阐述该领域现有的研究成果。

3.1 概念

未知样本(undesired pattern)，即不属于给定类别的样本，通常是不会预先知道的。换句话说，它们在识别器构建阶段是未知的，因此我们不能假设它们创造了自己独特且一致的类，并且不能在这个阶段使用。否则，如果不属于指定类别的样本在识别器构建阶段就可获得的话，这种问题就可被转换为一个标准的模式识别问题。对于一组额外的样本，与归属于已知类别的样本不同，我们可以将其归类为一个或多个类别，并构建识别器来处理所有已知和其他类别的样本。因此，在这种情形下，已知类别的样本和在识别器构建阶段知道的其他类别的样本将产生一个多类数据集。这个数据集可用于识别器构建，从这个角度看来两类样本没有区别。然而，这种方法限制了模型的有用性。在很多实际应用中，我们对额外样本的来源及特性了解得很少。因此，我们宁可做好分类器拒绝任何额外样本(该样本不仅在某种意义上类似用于模型构建阶段的其他额外样本)的

准备。值得强调的是，我们将区别识别器构建阶段的已知样本和未知样本。我们假设额外样本在识别器构建阶段是未知的，且它们可能有多种来源。此外，从任何意义上讲，它们都可能彼此不相似。

原始样本与异类样本

为区分这两类样本，我们引入以下名称：

- **原始样本**(native pattern)：所有在识别器构建阶段就已知的样本。原始样本可分为两类，都必须是模型(分类器)可识别的。
- **异类样本**(foreign pattern)：在识别器构造阶段确定的原始样本以外的样本。

因此，在概述的背景下，一个处理异类样本的直接方法是设置一个标准的样本识别器并附带一个可拒绝异类样本的工具。我们重申，假设这个模型的构成必须在没有异类信息的基础上完成。只有原始样本能用于训练一个识别和拒绝的模型。形成这个方法的机制应该能够：

- 对原始样本进行分类
- 拒绝异类样本

我们要强调的是，前面介绍的符号表明，我们设计了一个模型，用于解决一个有监督的分类任务，并附加了一个样本拒绝项。相关讨论可以轻松转换为一个非监督处理的情景，其中类别按集群进行区分聚类，分类过程被聚类代替。为了保持术语统一，我们仍将使用“分类”(classification)和“类”(class)的说法，由于提出的模型和想法只针对非监督学习，因此这只是命名的问题。在分类/拒绝模型里，我们可以区分两种显著行为：识别和拒绝。然而值得注意的是，这两种行为的顺序是可以变化的：先识别再拒绝，先拒绝再识别，或者我们可以将一个问题分解成多个子问题再应用识别或拒绝的某种分层处理方案。作为一个重要的、能将这些方法结合在一起的结论，我们希望将异类样本和原始样本区分开来。

基于前面假设的情况，异类样本在模型(分类器)构建阶段是未知的，不能直接使用标准的识别方法，因此我们需要非标准且更复杂的方法。有人可能会问为什么我们考虑识别异类样本？回答是异类样本通常对分类质量起着负面影响，因为它们不属于任何一个类。这种情况在图 3-1 中进行了说明。在图 3-1a 中，我们可以看到一个仅基于原始样本构建的分类器：矩形、圆形、星形、三角形等，扮演着原始样本的角色。然后，一个包含原始样本和异类样本的新样本集(用问号表示)在分类器构建的输入端呈现。所有异类样本都会被错误分类成原始样本，因为没有其他选项，具体可参见图 3-1b。当然，在实践中分类器不是无误的，而且一些原始样本也可能被分配了一个错误的类别标签。

为了避免对异类样本的错误分类，分类器应该配备一个拒绝异类样本的机制。在图 3-2中，我们展示了一个想法，给分类器设计一个拒绝选项。我们想强调的是，要构建的不仅是为区分额外类别样本而扩展的分类器。正如我们提到的，在分类器构建阶段，异类样本的属性是未知的。因此，拒绝机制不能通过唤起一个潜在的额外样本来建立。

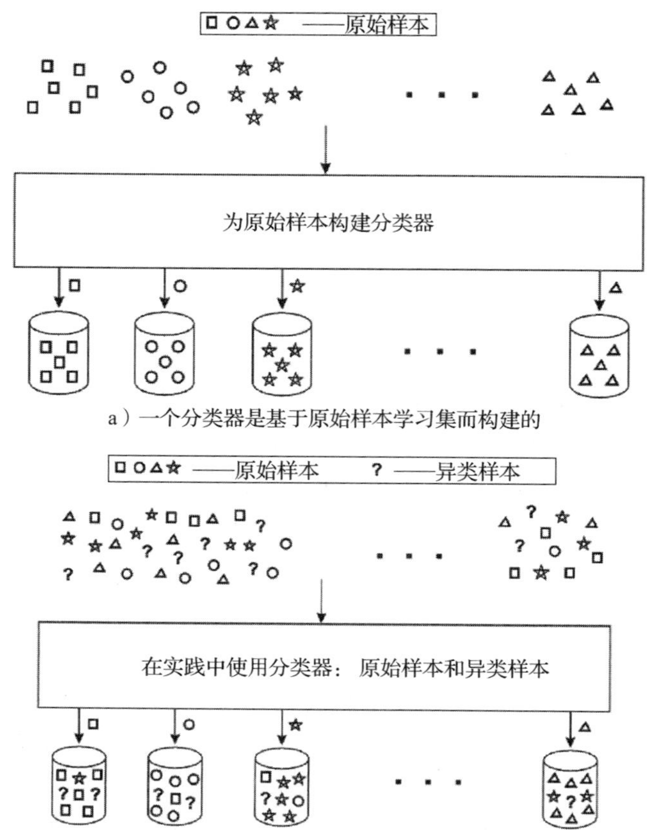

a）一个分类器是基于原始样本学习集而构建的

b）构建好的分类器被用在实践中。原始和异类样本都提供给分类器。异类样本不属于任何类，但不管怎样它们都会被分类为某一个原始的类，从而降低整体数据处理的质量。此外，我们发现少数原始样本被错误分类

图 3-1　一个不带拒绝的分类方案

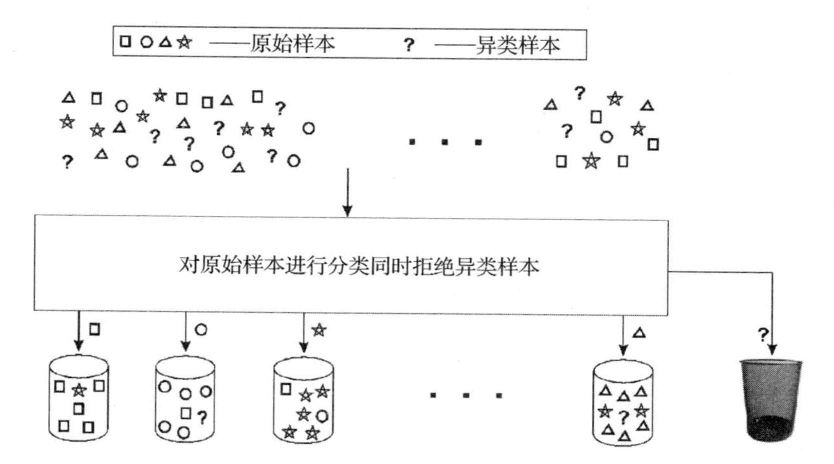

图 3-2　一个带拒绝的分类方案。大多数异类样本被拒绝了。请将此图与图 3-1b 中不带拒绝的机制进行对比，其中异类样本被错分为原始样本

尽管异类样本拒绝问题的重要性很明显，但我们仅发现相对少量的研究聚焦于这个问题。专注于模式识别实际应用方法的文献忽略了异类样本问题这种情况，原因大致是对这一主题的理论背景研究不足，以及现有拒绝方法的能力有限。

这里有一些非常意外的情况，说明了拒绝问题不能被忽略(De Stefano 等，2000；Scholkopf 等，2001；Pillai 等，2011)。

拒绝问题的理论基础由 Chow(1970)创建。他提出了一个所谓的“Chow 拒绝准则”。Chow 注意到了，在很多分类问题中，一些样本很难处理，并且拒绝它们比对它们进行分类更安全。从这个意义上讲，Chow 的研究源于一个不同位置和假设而非这里提出的问题。他拒绝掉的样本是原始样本。相反，我们拒绝的是异类样本。重要的是，Chow 提出了拒绝的想法。在他的研究中，他区分了不做决策的类别。很显著的是，Chow 的研究背景假设与我们对识别和拒绝机制的定义是一致的：模型构建只基于原始样本。Chow 的研究中，一个分类机制对应一个关于类成员的决策(以概率的形式)。他提出引入拒绝准则，如果决策结果不明确的话(概率很低)，不允许分配类别标记。结果，若没有给一个给定样本赋予原始类别标签的话，它将被拒绝。拒绝阈值是针对一个给定分类问题经过实验选择而确定的，并且被公式化为一个优化任务，其准则是最小化*误差率*(error rate)。Chow 的想法是拒绝被错误分类的样本。一个推广到多类问题的成果是由 Ha(1997)提出的。粗略地说，在这个文献中，Chow 的准则由分割类别组的判别面决定。同样，这里也有线性多分类任务的独特解决方案(Fumera 和 Roli，2004)。然而，大多数的理论工作被限制在了二值化示例中(Mascarilla 和 Frelicot，2002；Xie 等，2006)。作为支持向量机(SVM)分类器的拒绝准则，Chow 的准则被重新定义以适应实际应用(Li 和 Sethi，2006)。基于一个待识别样本和已识别样本之间的相似度的距离函数同样可用于定义拒绝准则(Lou 等，1999)。此外，还有基于神经网络的更多尝试。详情可查阅 Ishibuchi 等(1999)的文献以及*纠错输出编码*(Error-Correcting Output Coding，ECOC)分类系统(Simeone 等，2012；Dietterich 和 Bakiri，1995)。

在样本拒绝领域进行的其他重要研究中，人们可能会转向基于分数进行分类的方法。该方法的著名示例是用于分类的*模糊*(fuzzy)方法，其中类成员以模糊集成员函数的方式表达(隶属度)。这种方法的一个自然结果是，分类结果不是以二进制形式体现的(属于一个类/不属于一个类)；相反，它是以[0，1]数值区间中的一个值来表征的，也可以解析为确定性得分(隶属度)。得分背后的思想(在比模糊分类方法更宽广的环境范围中)是它们决定了某个样本属于某个类的自信力度。如果一个样本对所有类的隶属度得分都很低的话，就意味着它可能被视为*垃圾*(garbage)。一些研究人员也都研究过前面所述的方法，比如 Elad 等(2001)、Koerich(2004)、Meel 等(2015)和 Homenda 等(2014)。

关于模式识别中异类样本拒绝方面的研究不仅很浅显，而且在实际应用中也没有考虑到。传播使用模式识别的技术会提高识别异类样本的重要性。例如，对印刷体文本进行识别，异类样本(墨团、油脂、受损标记)出现在了印刷体样本(字符、数字、标点符号)的可忽略区域内，而这二者之间是较容易区分的。印刷体文本的特征允许使用有效的分割方法。然而，识别不重要的对象(例如测绘地图、手工存档的文件或者音乐符号等)对于异类样本的识别来说显得更为重要。不同于印刷体文本，其来源包含了摆放不规则的原始样本，符号的形态更为复杂，可以是灰色，且通常有交叉部分，一些区域因曝晒而受损等。这样的样本很难通过大小和形状分析进行区分。因此，严格的切分规则会造成很多原始符号被拒绝，而实际上，使得对文档的识别质量降低了。

如前所述，在很多实际问题中，对异类和原始样本进行区分是很困难的。此外，在实践中，为了识别而对原始材料进行分割也是困难且低效的。这就是复杂识别问题(如从自然场景中剪切文本)中的分割准则必须比简单问题(比如印刷体文本处理)中的准则更加宽容的原因。如果分割处理是很严格的，那么它可能导致原始样本连同异类样本一并被拒绝。因此，一个宽松的分割会产生许多异类样本，这些样本随后会受到识别过程的影响。在这种情况下，拒绝异类样本具有优先级，当输入数据被高度污染时，我们需要清除掉垃圾样本以得到一个合乎情理的输出。有关异类样本分析的问题是很重要的，比如医学信号和图像分析、测绘地图识别或者音乐符号识别(包含印刷体和手写体)。

值得指明的一点是，异类样本不应该跟所谓的*异常点*(outlier)相混淆。我们来回忆一下，一个异常点是一个原始样本，它属于一个原始类，但不同于该类的大多数样本。总的来说，与其他样本距离很远的样本被当作异常点处理。“距离”和“其他样本”这两个名词的含义不够客观，需要根据具体情况来判断。从目前讨论的话题出发，我们假设“距离”这个名词指代了其标准的含义，也就是两个样本之间的距离。在分类问题的例子中，两个样本之间的距离被理解为特征空间中两个样本的特征向量之间的距离(参见2.2节)。“其他样本”在有异常点的情况下可能指代密集聚集的样本，但不一定是来自同一个类。当然，其他定义也可能被采用。例如，参见第8章中关于聚类的讨论，我们可以区分较远的样本，因为它们离聚类中心很远。在这个例子中，聚类中心是一个很大的数据点集的代表，而距离度量则刻画了一个给定样本距离该中心的远近。这个关于距离样本的解释略不同于标准的关于异常点的理解。另一种区分规则样本和异常点的方法涉及一些关于样本密度的度量。在这个背景下，对于一个分散在特征空间中的给定训练数据集，我们可能假设分布密集的区域为原始样本数据。我们可以加入一些几何学的方法来正式定义被原始样本密集占据的区域。结果，借助一个消除准则，我们可以假设规则样本所占区域的补集区域就是异常点/异类样本所在的区域。这个概念有很大的研究潜力，我们将在第5章深入研究基于几何计算的拒绝的方法。

关于异常点的问题是，我们希望能识别出它们，但由于前面介绍到的不同点，很难做到这一点。因此，在一些分类问题(包括Chow的成果)中，我们看到了一些拒绝异常点的建议，因为要正确区分这些样本很多时候需要运气。区分的界限是，异常点为原始样本，我们希望能将它们正确地区分开来。相比而言，对于异类样本，这里没有相应的分类决策——唯一的决策就是将其拒绝。

异类样本的另一个特性是我们不知道其属性，且我们应该做好拒绝任何异类样本的准备。因此，我们不假设异类样本创造了一个独特的类。从这个角度出发，我们找不到任何理由专门为异类样本创建一个替用的类，以便将异类样本加入到训练集中，并用来拒绝任何属于这个类的样本。这种方法仅仅是分类方案的一个延伸，且不能真正地反映出异类样本本身的问题。

最后，我们要强调的是，另一个导致异类样本被拒绝的原因是异类样本可能具有跟原始样本相似的属性。当识别过程涉及将一个目标切分成更小部分的时候，这个问题就会经常发生。比如在手写数字识别的问题中，我们可能遇到拉丁文字，比如作者的旁注。可使用一个切分的方案来提取其中的字母，比如手写的"b""l"或者"O""B"，它们看起来很像 6、1、0、8。针对这类样本的拒绝会非常微妙。

3.2　拒绝架构的概念

本节我们将讨论基于适配标准识别器的拒绝异类样本的问题。从处理流程的角度出发，我们可以区分出三种不同的架构，正如 Homenda 等(2015)中所讨论的。对原始样本的分类和对异类样本的拒绝可被视为是一系列的操作，拒绝异类样本的过程可按以下三种方式进行：

1. 在对原始样本进行分类前拒绝异类样本；
2. 在对原始样本进行分类后拒绝异类样本；
3. 在对原始样本进行分类的同时拒绝异类样本。

在第一种情况下，首先进行对异类样本的拒绝。只有在拒绝异类样本之后我们才会采用进一步的模式处理，比如分类。由于先执行了拒绝操作，因此我们可以假设只针对原始样本进行分类。我们称这个方案为全局拒绝架构(global rejecting architecture)，如图 3-3 所示。

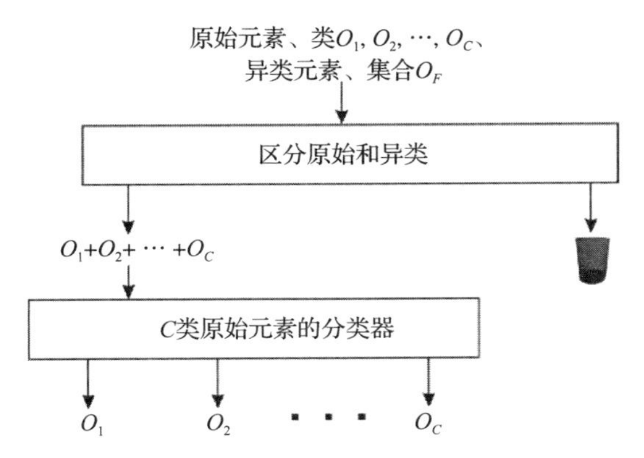

图 3-3　全局拒绝架构。在进行分类前先分离原始样本和异类样本。由于异类样本在识别的第一步已经被拒绝掉了，因此后续进行分类的样本就默认只包含原始样本

在图 3-4 中，我们展示了一个被异类样本污染了的包含两类原始样本的数据集示例。这个示例直观上就很适合采用全局拒绝架构进行处理。在这个例子中，两组原始样

本都可以很容易地同异类样本区分开来。基本假设是我们在特征空间中可以将原始样本和异类样本分离。自然地，现实世界中的数据集并不会像图 3-4 中显示的那么直接。通常，原始样本和异类样本都有交叠，且它们一般不会在特征空间中形成那么规则、密集的集群。需要强调的是，我们不知道异类样本的属性，只知道原始样本。此外，我们只有一个原始样本的学习集；在实际的实验中，我们从来没有关于所有原始样本的信息。从这个角度出发可知，有两个因素会使拒绝异类样本这项任务变得困难。

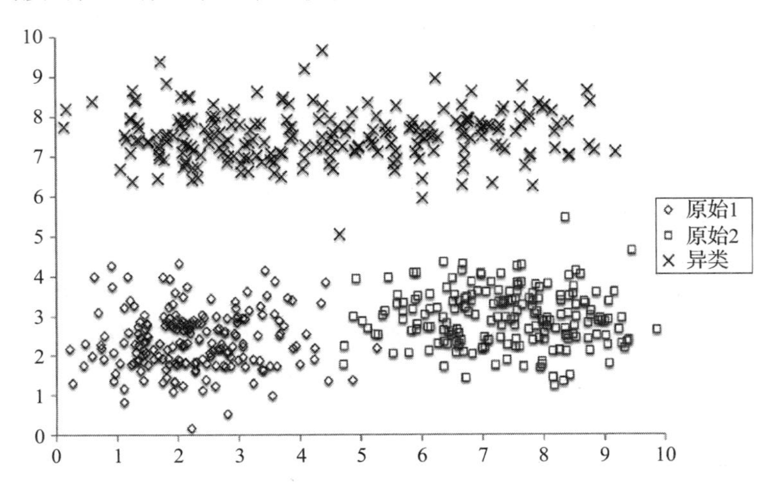

图 3-4　一个被异类样本污染了的原始样本数据集示例，该示例适合采用全局拒绝方案。两组原始样本都很容易同异类样本进行分离

第二个处理场景叫作*局部拒绝架构*(local rejecting architecture)。在这个例子中，所有样本(包括原始和异类)都要先进行分类。结果，我们得到了 C 个样本子集，并分解成给定数据集中的 C 组原始样本类。在这一点上，每个异类样本都被(错误地)赋予了原始样本的类别标签。接下来，我们执行拒绝操作。由于初始数据集已经被分解成多个类，因此拒绝操作就必须针对每个子集单独进行。图 3-5 展示了带局部拒绝操作的模式识别的图示。

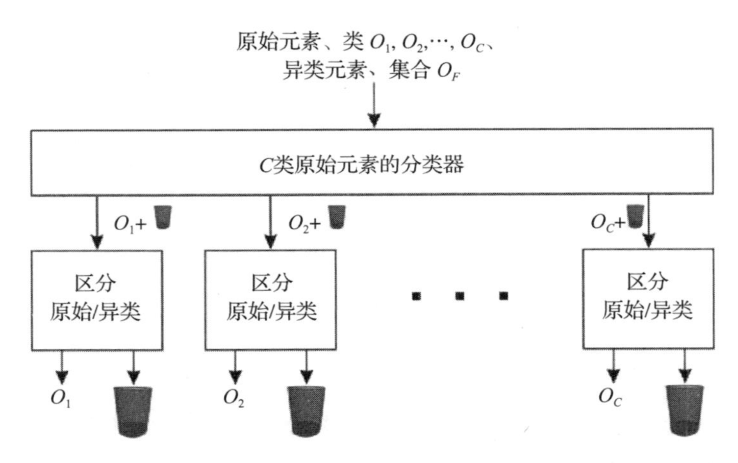

图 3-5　局部拒绝架构。在对异类样本进行拒绝前先进行原始和异类样本集的分类

局部拒绝适合原始样本和异类样本不易区分的问题(如图 3-6 所示)。局部拒绝包含了分而治之的思想。第一个操作将数据集分解成更小的子集。再对每个更小的子集执行拒绝操作，这样我们就有更高的成功概率。这种方案背后的直觉是更小的原始样本子集比整体原始样本集具有更高的相似性。更小的原始样本子集的一致性会使得对异类样本的区分更加容易。

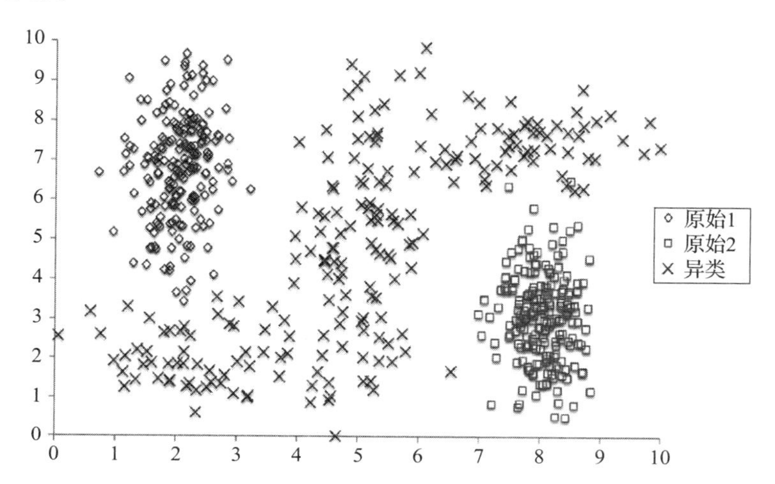

图 3-6　一个包含原始和异类样本的数据集示例，适合采用局部拒绝架构来处理。原始和异类样本很难分离，因此局部拒绝比全局拒绝更有效

全局和局部拒绝架构都可使用一个标准的带异类样本拒绝功能的原始样本分类器简单实现。对于分类任务，不管是在局部拒绝架构下先被执行还是在全局拒绝架构下后被执行，其都是针对已知的 C 个原始样本类别来进行操作的，而自然地，也都在包含原始样本的训练集上进行训练。事实上，相同的分类器可以在两种体系结构中使用，因为这里的区别不在于该分类器的构建方式，而在于它的使用顺序。我们可以使用众所周知的分类方法，比如 k-NN、SVM 和随机森林(RF)等。或者，我们可以使用非监督数据处理方法，比如 k 均值(k-means)、DBSCAN 和分层聚类(hierarchical clustering)等。对一个特定算法的使用取决于处理的目的。考虑到叙述的目的，我们在这里着重讨论监督分类，而切换到无监督的情况只是叙述的问题。

很显然，数据集示例在某种程度上可以被视为是人造的。真实问题很少涉及如此简单且容易分离的数据。值得回忆的是，我们通常不知道异类样本的属性及其与原始样本的关系。因此，在全局架构和局部架构之间的选择既不明显也不单一。一个明智的做法是同时使用两种方法并经验性地验证它们的分类质量。

将两种拒绝方法融合在一起带来了第三类拒绝方案，名为嵌入式拒绝架构(embedded rejecting architecture)。直觉上，在全局和局部拒绝架构中，拒绝操作于分类之前或之后进行，而对于嵌入式拒绝架构，拒绝操作是在分类过程中进行的。嵌入式架构需要将拒绝方法同一个分类器整合在一起。因此，原始样本分类器的结构通常要进行升级，以便在分类阶段(也就是，在分类机制结构内部)实现对异类样本的识别和分离。

嵌入式拒绝的思想如图 3-7 所示。一个分类/拒绝机制是基于一组特殊的二值分类器而构建的，因此该架构具有二叉树(binary tree)的结构。在树根部分，我们有一组完整的样本集。从树根往下移，我们将原始样本分解成很多子集，并且在每一次分解后我们都会将异类样本与原始样本分离开来。在树的底层，我们有树叶来表征每一个原始样本的类。换句话说，我们有 C 个树叶，它们只包含原始样本。然而，它们并不是树中唯一的树叶。此外，每一个拒绝操作实际上都是一个二分操作，它们将原始样本和异类样本分离开。对异类样本的拒绝终止于一个叶节点(没有继续扩展的树枝)。嵌入式拒绝架构如图 3-7 所示。在一个嵌入式架构的变体中，每一次分解后我们都进行一次拒绝，但是我们可能考虑这种结构的不同变化。比如，如果发生在底层，原始样本没有被异类样本污染，那么我们可能会退出对两类样本的分离过程。然而，全部异类样本在树的内部就被拒绝的情况，在实际问题中是不太可能发生的。因此，可能需要给每一个叶节点添加一个二值分类器，与在局部拒绝架构里一样，将原始样本与异类样本分离开来。我们可能也要考虑不同于二叉树的结构，比如，可能为一个类-对-类(class-contra-class)的二值分类器提供回归，如带有拒绝阈值(rejecting threshold)的机制。

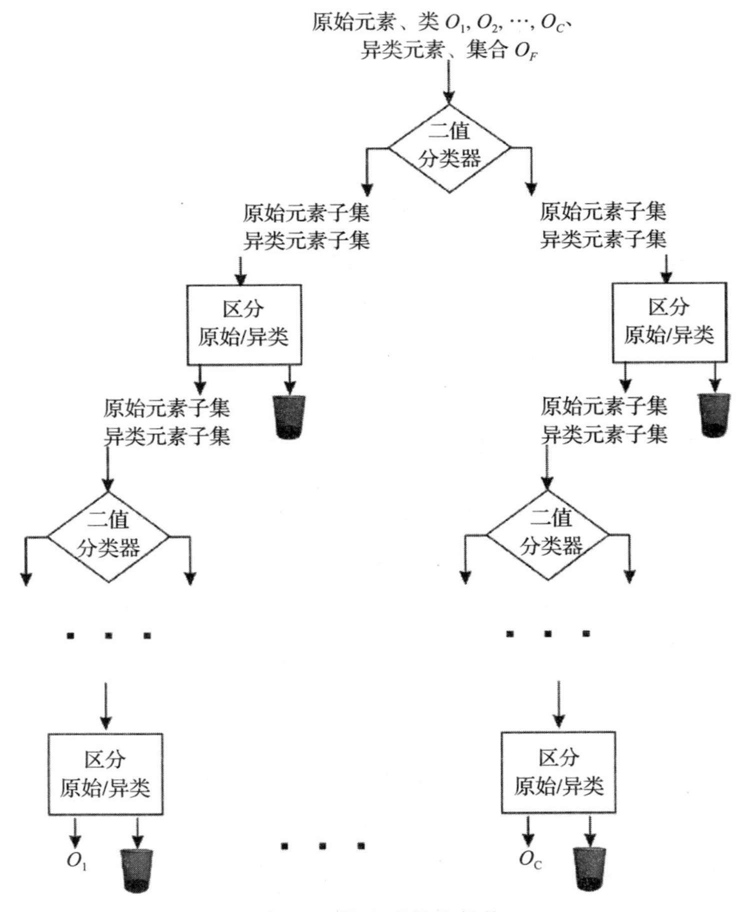

图 3-7　嵌入式拒绝架构

3.3 基于原始样本的拒绝

本质上，异类样本属性的未知会导致拒绝异类样本十分困难。因此，我们寻求非标准方法来完成这项任务，该方法针对不同类型的数据：原始样本和修正的原始样本，我们称之为半合成数据(semi-synthetic data)和合成数据(synthetic data)。

基于纯原始数据的解决方法有着很吸引人的一面和很直接的需求。由于不需要额外的替代数据，因此它们同样具有通用性和多用性。然而，它们可能不适合用来解决每一个问题(或者解决起来不太有效)。因此，我们后面会讨论其他基于半合成和合成数据的解决方案。

现在，让我们看看在一些模式识别问题中构建拒绝机制的方法。在随后的章节中，我们将讨论设计拒绝机制背后的两种方法。第一种依赖于将异类样本分配给原始样本的一些子集，然后构建拒绝机制的元素。动态更改的分配(其中，一个原始样本子集被视为一个异类样本集)通过整合创造出的拒绝元素来帮助我们完成拒绝机制。第二种尝试则采用了应用于特征空间的几何透视。

3.3.1 构建拒绝机制

我们在这里提出两种构建拒绝机制的方法。两种方法都只依赖于已知训练样本集的类，且可用于所有拒绝架构，即全局、局部和嵌入式。

类-对-其他所有类

第一种方法以算法 3.1 的形式表述。它依赖于为每个类创建一个二值分类器 $\Theta=\{O_1, O_2, \cdots, O_C\}$。我们可能会使用不同方法来训练这些分类器：$k$-NN、SVM、决策树和随机森林等。每一个二值分类器 ψ_l 都需要两个类的样本来进行训练：母类 O_l 和其他所有类 O_l^{contra}。因此，我们称这种拒绝机制为类-对-其他所有类(class-contra-all-other-class)。值得强调一点的是，算法 3.1 对于多数类来说效果很好，且只有两个类出错了。

算法 3.1 构建一个“类-对-其他所有类”的拒绝机制

数据：$\Theta=\{O_1, O_2, \cdots, O_C\}$，训练样本集的类别
　　分类方法
算法：**for** 每一个类 $O_l\in\Theta$ **do**
　　begin
　　　取类 O_l 并构建对抗类：$O_l^{\text{contra}}=\bigcup_{O_i\in\Theta-\{O_l\}} O_i$
　　　基于一个给定分类方法和两个样本集来构建二值分类器 ψ_l：类 O_l 和类 O_l^{contra}
　　end
结果：一组 C 个二值分类器“类-对-其他所有类” $\psi_1, \psi_2, \cdots, \psi_C$
　　共同构成拒绝机制

一个关于如何使用“类-对-其他所有类”方法来实现拒绝的讨论将在下一节中提及。

自然地，这个分析将被延伸到一个没有类别标记的数据集，其中没有标记的样本集群对应着多种类。为表达清晰，我们集中讨论监督学习的例子，其样本都是有标记的。

要注意的是，创建一个对抗类(contra class)可以使一个类在类基数(class cardinality)方面变得不均衡。在这种情况下，可以使用欠采样的对抗类或过采样的支持类(pro class)来形成二值分类器。

类-对-类

第二个方法同样依赖基于类别组 $\Theta=\{O_1, O_2, \cdots, O_C\}$ 创建二值分类器，并且如前所述，我们可能使用不同的方法来构建二值分类器，比如 k-NN、SVM 等。二值分类器 $\psi_{k,l}$ 被训练以用于处理每对类别 $\{O_k, O_l\}$，$l<k$(参见算法 3.2)。因此，我们可得到 $C\cdot(C-1)/2$ 个二值分类器。由于每个分类器都是基于两个类而训练的，因此这个拒绝机制被称为类-对-类(class-contra-class)。与“类-对-其他所有类”的情况一样，需要重点强调的是，算法 3.2 对于多数类来说效果不错，且只有两个类出错了。

算法 3.2 构建一个“类-对-类”的拒绝机制

数据：$\Theta=\{O_1, O_2, \cdots, O_C\}$，训练样本集的类别
　　　分类方法

算法：**for** 每两个类 O_l，$O_i\in\Theta$，　$l=1, 2, \cdots, C-1$，　$i=l+1, l+2, \cdots, C$ **do**
　　　begin
　　　　基于给定分类方法和两个样本集来构建二值分类器 $\psi_{l,i}$：类 O_l 和类 O_i
　　　end

结果：一组 $C\cdot(C-1)/2$ 个二值分类器“类-对-类” $\psi_{l,i}$
　　　共同构成拒绝机制

3.3.2 全局拒绝架构下的拒绝机制

让我们回顾一下全局拒绝架构，正如图 3-3 中所示及 3.2 节所讨论到的。在该方案中，所有进入的样本都要先进行原始/异类样本的辨识，再将其分到原始的类中。在全局架构下，我们可以采用“类-对-其他所有类”和“类-对-类”的拒绝机制，这将在本节后面介绍。

全局拒绝架构下的“类-对-其他所有类”方法

“类-对-其他所有类”拒绝方法背后的直观解释如下所述。假设有 C 个原始样本类，我们按照“类-对-其他所有类”的方式创建了 C 个二值分类器，每个类创建一个。每个这样的分类器都会分配两个标签中的一个。那么，当一个样本属于这个单类时，它就是正标签，或者属于其他样本集时，则为负标签。下一步，我们得到一个新样本，并希望

检查其是否是原始或异类样本。我们让所有 C 个二值分类器赋予其一个类别标签。如果所有二值分类器赋予其一个负标签，那么意味着没有分类器假设这个样本是原始样本，在此基础上我们会将其拒绝。换句话说，如果所有二值分类器都排除了一个样本，那么我们就拒绝它。

"类-对-所有其他类"机制的应用对于全局拒绝架构来说是非常直接的。我们回忆一下"类-对-所有其他类"方法，若至少有一个二值分类器 ψ_l 判别某样本为原始样本，则可以假设该样本是原始样本。如果将"类-对-所有其他类"机制纳入全局拒绝架构下，那么我们会得到一个数据处理方案，如算法 3.3 所示。

算法 3.3　采用"类-对-其他所有类"机制的全局拒绝

数据：ψ_1，ψ_2，…，ψ_C：构成拒绝机制的一组二值分类器，该分类器组由算法 3.1 构建

　　O_X：一组未知样本

算法：**for** 每一个未知样本 $X \in O_X$ **do**

　　begin

　　　for 每一个二值分类器 ψ_l，$l=1$，2，…，C **do**

　　　　将样本 X 输入到分类器 ψ_l 然后记录其输出

　　　　　该输出为类 O_l 或对抗类 O_l^{contra}

　　　if 所有分类器 ψ_l，$l=1$，2，…，C，输出对抗类 **then**

　　　　假设样本 X 是一个异类

　　　else

　　　　假设样本 X 是一个原始类

　　end

结果：集合 O_X 中的未知样本被辨识为原始类或异类

该处理方案是将"类-对-所有其他类"拒绝机制和全局架构相结合，如下所示。在该方法的输入端，我们会提供新样本。起初，它们被识别为原始或异类样本。接下来，原始样本被送入分类过程。

需要重点注意的是，"类-对-所有其他类"拒绝机制同样可以作为带拒绝功能的(完整)识别器。确实，没有被拒绝的样本至少需要被一个二值分类器 ψ_l 赋予类别标记，那样的话我们就可以将其判为某一类。也可能出现的情况是一个样本被赋予了多个(类别)标签，那么需要有一个方法来解决这种冲突。不管怎样，将拒绝机制用作分类器是不合适的，因为拒绝和分类的质量可能会比将拒绝和分类分别实现的做法差很多。

全局拒绝架构下的"类-对-类"方法

在图 2-9 中，我们展示了一个区分原始样本和异类样本的直观方法。我们将特征空间中的区域进行了辨识，这些区域中的样本属于任何一个类的概率很低，或者隶属不同类概率的差异很小。"类-对-类"拒绝方法遵循同样的直观判断。该方法采用一个投票方案(voting scheme)来给一个样本赋予一个类别标签，也就是，根据多数投票结果进行

赋值。使用前述的直观方法，我们不给予赋值：换句话说，当给予某个样本的多数类(majority class)的投票数不够高或多数类和次多数类(second majority class)投票数的差值不够大时，我们拒绝掉这个样本。因此，“类-对-类”方法受两个参数 λ_{max} 和 λ_{diff} 的驱动，它们定义了这两个数的最小值(参见算法 3.4)。

值得回顾的是，对于 C 个类，我们最多可以获得 $C-1$ 个针对多数类的投票。直观来说，为了确保正确分类，对于一个未知样本，常数 λ_{max} 应该等于或略小于 $C-1$。另外，我们希望参数 λ_{diff} 至少是 1，或者该参数的值大于 1。非正式地说，λ_{diff} 这个参数反映的是执行拒绝机制的迟疑程度。“类-对-类”机制应用于处理一个给定样本，统计其获得的二值分类器的投票数。频繁出现的原始类的标记就是我们应该赋予该样本的属类。然而，有趣的是统计第二频繁出现的类标记的次数。直觉告诉我们要拒绝一个样本，因为其最频繁类的统计数和次频繁类的统计数之差太小。我们引入 λ_{diff} 来控制这样的差距，且使用其作为一个拒绝准则。这个参数的值依赖于问题本身且应该实验性地基于原始训练样本进行调整。同样，算法 3.4 中的条件(*)可以基于具体问题重新用公式进行描述，比如，另一种选择(alternative)可以被调整为一个连接(conjunction)。

算法 3.4 一个基于“类-对-类”方法的全局拒绝机制

数据：$\psi_{l,i}$，$l=1, 2, \cdots, C-1$，$i=l+1, l+2, \cdots, C$：构成拒绝机制的一组 $C\cdot(C-1)/2$ 个二值分类器“类-对-类”，该组分类器由算法 3.2 构建

O_X：一组未知样本

λ_{max}，λ_{diff}：称为决策和分离阈值的可调参数

V：为类计票数的长度 C 的向量

算法：**for** 每个未知样本 $X\in O_X$ **do**

begin

  for $i=1$ **to** C **do** $\mathbf{V}[i]=0$

  for 每个二值分类器 $\psi_{l,i}$，$l=1, 2, \cdots, C-1$，

    $i=l+1, l+2, \cdots, C$ **do** $\mathbf{V}[\psi_{l,i}(X)]++$

  $v_{max}=\max_{l=1,2,\cdots,C}\mathbf{V}[l]$

  $c_{max}=\arg\max_{l=1,2,\cdots,C}\mathbf{V}[l]$

  $v_{max2}=\max_{l=1,2,\cdots,C;\ l\neq c_{max}}\mathbf{V}[l]$

(*) **if** $v_{max}\geqslant\lambda_{max}$ **或者** $v_{max}-v_{max2}\geqslant\lambda_{diff}$ **then**

    假设样本 X 是原始类，且具有原始类别标签 c_{max}

  else

    假设样本 X 是异类

end

结果：所有来自 O_X 的样本都被标记为原始类或异类

注意，算法 3.4 不仅可以用作拒绝机制，同样可以作为一个分类算法。我们可以假

定，一个给定样本用所设计的方法处理后，将被赋予类别 c_{max}。

3.3.3 局部拒绝架构下的拒绝机制

局部拒绝机制是在我们事先将所有样本完成分类的基础上构建的。结果，我们得到 C 组样本子集(对应于类)，且从得到的子集中我们拒绝掉异类样本。因此，最合适的局部拒绝机制是"类-对-其他所有类"方法。算法 3.5 刻画了如何利用"类-对-其他所有类"方法来设计局部拒绝架构。

算法 3.5　使用"类-对-其他所有类"的机制的局部拒绝

数据：ψ：利用原始训练样本集构建的 C 类分类器
　　ψ_1，ψ_2，…，ψ_C：构成拒绝机制的一组二值分类器，该分类器组由算法 3.1 构建
　　O_X：一组未知样本
算法：**for** 每个未知样本 $X \in O_X$ **do**
　　begin
　　　使用 ψ 来确定原始类别标签，并将其表示为 l(类 O_l)
　　　使用 ψ_l 来确定 X 是属于类 O_l，还是属于对抗类 O_l^{contra}
　　　if ψ_l 输出对抗类 **then**
　　　　假设样本 X 是异类
　　　else
　　　　假设样本 X 是原始类
　　end
结果：集合 O_X 的未知样本被识别为原始类或异类，其中原始样本被赋予类别标签

"类-对-其他所有类"方法是非常适合局部拒绝模型。在拒绝模型中，一旦完成了分类的步骤，我们便开始原始样本的分离工作。它们被分为 C 个组，每类一个组。现在，对于每个组里的样本，我们启动拒绝步骤，将该组对应的类样本同属于其他所有类的样本区分开来。对于某个只包含来自类别 i 的样本组而言，启动"i-对-其他所有类"的操作已经足够。关于分类步骤后所有样本被正确划分到各自类中的假设简化了需要拟合的拒绝模型。

或者，我们可能采用一些其他拒绝策略(称为"类-对-类")。在算法 3.6 中，我们会进一步说明该方法。

算法 3.6　使用"类-对-类"的机制的局部拒绝

数据：ψ：利用原始训练样本集构建的 C 类分类器
　　$\psi_{l,i}$，$l=1, 2, \cdots, C-1$，$i=l+1, l+2, \cdots, C$：构成拒绝机制的一组 $C \cdot (C-1)/2$ 个二值分类器"类-对-类"，该组分类器由算法 3.2 构建
　　O_X：一组未知样本
　　λ_{max}，λ_{diff}：称为决策和分离阈值的可调参数

算法：**for** 每个未知样本 $X \in O_X$ **do**

begin

使用 ψ 来确定原始类别标签，并将其表示为 l(类 O_l)

使用算法 3.2 来确定原始类别标签，并将其表示为 k(类 O_k)

if $l=k$ **then** 假设样本 X 是原始类

else 假设样本 X 是异类

end

结果：集合 O_X 的未知样本被识别为原始类或异类，其中原始样本被赋予类别标签

在这个方案中，第一步是分类步骤。也就是说，我们处理一个特定的样本，C 类分类器将其分类为第 i 类。接着，我们采用完整的“类-对-类”拒绝模型。这就意味着我们需要启动 $C \cdot (C-1)/2$ 个二值分类器，统计它们的分类结果，然后拒绝这个样本，或者将其归属于类别 i。对于所有样本，我们可以进行相同的操作：需要启动 $C \cdot (C-1)/2$ 个二值分类器来判断是否拒绝或接受。相比而言，在算法 3.5(“类-对-其他所有类”的局部拒绝方法)中，针对一个给定样本，启动一个对应于类别 i 的二值分类器就足够了。

3.3.4 嵌入式拒绝架构下的拒绝机制

嵌入式拒绝架构不同于全局和局部架构。它将拒绝机制包含在一个树形架构里，同时对异类样本进行分类和拒绝。伴随着连续的分解，我们将一组样本进行划分，以便到最后的叶节点我们可以得到只来自一个类的样本。每一次分解我们都运行一次拒绝机制。拒绝机制伴随着所有嵌入式架构树的节点。

我们可以采用“类-对-其他所有类”和“类-对-类”的拒绝方法。然而，嵌入式架构中的分类树改变了我们处理原始样本的顺序。特别是，形成的树暗示一个样本数据集被持续地分解成两个子集。要调整拒绝机制，以便它们适合于拒绝来自完整数据集中样本子集的样本。调整只依赖于对分类器集(由算法 3.1 和算法 3.2 产生)的重定义，其针对每个内部节点示出。重定义的直接结果是，赋给每一个节点的类别标签都不一样。

我们可以将嵌入式拒绝架构里的每个节点解析为一个单独的数据集，需要为其定制特别的拒绝机制(“类-对-其他所有类”和“类-对-类”)。鉴于此，每个嵌入式架构下的节点都是一个单独的全局拒绝架构，或换句话说，嵌入式拒绝架构是一个特别的全局拒绝架构的组合。但这种解释会产生很大的影响。为了建立起一个完整的嵌入式拒绝模型，我们需要训练与树节点一样多的二值分类器。实践中，嵌入式架构的实施可以被简化，以降低与该复杂架构相关的处理负荷。通常不需要在每一个(内部)节点处放置拒绝机制。最后，我们回忆一下，为少数类构建拒绝机制的方法应不同于算法 3.1 和算法 3.2 中介绍的方法。

3.4　原始样本数据集中的拒绝选项：案例研究

本节的目的在于研究带拒绝项的分类器的特性。我们对其过程中的两个方面感兴趣。第一个方面是特征空间。特别是，当空间很小的时候，我们很有兴趣研究处理质量的问题。这种情况下，分类容易出错。小尺寸特征空间的问题在少数真实问题中出现过，比如，当从信号中生成特征是一个计算量很大的过程时。因此，我们会在后续处理中研究特征空间维度的影响。

第二个方面是拒绝机制对错分率的影响。如前所述，拒绝机制的一个理想特性是通过拒绝被错分的原始样本来改进识别过程。在多种应用中，对样本错分所造成的损失要比缺乏分类决策更严重。一个标准的模式识别问题假设每个样本都各自属于一个类。就原始/异类样本来说，异类样本在标准方案中是不存在的，因此，每个待处理的样本都会被分到原始样本类中。实践中，分类结果很少是完美的，也就是，一些(原始)样本被错分了。因此，拒绝这些被错分的样本能提高识别器性能，至少也能在降低样本错分率方面有所改善。

3.4.1　数据集

对研究的方法进行经验性评估(包括拒绝错分样本方面)可通过使用以下两个原始样本数据集来完成：

1. 手写数字图像数据集
2. 印刷体乐符图像数据集

手写数字数据集由 Yann LeCun 等(1998)创建，可在网上下载 MNIST 数据集。它包含了阿拉伯数字的 0，1，…，9 的图像。这是一个流行的数据集，普遍用于视觉模式识别的研究，因为手写数字是均衡且有些先进的数据的一个理想样例。很明显，该数据集中有 10 个类，总共 10 000 个样本，大约每个类 1000 个样本。每个类中的样本数大约有 10%的差异。图 3-8 中给出了选定的样本。

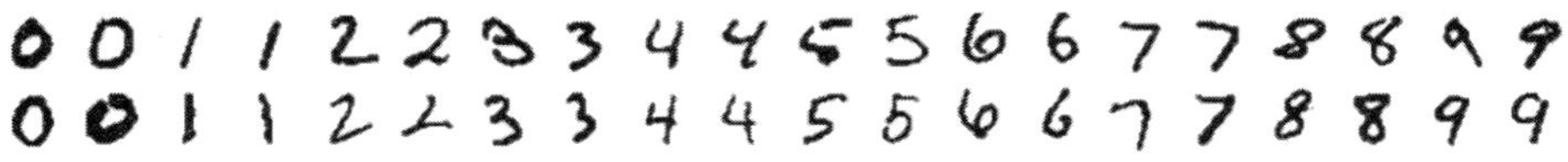

图 3-8　原始样本：手写数字

第二个数据集是作为我们研究项目的一部分而准备的，我们将它和我们的其他数据集发表于 W. Homenda 等(2017)的在线文库。图像是从不同作曲家提供的乐谱中手动剪切出来的，呈现在不同的音乐流派中。乐符数据集包含了 20 个类，总共有 27 326 个乐符被处理。需要提及一下的是，手写数字样本没有扭曲变形，而在乐符数据集中，符号被其他一些元素污染了，例如五线谱的线。同样需要注意的是，不同类别的样本有着不同的形状和大小，有时相同类别的样本，其形态也不一致：乐符在样本数量及其属性(如形状和尺寸)方面都是不平衡数据。图 3-9 中展示的例子是来自 20 个类的样本，并附上了名字和数量。

此外，图 3-10 展示了一个印刷体乐符的选段，这是为了展示乐符的实际尺寸。

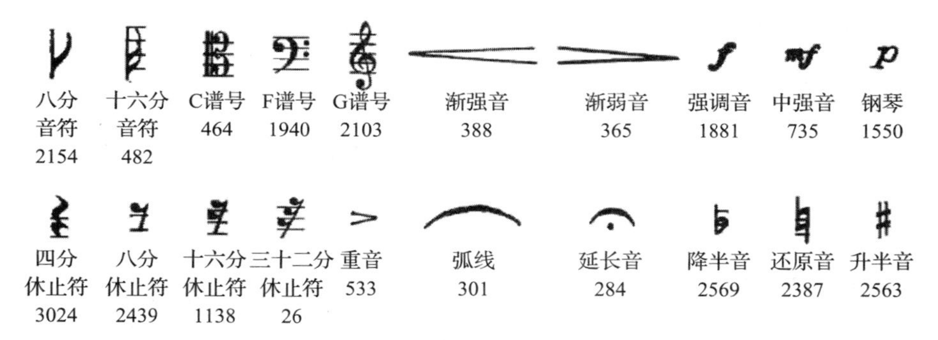

图 3-9　原始样本：印刷体乐符标记数据集。下方是每个乐符的名字，我们在数据集中给出了样本的数目

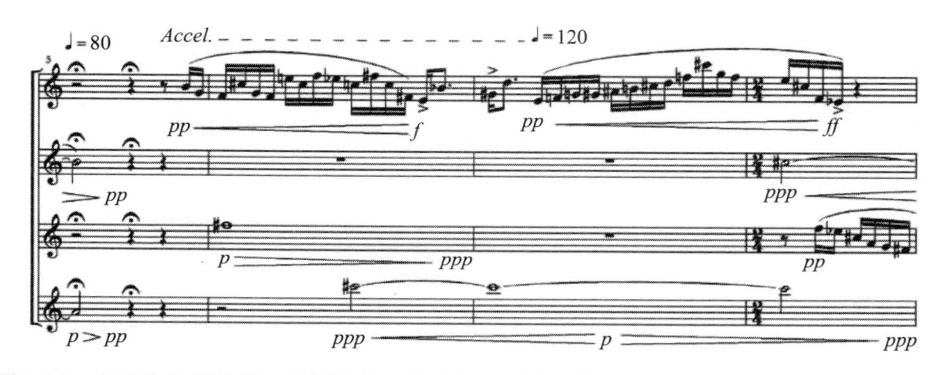

图 3-10　印刷体乐符选段：不同形状和尺寸的印刷体乐符数据集中不平衡数据的可视化图示

由于印刷体乐符数据集在类的基数方面严重不平衡，因此除了将数据集作为一个整体进行处理以外，我们还用标准的过采样和欠采样技术构建了两个数据集，其中每个有 10 000 个样本。这两个数据集在每个类中都包含 500 个样本。当出现有超过 500 样本的类时，我们随机选出其中的 500 样本；而当出现有少于 500 样本的类时，我们创建新的数据。采样过程我们已经在第 1 章中进行了介绍(参见算法 1.1 和算法 1.2)。

这两个数据集，即手写数字和印刷体乐符，被作为原始样本对待。使用这些样本，我们可以评估和考察标准模式识别机制，特别是多种分类方法。然而，如果我们要评估拒绝操作的性能，那么这些数据集还不够。样本拒绝的任务将在第 5 章进行详细分析。

现实世界中，异类样本总是不经意地出现。比如，当用错误的参数来启动信号获取设备，或不当地调整分割机制时。因此，异类样本的属性是未知且难以预测的。结果，我们需要提出这样一个拒绝模型，其在广泛的样本范围内表现很好。在本书研究范围内，为了验证提出的拒绝机制的质量，我们使用了多个数据集来扮演异类样本的角色。特别是，我们有如下的样本数据集：

- 扭曲的手写数字图像数据集，数字被数字 1 以 $\pm 45^{\circ}$ 角划过。我们使用了 MNIST 数据库来生成这个数据集。

- 手写的小写拉丁文字母数据集，共包含 32 220 个样本。其中有 26 个不同的字母，每个字母表征了 1238～1241 个样本。该数据集可在网页上查阅到(Homenda 等，2017)。
- 异类样本来自印刷体乐符数据集，这些都不是从乐谱里截出的原始样本。该数据集包含了 710 个样本，且同样可在网页上查阅到(Homenda 等，2017)。

图 3-11 给出了这三种异类数据集的样本。

图 3-11　异类样本示例，分两行给出每个数据集的样本。从上至下：划“×”的手写数字、手写拉丁字母以及乐符中的垃圾样本

所有样本集中的样本都由 171 个数值特征来描述。特征集中有 12 个特征值为常数，我们将其删除，剩下的 159 个特征被用于后续处理。附录 1. A 中有它们的列表。在手写数字示例中，59 个相关的特征被移除(其中相关系数值＞0.7，参见第 1 章)。最后，集合中 100 个被接受的特征被用于刻画手写数字特性——这是手写数字数据集的基本特征组。当然，搭配了手写数字、扭曲数字和手写拉丁文字母的异类样本可用同样的 100 个特征的特征集来表征。

在印刷体乐符示例中，47 个特征是高度相关的。因此我们用 112 个特征来描述印刷体乐符。自然地，从乐谱中选出的一组异类样本就用同样的特征组来描述。特征用二值图像(黑或白)来确定(参见 1.2 节)。我们用原有特征来测试，将特征值归一化在[0，1]范围内，并标准化特征值。特征处理的具体细节可参见 1.3 节。

我们并不探究异类数据集的特征质量(它们的相关性)。这与我们最基本的“异类样本在带拒绝的分类器构建阶段是未知的”这一假设是一致的。我们要重申的是，所有情况下，分别用于描述异类样本和原始样本的特征是一样的。

在所有模式识别过程中，我们都使用两组样本数据集：训练数据集和测试数据集。训练集用于模型的构建；测试集为单列的样本集，没有参与模型构建，它仅用于评估模型的质量。在少数例子中，我们使用交叉验证技术来强化模型构建，特别是分类器训练阶段。对于模型训练的交叉验证，我们同样只使用训练集。

在手写数字示例中，数据集按照大致 7∶3 的比例被划分成两个子集。训练集中有 6999 个样本，测试集有 3001 个样本。这里出现的轻微异常值是因为每个类中的样本数不完全一样，它们大致有10%的偏差。我们希望确保每个类都按这种方式来划分，因此我们得到了这些特定的值。在这种数据集下，样本表征了十进制的手写数字(0～9)，它们的类别标签直接对应着被表征的数字。同样，针对乐谱符号，训练集和测试集分别占比70%和30%。

3.4.2　构建一个树形二值分类器

我们现在提出一个过程，该过程构建了一个树形二值分类器伴随一个C类分类模型。提出的这个观点是基于一个假设，就是每个原始类都在特征空间中创建了一个*点云*(cloud of point)。本节默认的过程是监督树结构。或者，我们可以处理一个训练集，将其分割成集群，从而创建规则的点云。这种情况下，关于*集群类属*(cluster belongingness)的信息取代了类别标签。然而，集群类属被认为是类别标签的弱化版，因为类别标签代表了数据集的真实划分。我们使用集群成员而不用类别标签，故而该变体可被解析为无监督树的构建。为了集中注意力在方法上，我们会讨论前一种情况，也就是，已知类的样本，且我们知道真实的类别标签。基于这个假设，我们提出将原始样本整集进行连续分解，直至达到子集中的样本只属于一个类为止。

我们可以这样直观地想象这个过程背后的思想。每个原始类在特征空间中形成一个紧凑的点云；我们可以用一些几何图形来包围这些点云，比如一个椭圆或一个超矩形(参见5.2节)。最开始，我们用一个几何区域包围了所有样本。接着，我们基于差异性度量，递归地将样本集分解成两个子集；可以采用一个聚类过程来进行样本分解。聚类过程必须能够生成期望数量的集群(为达到我们的目的，一直是两个)。并不是每个聚类过程都能达到这个效果，比如k均值能达到，但DBSCAN就不行。关于聚类的详细内容可参见第8章。如果假设每个类的样本相互相似，但不同于其他类，那么每个类都形成一个独立的点云。分解过程持续迭代进行，直到我们得到一个只包含一个类的点云。如果这个分解过程在所有数据点云上运行，那么很难达到完美的分割，这意味着在分解结束时，叶节点包含的样本只来自一个类这种情况是很少见的。为减轻这种缺点，我们需要加强这个过程以便清楚哪一个点云代表哪一个类，尽管样本的多样化使得这些点云不纯净。

或者，我们可以在代表类的独立数据点上执行这个过程，而不是在点云数据上进行。比如说，那种代表数据点是类的中心。这样我们就略微简化了该过程所需的计算量。算法3.7描述了这个方法的细节，该方法利用表征原始类的类中心，构造了C类数据集分类的二叉树结构。

算法3.7　**基于二叉树的分类器结构的确定**

数据：$CC=\{\overline{X}_1, \overline{X}_2, \cdots, \overline{X}_k\}$：一组聚类中心

　　分解方法，如聚类算法

算法：**创建**一个树节点并用CC来标记它

　　使用分解方法将CC分解成两组，即CC_l和CC_r

begin

令 $CC_l=\{\overline{X}_{i_1},\overline{X}_{i_2},\cdots,\overline{X}_{i_l}\}$，$CC_r=\{\overline{X}_{j_1},\overline{X}_{j_2},\cdots,\overline{X}_{j_r}\}$

if $|CC_l|=1$ **then 创建**一个树节点并用 CC_l 来标记它

else 以 CC_l 作为输入数据来递归调用这个算法

if $|CC_r|=1$ **then 创建**一个树节点并用 CC_r 来标记它

else 以 CC_r 作为输入数据来递归调用这个算法

end

结果：一种二叉树结构，根由聚类中心 CC 标记，叶由单聚类中心标记

根据算法 3.7 的应用结果，我们可以得到一个树，它告诉我们针对一个给定的数据集来构建一个 C 类分类器需要哪些二值分解。第二步要训练二值分类器的成分以实施这个树的构建。这里描述的机制可以用来对样本进行分类，但它仍然不能拒绝样本。因此，在这个环节，我们在树的每个节点上添加了拒绝机制。最终，设计出的这个识别器(分类器)能对原始样本进行分类，并能拒绝异类样本。

3.4.3 针对手写数字数据集构建一个树形二值分类器

在本节中，我们讨论了一种基于二叉树的手写数字数据集分类器的特殊实现。

让我们回顾一下，该实验是基于 MNIST 数据库(LeCun 等，1998)进行的(详见 3.4.1 节)。样本由第 1 章中描述的特征集来刻画。实验中，我们使用 1.4 节介绍的贪心前向选择法，从 100 个特征集中挑选了 24 个特征(参见 3.4.1 节)。

一个准均衡的二叉树(quasi-balanced binary tree)可借助使用 k 均值的算法 3.7 得到。这是分类器架构的核心。我们用类的中心来表征那 10 个类，并将其分解。为方便起见，类的索引号为从 0 到 9，标注为 O_0，O_1，…，O_9。类的标号用其索引 0，1，…，9 表示。类中心($\overline{X}_0$，$\overline{X}_1$，…，$\overline{X}_9$)由训练数据集计算得到。

$$\overline{X}_l=\frac{1}{n_l}\cdot\sum_{X_i\in O_l}X_i\quad l=0,1,\cdots,9$$

其中 O_0，O_1，…，O_9 是训练集中样本对应的类，n_0，n_1，…，n_9 代表每个类的基数。

所提出的这个方法背后的直观认识是，类的中心能很好地代表该类。同时，不同类样本的点云不重叠或重叠很少，不同类的中心也不同。因此，我们提出了一个准则，其中两个类(中心)的相似性和差异性直接决定了两个样本点云的相似性和差异性。基于这个假设，我们将一个类从其他类中分离开来。这个分离是借助一个在聚类中心相似性/差异性的基本认知基础上构建的二叉树来实现的。

用算法 3.7 中介绍的树形结构来处理手写数字数据集的结果如图 3-12 所示。这个树经过了平衡，其中任何二叉树的高度(表征着对应的分割)都不能太小。需要重点强调的是，不同聚类方法需要不同的输入，并产生不同的结果。因此，从 k 均值聚类到其他聚类方法(比如，到谱聚类)，都可能带来不同的结果。

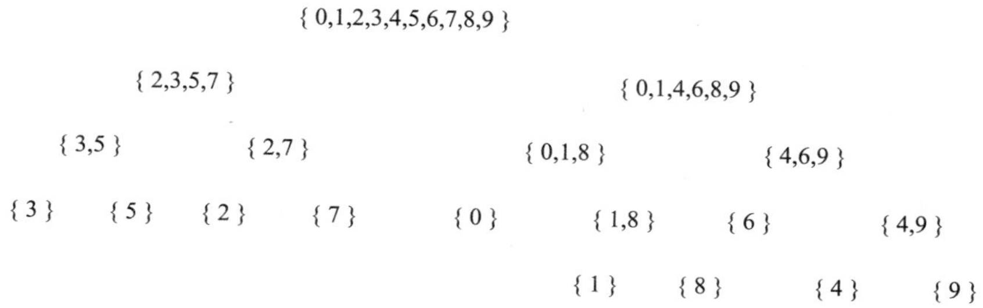

{ 0,1,2,3,4,5,6,7,8,9 }
{ 2,3,5,7 }
{ 0,1,4,6,8,9 }
{ 3,5 }
{ 2,7 }
{ 0,1,8 }
{ 4,6,9 }
{ 3 }
{ 5 }
{ 2 }
{ 7 }
{ 0 }
{ 1,8 }
{ 6 }
{ 4,9 }
{ 1 }
{ 8 }
{ 4 }
{ 9 }

图 3-12 基于 MNIST 数据库(Yann Lecun 等，1998)的 10 个类构建的分类器的二叉树结构。10 个类的样本集{0，1，2，3，4，5，6，7，8，9}被分解成两个子集{2，3，5，7}和{0，1，4，6，8，9}，接着四个类的样本集{2，3，5，7}继续被分解成两个子集{3，5}和{2，7}，以此类推

图 3-12 中所示的二叉树构成了我们分类器的核心。在该树内部节点的实施部分，包括根节点，都代表了一个二值分类器：一个 SVM 或者一个 RF。自然地，任何一个二值分类器都可以取代前述那两种分类器。树中的每个分类器都会经过训练，以便将样本划分成左侧子节点所属的类和右侧子节点所属的类。配备了 SVM 和 RF 的识别器的最终架构如图 3-13 所示。

{ 0,1,2,3,4,5,6,7,8,9 }
{ 2,3,5,7 }
{ 0,1,4,6,8,9 }
{ 3,5 }
{ 2,7 }
{ 0,1,8 }
{ 4,6,9 }
{ 1,8 }
{ 4,9 }
{ 3 }
{ 5 }
{ 2 }
{ 7 }
{ 0 }
{ 6 }
{ 1 }
{ 8 }
{ 4 }
{ 9 }

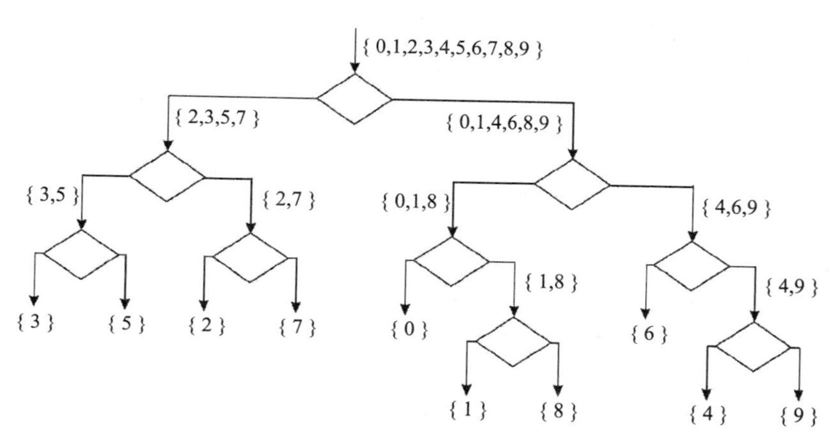

图 3-13 示例中树形结构分类器的架构。本研究中，随机森林和 SVM 被用于二值分类器，分布在树的每个节点上

本实验中，所有 SVM 分类器都用高斯核函数(Gaussian kernel function)进行训练。对于树的每个节点，gamma 和正则化参数被设置为 $\gamma=0.0625$ 和 $C=1$，并使用 10 折交叉验证。

RF 参数很大程度上采用 Breiman(2002)方法进行定义。可用 500 个树样本以及 5 个随机采样特征(使用了 24 个特征的平方根)来训练树。我们使用了投票机制来决定类的归属(成员)，其中全集内的每个分类器都要进行一次投票。

一些说明性的分类结果将会呈现在表 5-1 的上半部分。我们使用图 3-13 中的分类器，将二进制 SVM 视为本地分类器(local classifier)。混淆矩阵的列展示了分类结果(预测属类)，而行展示了实际样本的属类。出于简洁考虑，0 项就省略了。

最后，我们强调的是在构建一个嵌入式拒绝架构时(见图 3-7)，一个基于二叉树的

分类器是特别有效的。然而，这样的分类器可同时用于全局和局部架构。

3.4.4 针对手写数字数据集构建一个带拒绝的树形二值分类器

我们有兴趣扩展分类模型，以便其既能分类原始样本，又能拒绝被错分的样本。换句话说，我们希望有这样一个模型可以将错分的原始样本和异类样本都拒绝掉。例如，我们构建一个分类机制(C类分类器)，那么一个树形结构的二值分类器可实现C个类的分类任务，参见图 3-13。在这个点上，我们给已构建好的分类器补充一个拒绝机制。前面已经提到了三种可选的方案：全局、局部和嵌入式(参见 3.2 节和 3.3 节)。它们的区别在于执行分类和拒绝的顺序不同。在全局方案中，我们先进行拒绝，再进行分类。在局部方案中，我们先分类，再拒绝。在嵌入式构架下，分类和拒绝是同时进行的；它们在二叉树中相互交织。拒绝机制本身可以通过(比如)专门训练和创建的 SVM 或 RF 来实现。

全局拒绝架构建立在拒绝机制先于分类过程的基础上。拒绝机制不影响分类器的结构。因此，基于树形结构的分类器可以被一个适当的其他分类器所代替。图 3-13 中提到的采用全局拒绝架构的基础分类器展示在图 3-14 中。拒绝过程基于使用独立训练的二值分类器而实现。有 10 个这样的二值分类器，每个类一个。每个二值分类器都通过"类-对-其他所有类"的方法进行训练，详见算法 3.3，也就是说，每个这样的 SVM 都被训练来对两个类进行区分：一个类包含对应一个特别数字的类的样本，另一个类包含

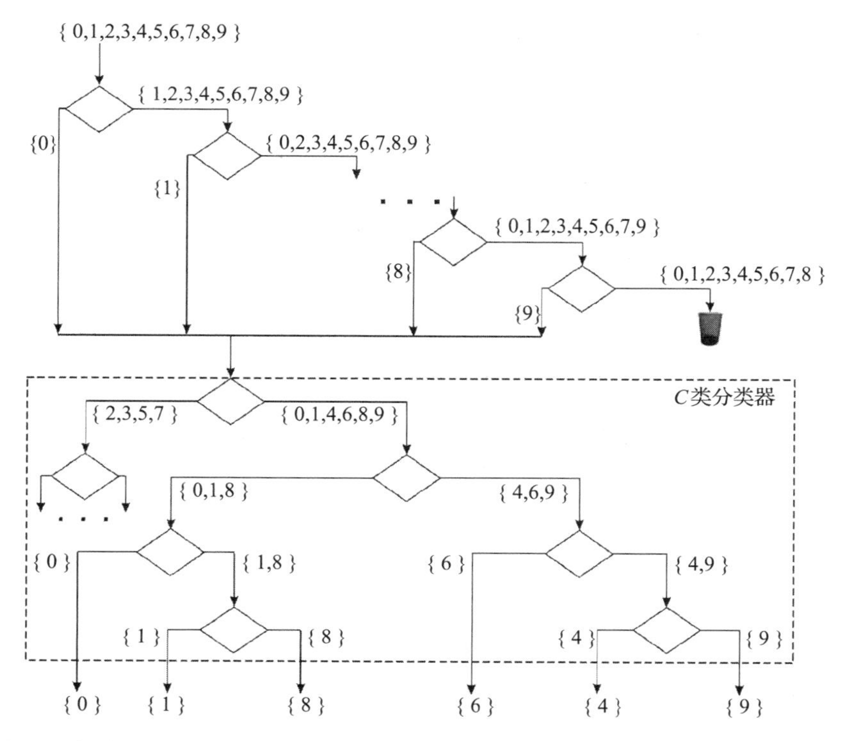

图 3-14　图 3-13 中带全局拒绝项的树形分类器。该图示涉及树的右枝干(左枝干被略过)。实施拒绝的二值分类器与标准的C类分类器(也就是，随机森林或 SVM)是一样的

所有其他样本。

拒绝机制工作原理如下：我们启动所有的10个二值分类器，每个分类器都基于"类-对-其他所有类"的方法进行训练(一个接一个地进行训练)。如果所有分类器都将某一样本归为其他类的话，我们将其拒绝。换句话说，如果任何一个"类-对-其他所有类"分类器将某样本赋予一个类的标签，那么该样本被判为原始类。

在我们的实验中，我们用RF和SVM来实施二值分类器的拒绝项。所有参数都按3.4.3节里描述的进行假定，也就是$\gamma=0.0625$，$C=1$，且SVM中假设用10折交叉验证方法。关于RF，使用了5个特征和500个树。

为了实现局部拒绝架构，我们在分类器树的叶节点上附上了二值分类器的拒绝项。拒绝分类器的构造与全局架构的情况类似。带局部拒绝项的分类过程如图3-15所示。像在全局拒绝示例中，拒绝机制不会干扰到分类的结构。因此，基于树形结构的分类器可以被其他适当的分类器取代。

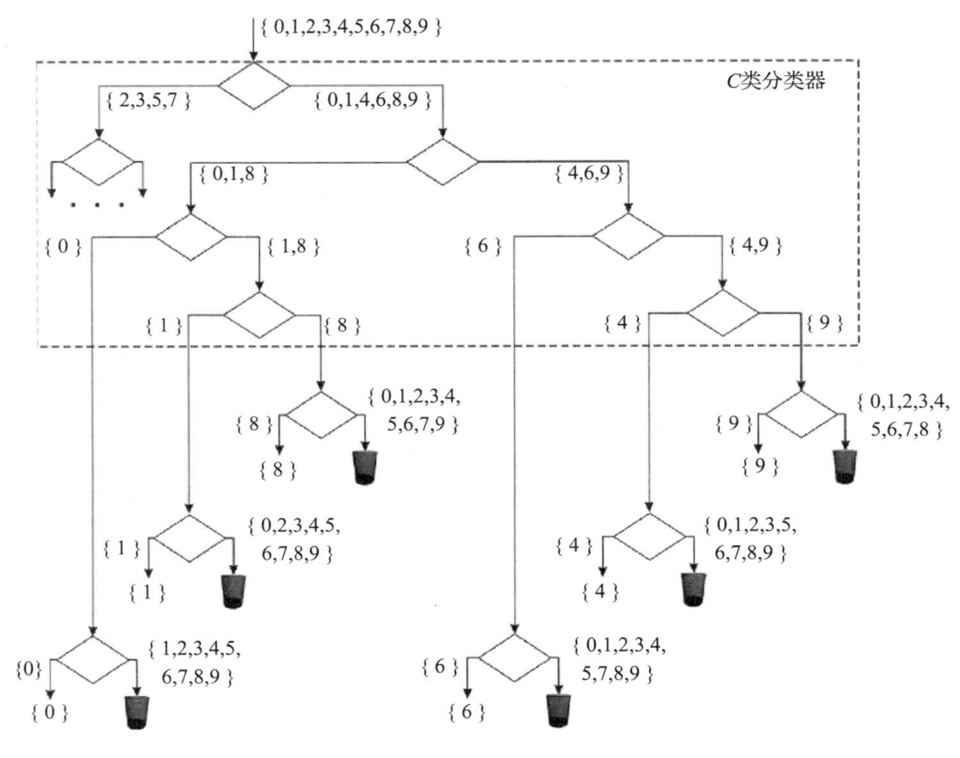

图3-15　图3-13中带局部拒绝项的树形分类器。该图涉及树的右枝干(左枝干被略过)。拒绝项通过附加在树的叶节点上的随机森林或SVM二值分类器来实施

最终，嵌入式拒绝架构如图3-16所示。要注意，借助原始样本构建的拒绝机制不适合放置在树的根节点下。这是因为我们提出的方法不能区分在这些特定例子下的异类样本群体，而只能重复根节点所做的相同任务。

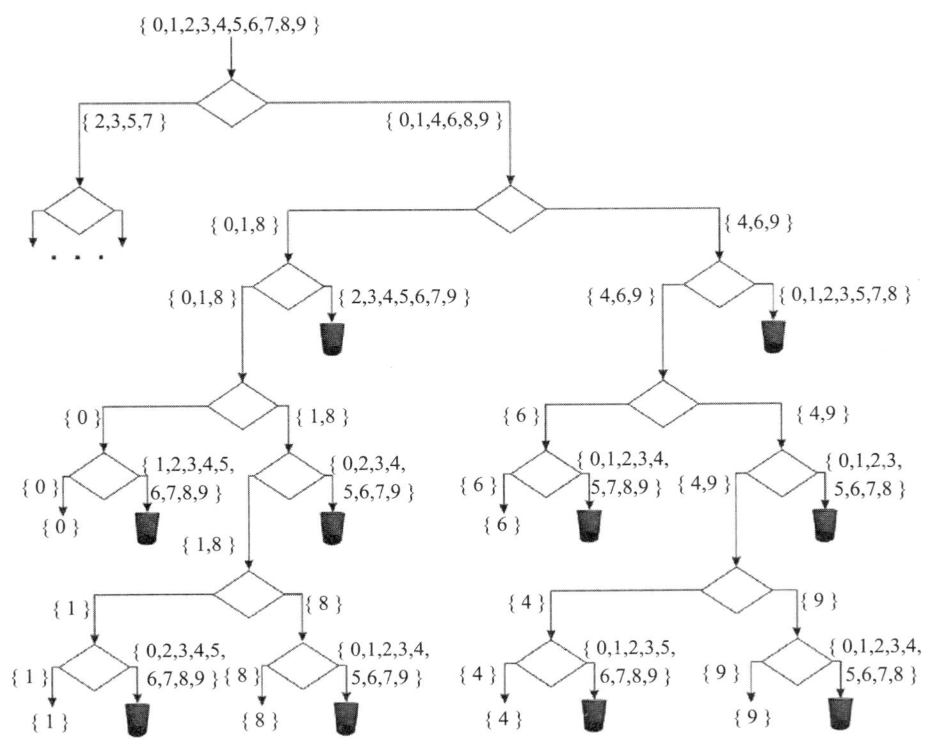

图 3-16 图 3-13 中带嵌入式拒绝项的树形分类器。该图涉及树的右枝干。拒绝项通过附加在树的内节点和叶节点上的 SVM 分类器来实施

3.4.5 拒绝被错分的原始样本：一些想法

我们采用一个拒绝机制并通过拒绝被错分的原始样本来提高识别过程。为了验证拒绝机制在分类过程中对原始样本的影响，我们需要进行以下操作：

1. 使用原始训练样本来构建一个分类器。

2. 给分类器补充一个基于原始训练样本的拒绝机制。

3. 对训练和测试集中的原始样本进行分类而不会将其拒绝（相当于将拒绝机制关闭）。为训练和测试样本创建一个混淆矩阵，也就是，为每一个类找寻：

a. 正确分类到该类的样本数；

b. 该类样本被错分到其他类的样本数。

4. 训练和测试集中的原始样本在分类时加入拒绝的选项（相当于将拒绝机制打开）。为训练和测试样本创建一个混淆矩阵。特别是，为每一个类获得：

a. 正确分类到该类的样本数；

b. 被错分到其他类的样本数；

c. 被拒绝的样本数。

5. 对比第 3 步和第 4 步的结果，特别是：

a.（3a～4a）中分类为正确类别的样本数量的减少；

b. 比较(3b～4b)中被错分样本数的降低量。

为了评估拒绝机制对原始样本分类的影响，我们列出了需要计算的重要值。自然地，我们希望模型只拒绝那些被错分的样本。

此刻我们要强调的是，我们只处理原始样本，且数据集里没有异类样本。理想的情况是错分样本被拒绝。不希望的情景是拒绝机制拒绝了一个原始样本，该样本是可以被正确分类的。毋庸置疑的是，给分类过程补充一个拒绝机制对模型的输出是有影响的。在后续第 4 章中，我们会审查拒绝机制对原始样本分类质量的影响。

3.5　结论

本章中，我们详述了模式识别扩展问题，其中，除了对原始样本进行分类，我们还实施了对异类样本的拒绝。我们介绍了几个关于如何使用集成二值分类器来完成拒绝任务的概念。值得注意的是，设计的这个方法并不需要用异类样本来训练模型，因为模型只使用了原始样本来构建。这一点在实践中是一个很大的优势，因为它形成了一个通用的模型，以使得可以拒绝确实未知的异类样本。我们提出了三个拒绝异类样本的方案：全局、局部和嵌入式。我们称它们为拒绝架构。对应的名称代表了实施拒绝操作的顺序：

- **全局**：起初是针对全体数据集。
- **局部**：将数据集进行细分，子集应该可以根据某些相似性准则进行分解。
- **嵌入式**：拒绝操作与分类过程并行进行。

我们同样提出了一个基于二叉树的二值分类器分类方法。该方法适合与拒绝机制协同实施。

提出的机制依赖于流行的算法，但其建立的方式使得其实施了不常见的、独特的处理。因此，本章提出的研究成果的价值在于针对特定类型处理的机制的概念化应用。

对异类样本的拒绝是一个问题，这在先前的模式识别研究中碰到过。因此，针对所提出方法的经验性评估以及其他关于异类样本拒绝方法的更详尽描述将在后续第 5 章中展开。

参考文献

L. Breiman, *Manual on setting up, using, and understanding random forests V3.1*, 2002, https://www.stat.berkeley.edu/~breiman/Using_random_forests_V3.1.pdf (accessed October 9, 2017).

C. K. Chow, On optimum recognition error and reject tradeoff, *IEEE Transactions on Information Theory* 16(1), 1970, 41–46.

C. De Stefano, C. Sansone, and M. Vento, To reject or not to reject: that is the question-an answer in case of neural classifiers, *IEEE Transactions on Systems, Man, and Cybernetics, Part C: Applications and Reviews* 30(1), 2000, 84–94.

T. G. Dietterich and G. Bakiri, Solving multiclass learning problems via error-correcting output codes, *Journal of Artificial Intelligence Research* 2, 1995, 263–286.

M. Elad, Y. Hel-Or, and R. Keshet, Pattern detection using maximal rejection classifier. In: *Proceedings of International Workshop on Visual Form*, C. Arcelli *et al.* (eds.), Lecture Notes on Computer Science 2059, 2001, 514–524.

G. Fumera and F. Roli, Analysis of error-reject trade-off in linearly combined multiple classifiers, *Pattern Recognition* 37, 2004, 1245–1265.

T. M. Ha, Optimum tradeoff between class-selective rejection error and average number of classes, *Engineering Applications of Artificial Intelligence* 10(6), 1997, 525–529.

W. Homenda and A. Jastrzebska, Global, local and embedded architectures for multiclass classification with foreign elements rejection: An overview. In: *Proceedings of the Seventh International Conference of Soft Computing and Pattern Recognition (SoCPaR 2015)*, Kyushu University, Fukuoka, Japan, November 13–15, 2015, 89–94.

W. Homenda, A. Jastrzebska, and W. Pedrycz, *The web page of the classification with rejection project*, 2017, http://classificationwithrejection.ibspan.waw.pl (accessed October 9, 2017).

W. Homenda, A. Jastrzebska, W. Pedrycz, and R. Piliszek, Classification with a limited space of features: Improving quality by rejecting misclassifications. In: *Proceedings of the 4th World Congress on Information and Communication Technologies (WICT 2014)*, Malacca, Malaysia, December 8–11, 2014, 164–169.

H. Ishibuchi, T. Nakashima, and T. Morisawa, Voting in fuzzy rule-based systems for pattern classification problems, *Fuzzy Sets and Systems* 103, 1999, 223–238.

A. Koerich, Rejection strategies for handwritten word recognition. In: *9th International Workshop on Frontiers in Handwriting Recognition (IWFHR'04)*, Kokubunji, Tokyo, Japan, October 26–29, 2004, 2004.

Y. LeCun, C. Cortes, and C. J. C. Burges, *The MNIST database of handwritten digits*, 1998, http://yann.lecun.com/exdb/mnist/ (accessed October 5, 2017).

M. Li and I. K. Sethi, Confidence-based classifier design, *Pattern Recognition* 39(7), 2006, 1230–1240.

Z. Lou, K. Liu, J. Y. Yang, and C. Y. Suen, Rejection criteria and pairwise discrimination of handwritten numerals based on structural features, *Pattern Analysis and Applications* 2(3), 1999, 228–238.

L. Mascarilla and C. Frélicot, Reject strategies driven combination of pattern classifiers, *Pattern Analysis and Applications* 5(2), 2002, 234–243.

A. Meel, A. N. Venkat, and R. D. Gudi, Disturbance classification and rejection using pattern recognition methods, *Industrial & Engineering Chemistry Research* 42(14), 2003, 3321–3333.

I. Pillai, G. Fumera, and F. Roli, A classification approach with a reject option for multi-label problems, In ICIAP (1), G. Maino, G. L. Foresti, (eds.), Lecture Notes in Computer Science 6978, 2011, 98–107.

B. Scholkopf, J. C. Platt, J. Shawe-Taylor, A. J. Smol, and R. C. Williamson, Estimating the support of a high-dimensional distribution, *Neural Computation* 13(7), 2001, 1443–1471.

P. Simeone, C. Marrocco, and F. Tortorella, Design of reject rules for ECOC classification systems, *Pattern Recognition* 45(2), 2012, 863–875.

J. Xie, Z. Qiu, and J. Wu, Bootstrap methods for reject rules of fisher lda. *18th International Conference on Pattern Recognition (ICPR 2006). IEEE Computer Society*, Hong Kong, China, August 20–24, 2006, 425–428.

评估模式识别问题

在前面的章节中，我们提出了模式识别的基础算法。在本章中，我们定义了各种因素和度量，以提供在不采用或采用拒绝机制的情况下可靠评估识别质量的方法。这些都是形成和评估一个好的分类模型的必要因素。所提出的度量方法不仅涉及模式识别的标准方法，其中我们专注于将 C 类数据集的样本正确分类到 C 个子集中，而且包含为模式识别问题增添拒绝项的例子。

本章结构如下。首先，我们定义了一个通用的度量以描述样本处理的结果。我们提出了一个混淆矩阵(confusion matrix)，它可以直观地呈现处理结果。接着，我们阐述了综合(汇集的)度量方法来评估分类器的质量。本章通过几个实验研究来说明如何评估具有异类样本拒绝机制的原始样本识别质量。

4.1 评估带拒绝项的识别：基本概念

让我们回顾一下，原始样本都是恰当的样本，它们能被归类到设定的一个集合中。每个原始样本都应该搭配一个正确的类别标签。类别标签明确地决定了对应的类。异类样本被视为垃圾类。我们希望设计出的分类器能做到以下几点：

- 正确辨识所有原始样本(接受它们)以及异类样本(拒绝它们)。
- 将原始样本识别为对应的类属。

原始和异类样本的相关定义，以及带异类样本拒绝的原始样本识别的任务规范已经在第 3 章中介绍过。

带拒绝项的分类质量评估需要非标准的测量方法。直观地说，重要的是要度量拒绝程序的精度，即有多少异类样本被拒绝(即被识别为异类样本)以及有多少原始样本被接受(即识别为原始样本)。当然，度量诸如给原始样本赋予正确类别标签的分类过程的质量仍是至关重要的(Homenda 和 Lesinski，2014)，我们会在后续章节中讨论这个问题。

4.1.1 评估拒绝的效率

为了更好地理解应该如何度量带拒绝项的分类质量，我们对信号检测理论和统计学中使用的参数和质量度量进行了修改。我们将这些度量进行修改以完成原始样本和异类样本间的区分，并将原始样本分类到对应的类别中。我们对正确以及错分的样本进行统计，并将它们放置在一个所谓的“混淆矩阵”中，这是一个标准的评估模式识别性能的方式。一个混淆矩阵的例子就是二值分类问题，针对原始和异类样本，如表 4-1 所示。在该表中，我们引入了以下标记法：

- TP(真阳性)：原始样本被识别为原始样本的个数(不管是否被赋予了正确或错误的标签)。
- FN(假阴性)：原始样本被错分为异类样本的个数。
- FP(假阳性)：异类样本被错分为原始样本的个数。
- TN(真阴性)：异类样本被正确分类为异类样本的个数。

表 4-1　应用于原始类和异类的两类问题的带拒绝项的模式识别混淆矩阵，其中原始样本不会被拆分为多个类

		真实集	
		原始类	异类
预测集	原始类	TP	FP
	异类	FN	TN

表 4-1 中的每一行对应样本数量以及属类的预测(预测为原始样本组或异类样本集)。而列则对应我们知道的真实属类(实际类)，因为我们处理的数据集已经赋予了类别标记。例如第一列，我们有被正确辨识为原始类(TP)的实际原始样本，以及被错分为异类(FN)的实际原始样本。相比而言，在第一行中，我们有一批原始样本和异类样本都被辨识为了原始类。原始样本被识别为原始类，如前所述，用 TP 标识，而异类样本被辨识为原始类则被标记为 FP。

此外，我们后续将会使用如下两个标识符：

- 正样本(P)，真正属于原始类的样本：P＝TP＋FN。
- 负样本(N)，真正属于异类的样本：N＝FP＋TN。

4.1.2　不平衡原始集与异类集

评估一个单一因素不能揭示分类质量。这在一般情况下以及在二类问题中都是很确定的。比如，重要的不仅是计算被正确判别为某一类的样本除以该类的样本总数。显然，被错分为这一类的样本的数量会影响直观意义上的质量。特别是，当我们考虑一个具有少量样本的类时，错分样本很大程度上会降低质量的直观评估。因此，我们应该寻求与直观感觉一致的正式评估方式。我们来回顾一下不平衡的两类问题，少数类被称为正样本，而多数类被称为负样本。

我们来考虑一下准确度(accuracy)的概念。准确度定义为被正确分类的样本数与样本总数的比值。然而，单纯这个比例太泛了(建立在高度抽象的层面)，它没有将一个数据集中特定类别的分类质量区分出来。当我们面对不平衡数据集时，对质量评估的有限理解就特别有风险。例如，我们有一个医学数据集，其中 9900 个样本来自健康患者，只有 100 个样本来自生病患者。我们构建一个永远预测研究对象为健康的分类模型。根据前面准确度的定义，分类器的准确度为 9900/10 000＝0.99。99％的准确度看似令人吃惊，然而，这个模型实际上明显是无用的。统计结果可能是骗人的。我们需要细心考虑，且对从不同角度得到的结果进行分析。这个简单的例子足够令人相信我们不仅需要研究识别方法本身，还需要客观的方法来评估分类质量。

因此，本章中我们研究能对识别结果进行客观评估的正式方法。我们回顾一下处理原始样本和异类样本辨识(分离)的问题。我们将该问题视为一个不平衡的问题，其中原始样本集和异类样本集的基数相差很大。因此，在我们的案例中，遇到了数据不平衡的问题需要进行处理，其中许多直观的度量方法都是无效的，我们必须专注于精心构建的其他度量方法。

为了弥补原始样本集和异类样本集基数上的差异，我们提出使用混淆矩阵中的均衡化参数 λ 来平衡两个数据集的基数，见表 4-1。参考此混淆矩阵的数量，均衡化参数定义如下：

$$\lambda = \frac{FP + TN}{TP + FN + FP + TN} \in [0,1] \tag{4.1}$$

接下来我们提出了平衡后的混淆矩阵，如表 4-2 所示。

表 4-2 在表 4-1 中采用均衡化参数平衡后的混淆矩阵

		真实属类	
		原始类	异类
预测属类	原始类	$\lambda \cdot TP$	$(1-\lambda) \cdot FP$
	异类	$\lambda \cdot FN$	$(1-\lambda) \cdot TN$

4.1.3 度量拒绝质量的有效性

以上几个参量被用来评估分类和拒绝的质量。而以下的通用度量则用来评估分类和拒绝机制的表现：

- **准确度**(accuracy)：表示将原始样本和异类样本正确分类的能力。
- **灵敏度**(sensitivity)：表示在给定集中进行正确的样本分类的能力；也就是，将原始样本识别为原始类以及将异类样本识别为异类的正确分类。
- **精度**(precision)：表示区分不同样本集中样本的能力，度量了将原始样本从异类样本中分离以及将异类样本从原始样本中分离的能力。

在这些属性的基础上，我们引入以下度量：

$$准确度 = \frac{TP + TN}{TP + FN + FP + TN} = \frac{TP + TN}{P + N}$$

$$原始灵敏度 = \frac{TP}{TP + FN} = \frac{TP}{P}$$

$$原始精度 = \frac{TP}{TP + FP}$$

$$异类灵敏度 = \frac{TN}{TN + FP} = \frac{TN}{N}$$

$$异类精度 = \frac{TN}{TN + FN}$$

$$F\text{-}度量 = 2 \cdot \frac{精度 \cdot 灵敏度}{精度 + 灵敏度} \tag{4.2}$$

以下简略评价有助于对前述度量意义的理解：

- **原始精度**(native precision)指的是被正确识别为原始类的样本数与真实的原始样本总数的比值。原始精度评估了分类器区分原始样本和异类样本的能力。这个度量值越高，区分原始和异类样本的能力就越强。原始精度不能评估辨识原始样本的效率；也就是说，它只奖励对异类样本的正确辨识。这个度量也被称为正预测值(positive predictive value)。
- **原始灵敏度**(Native Sensitivity)指的是被正确分类为原始类的样本数目与所有应该被识别为原始类的样本数目的比值，即所有实际上是原始类的样本数目。这个度量评估了分类器辨识原始样本的能力。原始灵敏度的值越高，辨识原始样本的效率就越高。不像原始精度，这个度量值不评估区分原始样本和异类样本的有效性。这个度量又被称为真正率(true positive rate)。
- **异类精度**(foreign precision)对应着原始精度。它又被称为负预测值(negative predictive value)。
- **异类灵敏度**(foreign sensitivity)对应着原始灵敏度。它又被称为特异性(specificity)。
- **准确度**是指被正确分类的原始样本和异类样本之和与总样本数的比值。这个度量描述了区分原始样本和异类样本的能力。当然，该度量值越高，识别结果就越好。
- **精度**和**灵敏度**是互补的，还有另一个将它们结合的属性，叫作F-度量(F-measure)。实践中，精度和灵敏度之间是相互影响的。提高灵敏度可能导致精度降低，随之带来更多被错误识别的样本。
- **F-度量**可用于结合原始精度和原始灵敏度，或结合异类精度和异类灵敏度。

4.1.4 分离原始样本和异类样本

将原始样本集和异类样本集分离是拒绝项最希望实现的特征。完美的拒绝机制应该能拒绝所有的异类样本且不出现任何一个被错误拒绝的原始样本。换句话说，在原始-异类混淆矩阵中，两者均为被错误识别的量，也就是FP和FN，应该消除(等于0)。因此，除了4.1.3节提到的度量以外，我们引入另外四种可以直接刻画拒绝项的度量；其中两种从原始样本的角度刻画拒绝项，而另外两种则从异类样本的角度。它们名字中都包含了分离度(separability)这一项以及其他定义其特性的形容词。这些度量跟灵敏度和精度很相似。不同于这些度量值，它们依赖于错误量的相对方，而灵敏度和精度则不。比如，原始精度依赖于FP而不是FN，而原始分离度依赖于FP和FN两者。当FP和FN的值很大时，这个依赖性就会造成很大的差异。在这个例子中，分离度的度量值便反映了这个问题。

$$严格原始分离度 = \frac{TP}{TP + FN + FP}$$

$$原始分离度 = \frac{TP + FN}{TP + FN + FP} = \frac{P}{P + FP}$$

$$异类分离度 = \frac{TN + FP}{TN + FP + FN} = \frac{N}{N + FN}$$

$$严格异类分离度 = \frac{TN}{FN + FP + TN} \tag{4.3}$$

严格原始分离度(strict native separability)度量从减少非正确分类的角度来评估拒绝质量；也就是，它奖励减少被拒绝的原始样本数目和被接受的异类样本数目。对于一个完美的拒绝方案，也就是没有原始样本被拒绝也没有一个异类样本被接受，这个度量值为1，而对于更现实的例子，拒绝原始样本和接受异类样本会受到同样的惩罚，它们都降低了这个度量值。关于*严格异类分离度*(strict foreign separability)的解释也非常相似。

严格原始分离度和严格异类分离度不是永远可靠的度量，因为它们不能区分非正确分类的原始样本和异类样本。它们不是适合于特定真实世界领域的度量，其中我们需要将更高的优先级给接受异类样本而非拒绝原始样本(或相反)。这种领域的例子包括当做出某个决策附带有特定成本或风险时，并且不同类之间的成本不一样，就像医疗误诊带来的风险。因此，我们定义两组特定形式的分离度量，即原始分离度和异类分离度，它们适合前述的情况。

原始分离度和异类分离度依赖于*错误量*(false quantity)FP或FN；也就是，如果FP或FN增大，就相应减少它们的值。然而，它们察觉不到相对量。如果所有异类样本都被拒绝了(当FP=0时)，那么原始分离度会得出1的结果，并且它没有将错误拒绝的原始样本考虑在内，因此就算多数原始样本被拒绝且没有异类样本被接受，该度量值也为1。同样，如果所有原始样本都被接受，那么异类分离度的值就为1，也即FN=0，并且这个结果不依赖于被错误接受的异类样本。

前面提到的度量值有*正向关系*(positive character)，也就是它们的值越大，分类器评估的质量就越好。当然，也有一些互补的度量，其中用1减去度量值就是一个简单的互补方式。这种情况下，我们得到*负向关系*(negative character)度量，用于度量对错误的评估。比如，*错误发现率*(false discovery rate)就是正预测值的互补。本书中，我们大部分提及的是正向关系度量。而在一些例子中，我们也要评估错误。

4.1.5　对多类原始样本的适应

目前讨论的内容集中在原始/异类二分类识别问题。我们只针对两组样本进行区分：*原始*和*异类*。然而，有相当大数量的模式识别问题是要处理多类问题，意味着原始样本分布在了多个类上。现在让我们将此讨论延伸一下，以处理这种场合。

让我们仔细查看一下表 4-1 中的混淆矩阵。我们将原始样本划分成多个类来扩展这个矩阵。因此，取代了单独的 TP，我们考虑用一个大小为 C 的方形矩阵(基于一个通用的假设，就是我们有 C 个原始样本类)来统计被正确分类的原始样本数量：

$$\mathrm{TP} \rightarrow [\mathrm{TP}_{k,l}] \quad k,l=1,2,\cdots,C \tag{4.4}$$

其中 $\mathrm{TP}_{k,l}$ 代表了来自类别 l(真正属于这个类)但被识别为类别 k(预测结果)的原始样本数。

相似地，我们将聚合量 FN 和 FP 扩展到一个大小为 C 的向量，来统计被错误识别为异类的原始样本的数目以及被错误识别为原始类的异类样本的数目：

$$\mathrm{FN} \rightarrow [\mathrm{FN}_{C+1,l}], \mathrm{FP} \rightarrow [\mathrm{FP}_{k,C+1}], \quad k,l=1,2,\cdots,C \tag{4.5}$$

其中 $\mathrm{FN}_{C+1,l}$ 是来自类别 l 但被错误识别为异类的原始样本的数量，而 $\mathrm{FN}_{k,C+1}$ 是被识别为 k 类原始类的异类样本的数量。最终，我们得到如下大小为$(C+1)\times(C+1)$的混合混淆矩阵，以刻画识别和分类的结果：

$$\begin{bmatrix} \mathrm{TP}_{k,l} & \mathrm{FP}_{k,C+1} \\ \mathrm{FN}_{C+1,l} & \mathrm{TN} \end{bmatrix} \quad k,l=1,2,\cdots,C \tag{4.6}$$

其中 $\mathrm{FN}_{C+1,l}$ 和 $\mathrm{FP}_{k,C+1}$ 分别是该矩阵水平和竖直方向上的向量(行和列)。

自然地，基于式(4.6)中的混淆矩阵，我们可以计算出如下的聚合的二值化形式(aggregative binary form)的表征，参见表 4-1。如下公式使得我们可以直接计算二值矩阵的元素：

$$\mathrm{TP}=\sum_{k=1}^{C}\sum_{l=1}^{C}\mathrm{TP}_{k,l}, \quad \mathrm{FN}=\sum_{l=1}^{C}\mathrm{FN}_{C+1,l}, \quad \mathrm{FP}=\sum_{k=1}^{C}\mathrm{FP}_{k,C+1} \tag{4.7}$$

4.1.6　评估带拒绝项的多类分类问题

为了将预测的原始样本类属的信息纳入考虑范畴，我们需要在收集到的参量上继续扩展，并公式化新的度量值。对带拒绝项的多类分类问题进行评估需要添加新的参量：CC(Correctly Classified，正确地分类)。它代表了被正确分类的原始样本的数量。这个参数补充了之前定义的一组标准的“原始-异类”两类问题的参数，且为多类数据集提供了评估工具。由于每个被正确分类的样本同样也被识别为原始样本，也就是 TP，那么理所应当地有 CC≤TP。CC 可以通过刻画分类和拒绝的多类情况混淆矩阵获得，参见式(4.6)。它是矩阵$[\mathrm{TP}_{k,l}]$主对角线元素之和，其中 k，l=1，2，…，C 由公式(4.4)定义。

$$\mathrm{CC}=\sum_{k=1}^{C}\mathrm{TP}_{k,k} \tag{4.8}$$

前文所述的精度、灵敏度和准确度等度量值用于刻画拒绝的质量，在此我们进一步进行了专业的细分，用于刻画拒绝和分类。以下公式体现了其专业化形式：

$$严格准确度=\frac{\mathrm{CC}+\mathrm{TN}}{\mathrm{TP}+\mathrm{FP}+\mathrm{FN}+\mathrm{TN}}$$

$$\text{严格原始灵敏度} = \frac{\text{CC}}{\text{TP} + \text{FN}} = \frac{\text{CC}}{\text{P}} = \text{严格原始准确度}$$

$$\text{严格原始精度} = \frac{\text{CC}}{\text{TP} + \text{FP}}$$

$$\text{精细准确度} = \frac{\text{CC}}{\text{TP}} \tag{4.9}$$

以下简明的评价或许可以提高对前述度量值的理解：

- 严格准确度是关于分类器性能结合拒绝质量的绝对度量。它是被正确分类样本数的比率，也就是，异类样本被正确识别为异类(拒绝)和原始样本被正确识别为原始类(接受)的数量除以参与分类的样本总数。要注意，准确度是一个从严格准确度推导出的特性，其中忽略了将原始样本识别为对应属类。换句话说，不像严格准确度，对于准确度，正确辨识出一个样本是原始类还是异类已经足够。
- 严格原始灵敏度与严格原始准确度一致，是一个完全(绝对)的分类性能的度量值，其中忽略了异类样本。它是被正确分类的原始样本的比率，也就是原始样本被识别为原始类(接受)且分类成对应属类的样本数与所有参与分类的原始样本数的比值。
- 严格原始精度是原始样本被识别为原始类且正确分类到对应属类中的样本数除以被分类为原始类的样本总数(包括实际上是原始类和异类的样本)的比值。严格原始精度评估了分类器区分正确分类的原始样本和所有被错误分类的原始及异类样本的能力。这个度量值越高，区分原始和异类样本以及将原始样本进行正确分类的能力就越强。像原始精度一样，严格原始精度不评估关于原始样本辨识机制的效率。
- 精细准确度是关于分类器能将一组原始样本识别为原始类的性能的绝对度量。它是被正确分类的样本数的比率，也就是，原始样本被识别为原始类(接受)且能分类到正确的属类的数量除以原始样本被识别为原始类的样本数。要注意，精细准确度是从严格原始准确度延伸出来的一个属性，其中忽略了原始样本被错误识别为异类的样本。换句话说，不像严格原始准确度，精细准确度只考虑那些被正确识别为原始类的原始样本。

以下关系成立，并且在只有一个原始样本类的情况下，它显然会转换成等式：

$$\text{严格准确度} \leqslant \text{准确度} \tag{4.10}$$

4.1.7　说明性示例

让我们在一个实际示例中研究一下辨识和分类度量的应用。为方便讨论，让我们忽略一些重要环节：数据集描述、分类器构建等。相反，我们只聚焦于度量质量。在本书的后面部分中，我们将介绍这里所缺少的方法元素。

在这个实验中，我们使用手写数字的原始数据集，参见图 3-6。手写数字集可在 MNIST 数据库中获得(LeCun 等，1998)。异类样本的角色由具有划“×”的手写数字和手写拉丁字母的数据集扮演，参见图 3-11。该数据集参见网页(Homenda 等，2017)。原始数据集是一个连续数字(0，1，…，9)的 10 类问题，形成了对应的类别标记。带拒绝项的识别工作由带局部拒绝方法的分类器实施(关于该方法的描述参见 3.4.4 节，模型参见图 3-15)。本实验中的支持向量机(SVM)参数可参见 3.4.4 节。带拒绝项的分类结果如表 4-3 所示。要注意原始样本被很好地识别了；也就是，平均 30 个样本中只有 1 个样本(10 000 个中的 326 个)被错误识别为异类。相反，划“×”的异类样本的辨识则更糟糕：平均 1/5(10 000 个样本中的 2098 个)被错误识别为原始样本。当我们将手写字母视为异类样本时，它们的识别比划“×”的数字要好：仅 1/20(32 220 个中的 1598 个)被错误接受为原始类。

表 4-3　带拒绝项的分类应用到手写数字(原始集，10 个类)、划“×”的数字以及手写拉丁字符(异类集)

			真实类											
			原始类										异类	
			0	1	2	3	4	5	6	7	8	9	被划(数字)	字母
预测类	原始类	0	943								7			96
		1		1 114			1		1	1		3		703
		2		3	1 003	2			1	1	2		530	211
		3			2	961		8			1	3		1
		4					949			4	3	4	789	295
		5				3		850			1	3		99
		6	3	1			2	2	925		1		5	106
		7			1	8				992	0	9	1	16
		8	9		1	2		4			897	6	773	68
		9					8			4	1	924		3
	异类		25	17	25	34	22	28	31	26	61	57	7902	30 622

注：图 3-15 中带局部拒绝项的分类器被应用到这来，对整个学习集的结果做出了标识(训练集和测试集合在了一起)。为简洁起见，“0”项被省略掉了。

表 4-4 中展示了带拒绝项的识别任务的质量度量值。值得关注的是，手写数字集(原始)和手写字母集(异类)在基数上是不平衡的。因此，我们应用参数平衡方法来分析平衡模型的质量度量。表 4-4 中，出于比较的目的，我们呈现了两种情况下有和没有均衡参数的度量结果。

表 4-4　表 4-3 中针对原始和异类样本识别的带拒绝项的分类结果，参见式(4.6)和式(4.7)，根据式(4.8)有 CC＝9558

		真实类	
		原始类	异类
手写数字(原始类)、划“×”数字(异类)			
预测类	原始类	TP＝9674	FP＝2098
	异类	FN＝326	TN＝7902

（续）

		真实类	
		原始类	异类
手写数字（原始类）、手写字母（异类）			
预测类	原始类	TP=9674	FP=1598
	异类	FN=326	TN=30 622
手写数字（原始类）、手写字母（异类）以及平衡模型			
预测类	原始类	TP=7382	FP=378
	异类	FN=249	TN=7253

引导性观测（introductory observation）由前面提出的度量进行了良好表征；我们在表 4-5 中收集了它们的值。原始灵敏度高的值说明原始样本被良好地识别了。异类精度值高暗示原始样本从异类样本中很好地分离出来了。原始精度和异类灵敏度对比值低意味着辨识异类样本的能力偏弱，而它们中间很多没有被正确辨识。同样，原始精度值低说明了异类样本没有被良好地分离出来。适中的准确度值反映了原始和异类组合样本的精度和灵敏度的分数。F-度量提供了更多关于带一个平衡度量的精度和灵敏度组合质量的细节。在所描述的实验中，F-度量值证明了原始样本被处理得比异类样本更好（原始类的 F-度量值比异类的 F-度量值高）。

表 4-5 用准确度、灵敏度和精度来描述表 4-3 和表 4-4 的带拒绝项的分类属性

	被划的数字	字母	均衡化的字母
准确度	87.88	95.44	95.89
原始灵敏度	96.74	96.74	96.74
原始精度	82.18	85.82	95.12
异类灵敏度	79.02	95.04	95.04
异类精度	96.04	98.95	96.68
原始分离度	82.66	86.22	95.27
异类分离度	96.84	99.00	96.84
原始 F-度量	88.87	90.96	95.92
异类 F-度量	86.70	96.95	95.85

注：度量值以百分比形式给出。

我们要注意一下此处谈及的实验，我们处理了大小为 10 000 的原始样本集，其中每个类中大约有 1000 个样本。异类样本集中的样本数大约跟原始样本一致（10 000 个样本）。因此，在这个例子中没有必要使用均衡化参数（由式（4.1）给出定义）。另外，我们考虑一个手写数字（原始类）和手写字母（异类）的平衡模型。在表 4-5 中，我们给出了两个变量不平衡和平衡后的结果。如果对比这两个结果，那么很明显，不平衡的结果不能反映出真实的质量。

带拒绝项的分类旨在最大化前述的所有度量值。然而，提高一个度量值通常会导致另一个值的下降。实践中，取决于实际应用，一些度量可能比另一些更重要。比如，如果我们更看重最小化异类样本对原始样本集的污染，那么原始精度和原始分离度会比其他度量更重要，故而它们应该被最大化。相反，如果将最高优先级给了最小化原始样本的损失，那么焦点应该在原始灵敏度和异类分离度上。如果两个目标都重要，那么原始F-度量应该获得最高优先级。

有两个重要方面关系到这些度量的解析。第一个方面与原始和异类样本集的基数有关，或者更准确地说，与这些集中的样本数的比例有关。这就是，模式识别中一个不平衡分类问题的例子。此处讨论的例子是很平衡的：每个原始样本类的基数接近 1000；同样，原始和异类样本集的基数是相等的。

第二个方面关系到将优先级分配给被错误识别的特定类型的样本。比如，我们可以考虑将患有某种疾病的病人的记录作为原始样本，而健康的人作为异类样本。这种情况下，将原始样本错分为异类要比将异类判为原始类更加严重。这个现象是一个损失敏感学习(cost-sensitive learning)的例子。基本的想法是我们给不同的类附上了不同的优先级。这可以在模型构建阶段完成，比如，按照 Provost 和 Fawcett(2001)、Provost 和 Domingos(2003)、Sun 等(2007)、Garcia 等(2007)、He 和 Garcia(2009)，以及 Tang 等(2009)中讨论过的。在本书中，我们不干预模型的训练(因此我们没有涉及损失敏感学习的过程)，但是我们构建了特殊的可以在处理原始和异类样本过程中量化差异的度量方法。

现在，我们来看一下公式(4.9)提供的度量，其将公式(4.2)中的度量进行了补充。表 4-6 包含了本节中用这些度量进行试验评估的计算值。结果表明，精度、灵敏度、准确度和 F-度量都略小于表 4-5 中的值，这是显而易见的，因为 TP 和 CC 值非常相似，但 CC 值稍小。值得注意的是精细准确度，其只在对拒绝机制的分析中被忽略。精细准确度(独立于异类样本的结果)接近 98.8%，这意味着多数被识别为原始类的样本被正确分类到各自所属的类里了。这个观察结果可能在一些带拒绝项的分类问题的应用中(其中错分会带来损失)是重要的。

表 4-6　从表 4-3 和表 4-4 中得到的带拒绝项的多类分类的特性，有精度、灵敏度、准确度和分离度量

	被划的数字	字母	均衡化的字母
严格准确度	87.30	95.17	95.31
严格原始灵敏度	95.58	95.58	95.58
严格原始精度	81.19	84.79	93.98
精细准确度	98.80	98.80	98.80
严格原始 F-度量	87.80	89.86	94.77
严格原始分离度	79.96	83.41	92.17
严格异类分离度	76.53	94.09	92.04

注：度量值以百分比形式给出。

我们注意到手写数字和手写字母的平衡示例。我们重申平衡的样本集给出了对模型更客观的评估结果；在这个例子中，几乎所有值都显著高于那些样本集数量不平衡的例子。

4.2　没有异类样本时带拒绝的分类问题

需要注意的是，有两种场合我们需要应用拒绝。第一，很明显是当我们真正有遇到异类样本的风险时。然而，我们同样可能将拒绝机制应用到一个确信只有原始样本的场合中(没有异类样本)。这种情况下，拒绝操作应该直接应用于被错误分类的样本。拒绝掉所有被错分的样本而接受所有被正确分类的样本是这种情况下的理想结果。不幸的是，在现实问题中，这种理想的状态是很难得到的。因此，一个令人满意的情况是，当我们最小化被拒绝的正确分类样本数时，被拒绝的错误分类的样本数随之偏高。

为了描述这种情况，4.1.2节中定义的度量集因参数消失而减少：FP＝0(没有异类样本被错误地接受为原始类)且TN＝0(没有异类样本被正确地当成异类被拒绝)。结果，式(4.2)和式(4.9)化简为只与原始样本集相关的参数了。最终，这三个度量值仍然有效：准确度、严格准确度和精细准确度。我们来仔细看一下当没有异类样本存在时这些度量的形状：

$$
\begin{aligned}
\text{准确度} &= \frac{TP+TN}{TP+FN+FP+TN} = \frac{TP}{TP+FN} = \text{原始灵敏度} \\
\text{严格准确度} &= \frac{CC+TN}{TP+FP+FN+TN} = \frac{CC}{TP+FN} \\
\text{精细准确度} &= \frac{CC}{TP} = \frac{\text{严格准确度}}{\text{准确度}} = \text{原始精度} \\
\text{(原始)F-度量} &= 2\cdot\frac{\text{精度}\cdot\text{灵敏度}}{\text{精度}+\text{灵敏度}} = 2\cdot\frac{\text{准确度}}{1+\text{准确度}}
\end{aligned}
\tag{4.11}
$$

准确度度量通过统计被拒绝且不参与分类的(原始)样本，来评估拒绝机制的性能。因此，从这个角度来看，最好的拒绝机制也恰是采用不予拒绝的规则。

严格准确度度量评估了联合拒绝机制和分类器的质量。然而，该度量没有提供一个明晰的拒绝机制评估结果。一方面，如果任何样本都没被拒绝，那么严格准确度达到最大值。另一方面，将被错分的样本拒绝掉是非常需要的，尽管严格准确度值降低了。综上所述，我们可以得出结论：具备拒绝项的理想识别器应该只拒绝被错分的样本，其最大化了严格准确度的度量值。然而，现实中带拒绝项的识别器并不理想，严格准确度度量并没清晰地回答一个拒绝机制的性能是否是期望的。因此，我们引入另一个只针对原始样本的带拒绝的识别质量度量——精细准确度。

精细准确度直接评估了当错误分类比分类缺失造成更大损害时带拒绝的识别的质量。换句话说，最大化精细准确度迫使分类达到很高的成功率，同时移除了很难被正确分类的样本。不幸的是，最大化这个度量可能会导致正确分类到对应属类的样本被拒绝掉，这又是很不希望看到的。因此，一个类似F-度量的结合了准确度和精细准确度的度量值可以生成一个折中的结果。这类结合的度量可能利用一些优先级机制(因素)来得到准确度值或精细准确度值。

$$
\text{(准确度)F-度量} = 2\cdot\frac{\xi\cdot\text{准确度}\cdot(1-\xi)\cdot\text{精细准确度}}{\xi\cdot\text{准确度}+(1-\xi)\cdot\text{精细准确度}}
\tag{4.12}
$$

其中$\xi\in(0,1)$定义了一个组成度量的优先级索引(权重)。

现在，我们提出评估两个处理方案的方法：纯粹分类(不带拒绝)和仅应用于原始样本的带拒绝的分类。两个任务中都用到了同样的 C 类分类器来分类。在带拒绝的情况下，我们采用了局部拒绝机制(本章前面提过)。为了对比这两种方案，我们先看一下两个混淆矩阵。第一个，用于不带拒绝的分类任务，在表 4-7 中给出。请注意，与被拒绝的原始样本对应的行包括所有等于 0 的项，因为没有拒绝机制。此外，与真正的异类样本对应的列也包含 0，因为此实验仅基于原始样本。第二个混淆矩阵在表 4-8 中给出。要注意的是，表 4-8 几乎是表 4-3 的一个副本——差别是没有异类样本。重要的是，表 4-8 的最后一行包含了对应类有多少原始样本被拒绝的信息。

表 4-7　仅应用于原始样本集且不带拒绝的针对分类任务的混淆矩阵

			真实类										
			原始类										异类
			0	1	2	3	4	5	6	7	8	9	
预测类	原始类	0	953		1			1	3		11		
		1	3	1121	2		1		6	1	2	4	
		2	2	5	1019	5			1	3	6	1	
		3	1	1	4	985		9			3	11	
		4			1		965		3	6	4	5	
		5		1		4		865	2		2	8	
		6	4	2			3	2	939		6		
		7		1	1	10		2		1007	2	15	
		8	15		4	5		8	4		932	13	
		9	2	4		1	13	5		11	6	952	
	异类												

注：在这种情况下，数量 FN、FP 和 TN 不可用。CC=9738(主对角线上的和)。为清晰起见，省略了 0。

表 4-8　仅应用于原始样本集且带局部拒绝的针对分类任务的混淆矩阵，其中 CC=9558

			真实类										
			原始类										异类
			0	1	2	3	4	5	6	7	8	9	
预测类	原始类	0	943								7		
		1		1114			1		1	1		3	
		2		3	1003	2		0	1	1	2		
		3			2	961		8			1	3	
		4					949	0		4	3	4	
		5				3		850			1	3	
		6	3	1			2	2	925		1		
		7			1	8				992		9	
		8	9		1	2		4			897	6	
		9					8			4	1	924	
	异类		25	17	25	34	22	28	31	26	61	57	

注：为清晰起见，省略了 0。

注意，被拒绝的样本(表 4-8 中的最后一行)源自于两类：其中原始样本如果没被拒绝的话可能被正确识别；以及原始样本如果没有被拒绝的话可能被错分。我们通过对比表 4-7 和表 4-8 的主对角线数值直观地检查两种拒绝机制的效果。我们观察到的这些值下降得越大，则说明拒绝机制在识别过程中造成的损害越大。相反，如果对比表 4-7 和表 4-8 的主对角线以外的内容(数值)，那么我们对结果是否满意就取决于下降程度的大小，因为这意味着借助拒绝机制来拒绝错分样本的意义。理想情况是，我们希望只在主对角线上得到非零的值。

表 4-9 中包含了对结果的汇总，这些结果是通过把表 4-7(不带拒绝)和表 4-8(带拒绝)中相应表格的值相加得到的。表 4-10 包含了两个方案下的质量评估度量。添加拒绝机制降低了 146 个错分样本数，也就是从 262 下降到了 116。比较表 4-10 中的值，我们发现拒绝机制提高了精细准确度，同时也降低了其余的度量值。

表 4-9 不带拒绝和带拒绝的识别结果总汇

	不带拒绝	带拒绝
TP	10 000	9674
CC	9738	9558
TP-CC	262	116
FN	0	326

表 4-10 从表 4-7 和表 4-8 得到的用准确度度量刻画的带拒绝和不带拒绝的分类属性

	不带拒绝	带拒绝
准确度	100.00	96.74
严格准确度	97.38	95.58
精细准确度	97.38	98.80
准确度 F-度量	98.67	97.76

注：度量值以百分比形式给出。

4.3 带拒绝的分类：局部特征

本节中，我们讨论分类方法的局部评估。首先，从单类别的角度讨论了分类质量。局部评估技术是精细的，且它与整合(全局)评估技术是相对的，其中我们使用一个单数值方法来描述一些量的问题。局部评估方法可延伸到多类问题。这里，我们将从一类与多类的角度来考虑分类质量。接着，我们在这个框架下评估分类器的性能。此外，我们从混淆矩阵中非主对角线的独立元素的角度来刻画分类，可以得出被错误分类的原始样本的数目——换句话说，局部错误。最终，我们提出了整合参数(aggregative parameter)，以变相地刻画全局分类的属性。

4.3.1 多类问题的特性描述

在多类分类问题中，没有单一的通用质量参数。多类问题中相关量的多样性使得我们需要从多角度来考虑分类的有效性。对分类评估的局部方法的明显调整依赖于对每个单独的类制定相应度量方法。在公式(4.13)中，我们定义了准确度度量对局部情况的调整。其他度量的调整可用相似的方法来完成。

$$类准确度_l=\frac{\sum_{1\leqslant i\leqslant C}TP_{i,l}}{\sum_{1\leqslant i\leqslant C}TP_{i,l}+FN_{C+1,l}}=\frac{TP_l}{P_l}=类灵敏度_l$$

$$严格类准确度_l=\frac{TP_{l,l}}{\sum_{1\leqslant i\leqslant C}TP_{i,l}+FN_{C+1,l}}=\frac{TP_{l,l}}{P_l}=严格类灵敏度_l$$

$$精细类准确度_l=\frac{TP_{l,l}}{\sum_{1\leqslant i\leqslant C}TP_{i,l}}=\frac{TP_{l,l}}{TP_l}=\frac{严格类准确度_l}{类准确度_l} \tag{4.13}$$

其中 $l=1, 2, \cdots, C$。

我们重申一下公式(4.13)中简写符号的意义：

- l：我们计算得分的那个类。
- $TP_{i,l}$：混淆矩阵中第 i 行、第 l 列的元素，提示有多少第 l 类样本被错分为第 i 类。
- P_l：第 l 类中所有的样本数。
- $FN_{C+1,l}$：原始类 l 中被拒绝的样本数。

类准确度$_l$ 由类别 l 中被识别为原始类的原始样本数的比例来表达，也就是，类别 l 中被分类为任意一个原始类的样本数，除以类别 l 中所有样本总数的比例。前面提到的两个度量值(严格类准确度和精细类准确度)的解释是相似的。

除了之前讨论过的度量方法外，我们使用*局部误差*$_{k,l}$(local error$_{k,l}$)度量。该度量被视为第 l 类中的样本被错分为第 k 类的样本数与第 l 类真实样本数的比值：

$$局部误差_{k,l}=\frac{TP_{k,l}}{\sum_{1\leqslant i\leqslant C}TP_{i,l}+FN_{C+1,l}}=\frac{TP_{k,l}}{P_l},\quad k\neq l \tag{4.14}$$

其中 $k, l=1, 2, \cdots, C$。

然而，有必要将所有类作为一个块，以提出一个组合的评估方案。经修正的度量值刻画了分类和拒绝质量的不同方面。由式(4.15)和式(4.16)定义的准确度的变体解释了表达多类问题全局特征的度量值的调整。其他度量值的调整是直接的。关于局部误差，这个调整也非常相似，只是两类问题是一个例外。

第一个修改项是类度量值的平均值：

$$平均严格类准确度=\frac{1}{C}\sum_{1\leqslant l\leqslant C}严格类准确度_l$$

$$平均局部误差=\frac{1}{C^2-C}\sum_{1\leqslant k\leqslant C}\sum_{1\leqslant l\leqslant C,l\neq k}局部误差_{k,l} \tag{4.15}$$

第二个修改项与类的局部度量值的最大最小值相关。下面这个式子给出了这些度量值的例子：

$$最小严格类准确度 = \min_{1 \leqslant l \leqslant C}\{严格类准确度_l\}$$

$$最大局部误差 = \max_{1 \leqslant l \leqslant C, 1 \leqslant k \leqslant C, l \neq k}\{局部误差_{k,l}\} \tag{4.16}$$

由式(4.15)和式(4.16)定义的准确度和错误度量的变体通过整合局部信息表达了多类问题的全局属性。

我们注意到准确度(见式(4.11))也具有相似的属性。我们重申准确度倾向于更大基数的类别，而低频出现的类是不被察觉的。当多数类具有相似的基数而辨识样本数较少的类别不重要时，其应用是合理的。或者我们可以应用权重因子来调节这一特性。

平均类准确度适用于当数据集不平衡且没有权重因子时。它在多数类和少数类之间做了均衡；也就是，对所有类进行了均一化处理。实践中，它倾向于少数类。比如，当低频类比高频类多的时候，在少数类上观察到的一个优质分类器的性能大幅提高了这个因子。

相反，公式(4.16)中的调整反映了局部类度量的最差情况。最小类准确度得出了达到最差局部准确度的类的分类质量。最大局部误差得出了将一个原始类中的样本错误地识别为另一个原始类的最差情况。依此类推，我们可以构建其他度量，比如最大类准确度和平均局部误差。

4.3.2 说明性示例

我们来说明一下在处理一个多类分类问题的实验中，*局部评估度量*(local evaluation measure)的性能。这个实验旨在处理音乐符号。相关数据集已在3.4.1节介绍和描述过。为了清晰起见，在这个实验中我们只选择10个有代表性的数据集类。那么，我们需要考虑10个原始类的可能性。特别是，有4个类为低频类，那就是“重音”(accent)、“C谱号”(clef C)、“延长音”(fermata)和“三十二分休止符”(thirty-second rest)。出现频率最低的是三十二分休止符，只有26个代表样本。我们同样有6个常规类：“G谱号”(clef G)、“降半音”(flat)、“还原音”(natural)、“四分休止符”(quarter rest)、“八分休止符”(eighth rest)和“升半音”(sharp)。最常见的是四分休止符，有3024个样本。

要注意，我们没有使用实际类的名字，而是使用类的编号，为的是适应接下来要列的表格。编号如表4-11所示。

表4-11 表4-12和表4-13中关于类的编号

0	1	2	3	4	5	6	7	8	9
重音	C谱号	G谱号	延长音	降半音	还原音	三十二分休止符	四分休止符	八分休止符	升半音

考虑到数据集的处理具有挑战性，我们决定在修正后的数据集上形成模型。我们将稀少的类进行过采样，而欠采样高频的类，这样一来，在我们实际要处理的数据集中每个类只有500个样本，所以样本集中总共有5000个样本。样本生成技术是根据算法1.1给出的“区间方案”(interval scheme)得到的。此外，我们使用标准化特征值。将样本

分解成训练样本和测试样本；其中训练样本中的每个类包含了 350 个样本(总样本数的 70%)。我们从 20 个最优特征的有序列表中选择了前 8 个特征。20 个最优特征可参见附录 1.B。总的来说，用于分类的数据量是适中的，且经过了很多预处理。

我们使用一个由 SVM 构建的树形二值分类器作为其分类机制。这个树使用 k 均值方法借助类的中心构建，如图 4-1 所示。通过将 gamma 参数设为 0.01、将损失参数设为 1，以及 10 折交叉验证训练可得到构成树的 SVM。我们在这个二值树的基础上补充了局部拒绝选项，参见图 3-15。拒绝机制是基于“类-对-其他所有类”的方式进行训练的，参见算法 3.1。我们将分类模型中相同的 gamma 和损失参数用在二值 SVM 中。拒绝机制与分类模型一样，都是利用平衡数据集来进行训练的。

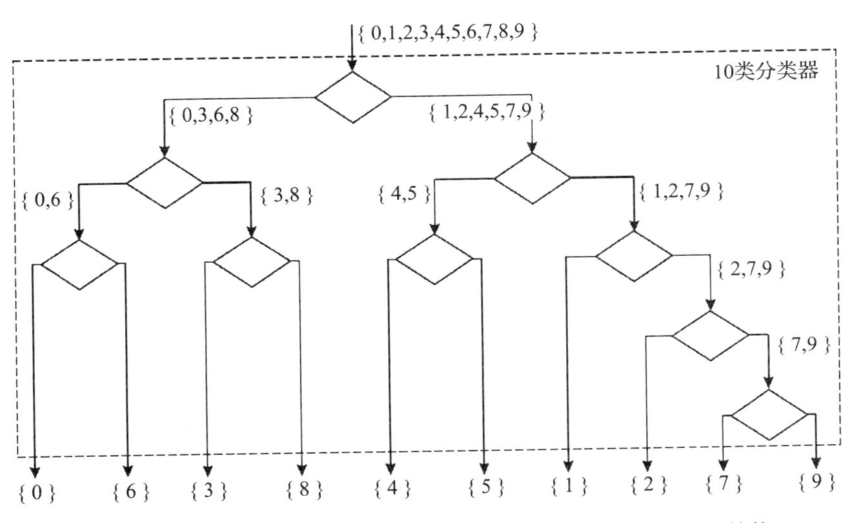

图 4-1 用于解决音乐符号分类问题的基于二值树的分类器的结构

实验中，我们对比了原始样本在不带拒绝和带拒绝情况下分类的识别率。但是，测试是在标准化的 10 类样本的整个数据集上执行的，而不是在平衡的样本集上执行的。结果，测试集中包含了 17 102 个样本。有限数量的这种样本用在了训练过程中(它们用在了平衡数据集中)；我们估计大约有 3000 个样本。剩余的没有用在训练过程中。

在表 4-12～表 4-14 中，我们给出了一系列描述两个实验的属性：带拒绝和不带拒绝的音乐符号分类。表 4-12 和表 4-13 包含了混淆矩阵和三个选定的局部质量度量：类准确度、严格类准确度和精细类准确度。表 4-12 涉及不带拒绝项的只针对原始样本集的分类实验。表 4-13 给出了应用于原始样本和异类样本的带拒绝项的分类结果。对比一下两个表中的局部度量值，很明显带拒绝项提升了精细准确度。然而，这些提升很多时候要付出很大代价。比如，602 个样本被正确分类成第 5 类(还原音)，而 106 个被错分的还原音样本被拒绝了。另外，118 个被错分的还原音样本中只有 12 个没有被拒绝；也就是，10 个被错分的还原音样本中大约只有 1 个没有被拒绝(!)。这两个对比观察结果反映在了局部度量值上：类准确度和严格类准确度。这些度量值从 100%和 96%下降到了 70%左右，同时精细类准确度达到了几乎 100%。相比而言，针对第 4 个类(降半音），失去 57 个正确分类的样本所带来的损失由拒绝 136 个错分样本补偿了。此外，只有 25 个错分样本没有被拒绝。在前面的例子中，这些观察结果清晰地反映在局部度量里：精细类准确度由 93.73% 提升到了 98.95%，而严格类准确度由 93.73% 下降至 91.51%。

表 4-12　应用于音乐符号(选出的 10 个类)标准特征的不带拒绝的混淆矩阵的分类结果

			真实类										
			原始类										异类
			0	1	2	3	4	5	6	7	8	9	
预测类	原始类	0	516			11					22		—
		1		460			8	1			7	9	—
		2		1	1932			12		14		7	—
		3	15			273							—
		4					2408	23		84	6	8	—
		5		1	3		56	2299		78	3	10	—
		6			105		40	13	26	11	74	2	—
		7			35		11	27		2743	2	68	—
		8	2		3		20	1		1	2321	4	—
		9		2	25		26	11		93	4	2455	—
	异类		—	—	—	—	—	—	—	—	—	—	—
类准确度			100.00										—
严格类准确度			96.81	99.14	91.87	96.13	93.73	96.31	100.0	90.71	95.16	95.79	—
精细类准确度			96.81	99.14	91.87	96.13	93.73	96.31	100.0	90.71	95.16	95.79	—

注：空单元格包含 0 个样本；为清晰起见，我们跳过了 0。

表 4-13　应用于音乐符号(选出的 10 个类)标准特征的带拒绝的混淆矩阵的分类结果

			真实类										
			原始类										异类
			0	1	2	3	4	5	6	7	8	9	
预测类	原始类	0	516			4					5		18
		1		454			2					1	62
		2			1755			4		6		1	
		3	1			268							57
		4					2351	2		8	4	3	47
		5			2		1	1667				4	3
		6			9		6	1	14	2	2		27
		7			4		2			2129		41	14
		8	1				1				2137		51
		9			13		13	5		37		1914	20
	异类		15	10	320	12	193	708	12	842	291	599	411
类准确度			97.19	97.84	84.78	95.77	92.49	70.34	53.85	72.16	88.07	76.63	
严格类准确度			96.81	97.84	83.45	94.37	91.51	69.84	53.85	70.40	87.62	74.68	
精细类准确度			99.61	100.0	98.43	98.53	98.95	99.29	100.0	97.57	99.49	97.45	

表 4-14 包含了不同准确度值的最小和平均值的统计。我们同样可以看到最大和平均局部误差。精细准确度和局部误差反映出补充的拒绝机制的积极的一面：拒绝是一种剔除被错分的原始样本的方法。纵然综合评估结果是拒绝机制提高了待研究数据集的识别率，我们也必须要注意，它同时影响(更小，但仍然很显著)了可能被正确分类的原始样本。表 4-14 反映了类准确度和严格准确度退化(deterioration)的情况。

表 4-14　由表 4-12 和表 4-13 得出的用准确度度量刻画的带和不带拒绝的分类特性

	不带拒绝	带拒绝
最小类准确度	100.00	53.85
平均类准确度	100.00	82.91
最小严格准确度	90.71	53.85
平均严格准确度	95.56	82.04
最小精细准确度	90.71	97.45
平均精细准确度	95.56	98.93
最大局部误差	4.99	1.60
平均局部误差	0.49	0.10

注：度量值以百分比形式给出。

一眼看去，大家可能看到惊人的最小类准确度和最小严格准确度的值，都等于 53.85%。然而，如果仔细看看表 4-12，我们会注意到这些结果关系到我们数据集中最低频的类——三十二分休止符。这个类只包含 26 个样本。结果没有缩放，那么，也许是警告，这个准确率实际上是缺失恰当缩放的效应，而不是一些模型很差的表现。如果我们可以剔除“三十二分休止符”这一类的话，第二差的结果就等于 70.34%(类准确度)和 69.84%(严格类准确度)，这个结果已经很满意了。

可提高一些模型的选择性指标的进一步度量的制定是很直接的。一种常见的做法是本章所述的开发面向问题的质量评估方法。我们要提出的是有大量文献在讨论各种针对具体问题的质量度量，比如，针对主题分类(thematic classification)的 Foody(2005)，提出遥感中的模糊分类(fuzzy classification)的 Okeke 和 Karnieli(2006)，以及针对医学图像分析的 Crum 等(2006)和 Gegundez-Arias 等(2012)。当然，人们也可能遇到大量关于通用质量评估技术的研究，比如，在 Bradley(1997)中涉及 ROC 曲线，Kautz 等(2017)专注于通用多类分类问题的评估。此外，大家可以参考 Sokolova 和 Lapalme(2009)中关于多种性能度量的回顾。

4.4　结论

本章提出的带异类样本拒绝的原始样本识别的质量评估方法同样应用于本书的其他章节。我们相信这里所提出的一系列度量有助于灵活地说明分类器性能。自然地，这些度量是非常通用的，并且能很容易地适应于广泛的问题。

参考文献

A. P. Bradley, The use of the area under the roc curve in the evaluation of machine learning algorithms, *Pattern Recognition* 30(7), 1997, 1145–1159.

W. R. Crum, O. Camara, and D. L. G. Hill, Generalized overlap measures for evaluation and validation in medical image analysis, *IEEE Transactions on Medical Imaging* 25(11), 2006, 1451–1461.

G. M. Foody, Local characterization of thematic classification accuracy through spatially constrained confusion matrices, *International Journal of Remote Sensing* 26(6), 2005, 1217–1228.

V. Garcia, J. S. Sanchez, R. A. Mollineda, R. Alejo, and J. M. Sotoca, The class imbalance problem in pattern recognition and learning. In: *II Congreso Espanol de Informatica*, Zaragoza, Spain, September 11–14, 2007, 283–291.

M. E. Gegundez-Arias, A. Aquino, J. M. Bravo, and M. Diego, A function for quality evaluation of retinal vessel segmentations, *IEEE Transactions on Medical Imaging* 31(2), 2012, 231–239.

H. He and E. A. Garcia, Learning from imbalanced data, *IEEE Transactions on Knowledge and Data Engineering* 21(9), 2009, 1263–1284.

W. Homenda, A. Jastrzebska, and W. Pedrycz, *The web page of the classification with rejection project*, 2017, http://classificationwithrejection.ibspan.waw.pl (accessed October 5, 2017).

W. Homenda and W. Lesinski, Imbalanced pattern recognition: Concepts and evaluations. In: *Proceedings of the 2014 International Joint Conference on Neural Networks*, Beijing, China, July 6–11, 2014, 3488–3495.

T. Kautz, B. M. Eskofier, and C. F. Pasluosta, Generic performance measure for multiclass-classifiers, *Pattern Recognition* 68, 2017, 111–125.

Y. LeCun, C. Cortes, and C. J. C. Burges, *The MNIST database of handwritten digits*, 1998, http://yann.lecun.com/exdb/mnist/ (accessed October 5, 2017).

F. Okeke and A. Karnieli, Methods for fuzzy classification and accuracy assessment of historical aerial photographs for vegetation change analyses. Part I: Algorithm development, *International Journal of Remote Sensing* 27(1), 2006, 153–176.

F. Provost and P. Domingos, Tree induction for probability-based ranking, *Machine Learning* 52(3), 2003, 199–215.

F. Provost and T. Fawcett, Robust classification for imprecise environments, *Machine Learning* 42(3), 2001, 203–231.

M. Sokolova and G. Lapalme, A systematic analysis of performance measures for classification tasks, *Information Processing & Management* 45(4), 2009, 427–437.

Y. Sun, M. S. Kamel, A. K. C. Wong, and Y. Wang, Cost-sensitive boosting for classification of imbalanced data, *Pattern Recognition* 40(12), 2007, 3358–3378.

Y. Tang, Y. Q. Zhang, N. V. Chawla, and S. Krasser, SVMs modeling for highly imbalanced classification, *IEEE Transactions on Systems Man and Cybernetics Part B-Cybernetics* 39(1), 2009, 281–288.

带拒绝的识别：经验分析

拒绝异类样本而只对原始样本进行分类的问题最早是由实际应用驱动起来的，其中我们需要处理被污染的数据集。本章中，我们将应用前几章介绍和讨论过的方法来处理这些问题。

首先，我们提出了一个关于三个拒绝架构的经验评估：全局、局部和嵌入式。让我们回顾一下这些可以被构建的集成模型，比如，借助二值分类器。我们会处理手写数字和印刷体乐符。

接着，我们提出另一种拒绝方法，即基于几何图形的。我们研究了初等几何图形(例如超矩形和椭球体)是如何扮演拒绝机制的重要角色的。几何图形包围着原始样本，那么借助排除规则，我们可以拒绝这些图形包围范围以外的区域的样本。这个方法的经验评估是基于手写数字和印刷体乐符数据集展开的。

在识别问题中，有两个被拒绝项提升的重要方面，也就是，拒绝异类样本的质量和拒绝机制对原始样本分类的影响。理想情况下，我们希望移除尽可能多的异类样本，但实际上在提高对异类样本的拒绝率的同时也会拒绝更多的原始样本。这两个有冲突的标准(即接受原始样本率和拒绝异类样本率)应该保持平衡。基于几何区域的拒绝作为模型的直观示例而出现，该模型可以灵活地调整这两个标准。调控包含原始样本的几何区域的体积能帮助我们控制拒绝率和接受率之间的平衡。另一个重要的方面是原始样本分类中拒绝机制的影响。我们展示了拒绝机制能通过拒绝错分样本来提高分类质量。然而在一项实证研究中，我们发现在现实应用中，这总有一个利弊的权衡。

5.1 实验结果

在以下章节里，我们会研究三种模型的性质：全局、局部和嵌入式。评估结果是基于一系列手写数字和印刷体乐符识别的实验。为了实现这三个架构，我们使用支持向量机(SVM)和随机森林(RF)算法。这两个是表现很好的分类方法，都在第 2 章中给出了相应的介绍。我们使用和对比了这两个不同算法处理的结果来展示提出的模型的关键属性，简言之，独立于算法的选择。

在这个实验中，异类样本由划“×”(cross-out)斜线的手写数字和拉丁字符组成，而印刷体乐符中的异类样本则是乐符中的垃圾样本。需要注意的是，异类样本是现实存在的，这意味着一些异类样本跟原始样本是相似的，比如，数字 0 和字母 o，数字 6 和字母 b，等等。同样，有少许乐符标记样本也跟原始样本相似，但不同的是，异类样本是那些不精确的裁剪部分，且不完全正确(比如，只有 2/3 的样本被裁剪)。

5.1.1　拒绝架构的对比

我们进行了一个实验，使用了图 3-13～图 3-16 中给出的 4 个架构来处理原始手写数字的训练集和测试集。详细结果中没有拒绝的分类(见图 3-13；用 SVM 作为二值分类器)和有拒绝的局部架构(见图 3-15；同样用 SVM 作为二值分类器)由表 5-1 中的混淆矩阵给出。两个分类器都分别在图 3-13 和图 3-15 中给出。两个架构下的二值分类器都由二值 SVM 实现，其中的参数前文已描述过，也就是 $\gamma=0.0625$，$C=1$，使用的是 10 折交叉验证。

表 5-1 中，列代表预测结果，也就是，我们有来自对应类的一定数量的样本，被分类到每一行所对应的类中。反之亦然，行代表实际结果，也就是，每一行中我们有对应列中的样本数(参见 4.1 节)。因此，主对角线上写出的是正确分类的样本数。在带拒绝项的分类中，最后一行我们给出了来自原始样本类 $FN_{C+1,l}$，$l=1, 2, \cdots, C$ 的被拒绝的样本数，且此行最后一个元素 $FN_{C+1,C+1}$ 代表了 TN 值，也即被拒绝的异类样本数。当只对带拒绝的分类应用原始样本时，我们跳过了最后一列，因为它只有 0 项(没有异类样本)。

表 5-1　图 3-13 和图 3-15 中带拒绝和不带拒绝分类器的混淆矩阵

			0	1	2	3	4	5	6	7	8	9
不带拒绝的分类(%)	训练集	0	670		1			1	2		5	
		1	1	789	1							1
		2	2	3	717	3					4	
		3	1		1	695	0	6			2	5
		4					681			5	3	2
		5				1		606	1		2	1
		6	3	1				2	666		2	
		7				5				710	1	8
		8	8		2	2		6	2		658	5
		9	1	1		1	6	3		5	5	684
	测试集	0	283						1		6	
		1	2	332	1		1		6	1	2	3
		2		2	302	2			1	3	2	1
		3		1	3	290		3			1	6
		4			1		284		3	1	1	3
		5		1		3		259	1			7
		6	1	1			3		273		4	
		7		1	1	5		2		297	1	7
		8	7		2	3		2	2		274	8
		9	1	3			7	2		6	1	268

（续）

			0	1	2	3	4	5	6	7	8	9
带拒绝的分类（%）	训练集	0	662								4	
		1		788								
		2		2	707	2					1	
		3			1	684		5				2
		4				0	673			4	3	2
		5				1		595			1	1
		6	2					2	662		1	
		7				4		0		701	0	5
		8	4					4		0	640	3
		9					5			2	1	662
		−1	18	4	14	16	9	18	9	13	31	31
	测试集	0	281								3	
		1		326			1		1	1		3
		2		1	296				1	1	1	
		3			1	277		3			1	1
		4					276					2
		5				2		255				2
		6	1	1			2		263			
		7			1	4				291		4
		8	5		1	2					257	3
		9					3			2		262
		−1	7	13	11	18	13	10	22	13	30	26

注：为简洁明了，我们省略了 0 项，−1 代表一组被拒绝的异类样本。

在表 5-1 中，针对带拒绝和不带拒绝的情况，我们在分类正确率上没有看到任何重大差异。这就表明添加拒绝机制没有阻碍分类质量。更重要的是，拒绝机制能够移除被错分的原始样本，即那些如果不拒绝它们就会导致分类错误的原始样本。我们再看看表 5-1 中主对角线以外的元素。在带有拒绝机制的模型的混淆矩阵中，有比不带拒绝模型的混淆矩阵多很多的空格(代表着 0 项)。但是，必须强调的是，当我们添加拒绝机制时，被正确分类的元素的数量也下降了一些。然而，被拒绝的正确分类样本数(损失量)要少于被拒绝的错误分类样本数(增益量)。以下关于 10 个类别的最大值和平均值的式子确认了以上的观察结果。对于训练集，我们有：

- 严格准确度上 1.45%的损失(减少量)(从 98.24%到 96.79%)。
- 精细准确度上 0.83%的增益(增加量)(从 98.24%到 99.09%)。
- 误差增益(减少量)的最大值和平均值：
  - 1.68%：预测类误差的最大增益，也就是，一个给定类的一些样本被错误地辨识为另一个类(从 3.52%到 1.84%)。
  - 0.89%：预测类误差的平均增益(从 1.79%到 0.90%)。

对于测试集对应值，我们有以下结果：

- 严格准确度上 2.7%的损失(减少量)(从 95.37%到 92.77%)
- 精细准确度上 2.73%的增益(增加量)(从 95.37%到 98.10%)
- 误差增益(减少量)的最大值和平均值是：
  - 6.60%：预测类误差的最大增益(从 11.55%到 4.95%)
  - 2.85%：预测类误差的平均增益(从 4.65%到 1.80%)

因此，我们可以得出结论：以上研究的拒绝机制提高了总体识别质量。

在表 5-2 中，我们给出了评估多种拒绝方案在分类结果中影响的通用度量。表格中给出的度量值已经在第 4 章中进行了讨论。表格上半部分给出的是训练集，下半部分给出的是测试集(带和不带局部拒绝项的分类混淆矩阵在表 5-1 中给出)。我们对比了基于 RF 和 SVM 的分类器的全局、局部和嵌入式架构。此外，我们提出了当我们不实施拒绝时的分类质量。在图 3-13 中，我们给出了 C 类分类器的图示，用于局部和全局架构；而在图 3-15 中，我们则给出了嵌入式架构的运行结果。该结果是在由 24 个最佳特征组成的特征空间中(用 SVM 作为特征评估器)由“最佳优先搜索”方法得出的(特征选择的详情参见第 1 章)。

表 5-2　基于原始手写数字的训练和测试样本，不带拒绝机制的分类结果对比(全局、局部和嵌入式架构)

拒绝架构基础分类器	不带拒绝		全局		局部		嵌入式	
	RF	SVM	RF	SVM	RF	SVM	RF	SVM
数据集	原始样本，训练集							
准确度，灵敏度	100.00	100.00	100.00	99.69	100.00	97.67	100.00	97.19
严格准确度，严格灵敏度	100.00	98.24	100.00	98.09	100.00	96.79	100.00	96.43
精细准确度，严格精度	100.00	98.24	100.00	98.39	100.00	99.09	100.00	99.22
最大严格类准确度	100.00	99.37	100.00	99.37	100.00	99.24	100.00	98.74
最小严格类准确度	100.00	96.48	100.00	95.75	100.00	93.77	100.00	92.96
最大局部误差	0.00	1.17	0.00	1.42	0.00	0.80	0.00	0.80
平均局部误差	0.00	0.20	0.00	0.21	0.00	0.10	0.00	0.05
数据集	原始样本，测试集							
准确度，灵敏度	100.00	100.00	89.47	96.70	88.90	94.57	88.17	94.04
严格准确度，严格灵敏度	94.04	95.37	87.37	93.70	87.34	92.77	86.70	92.34
精细准确度，严格精度	94.04	95.37	97.65	96.90	98.24	98.10	98.34	98.19
最大严格类准确度	96.77	97.42	94.43	96.45	94.43	95.60	94.13	95.58
最小严格类准确度	87.79	88.45	75.00	86.47	75.00	86.47	72.95	85.81
最大局部误差	4.29	2.64	2.05	2.64	1.65	1.70	1.65	1.70
平均局部误差	0.66	0.52	0.23	0.35	0.17	0.20	0.16	0.18

注：RF，即随机森林结果；SVM，即支持向量机结果。

如前所述，为避免过拟合，所有 SVM 在实验中都是由 10 折交叉验证来构造的。而没有应用 RF 交叉验证，因为 RF 构造过程本身可以生成一个带简化方差的分类器。RF 聚合并平均了基于相同训练集不同部位而构建起来的多个决策树。我们在 2.5.3 节阐述了 RF 的详情。即使如此，在测试集上的运行结果也依旧要显著差于在训练集上的结果。

在训练集上，对于采用二值 RF 的分类器而言，所有的正度量(准确度、灵敏度、精度)都等于 100%，而负度量(错误)都等于 0。然而在测试集上，正度量值会更小，而负度量值要差得更多。采用 SVM 的分类器在训练集上表现得略差一些，但在测试集上运行的结果要比 RF 好。

表 5-2 中给出的结果说明局部架构给出了最差的原始样本分类质量，而全局架构结果略差于嵌入式架构。另一方面，单项度量值说明质量等级可能不同。

5.1.2 减少特征集数量

分类是一个数据驱动的过程，其中数据用一些可度量的属性表征。正如我们在第 1 章中描述的那样，这些度量都叫作特征。分类结果与我们处理和区分样本类属所在的特征空间的质量严格相关。低值数据在两方面可以看出。首先是参与计算的特征集的基数，它对应着特征空间的维数。其次是所生成特征的质量。我们在第 1 章中对这两个方面都展开了论述。本节让我们简要回顾一下第一个方面：特征空间维度。让我们用一个手写数字识别问题的实际示例以及特征数量对识别结果的影响来说明这一点。

关于特征数量的问题是这样的，一个很明显的现象是，当特征数越多时，我们在训练过程中越容易出现过拟合。另外，特征数太少的话通常不足以生成一个好的模型。所以好的解决方案是找到一个平衡：我们不需要太多(也不能太少)的特征来训练一个模型。这个问题在 1.4 节中进行了扩展讨论。本节我们将经验性地验证限制特征空间对分类器性能的影响，以及如何通过拒绝不同特征空间中的错误分类元素来提高分类质量。这里我们延续了在 3.4.5 节中发起的讨论。

这项研究中的这个实验依赖于将特征数减少 4 个而重复 3.4.5 节中描述的过程。我们回忆一下，到目前为止我们应用了 24 个特征来构建全分类器(full classifier)和拒绝机制。特征集采用算法 1.8 中定义的带扩展限制的贪心前向选择法来选择。特征按照基于 SVM 的评估器的评估值降序排列，每次都舍弃掉评估值最低的 4 个特征。最终，模型依据基数 24、20、16、12、8 和 4 来构建，每一次都用最好的特征。对于每一组特征，分类器结构(二叉树)都由 k 均值聚类来决定。所有 SVM 的参数组成如下：高斯核函数，其中损失(cost)等于 1，γ 等于 0.0625，并且采用 10 折交叉验证(参见 3.4.3 节)。最后，用这些参数来训练拒绝 SVM 分类器。我们要指出的是，每一个 SVM 分类器都可以单独调整，以提供最佳的 gamma 和正则化参数(regularization parameter)。

在图 5-1 中，我们包含了来自图 3-13 的分类器的文本表征。请注意图中每个树的节点都用一串数字来表达，这串数字形成了对应的类别标签。比如，根节点用所有类别的数字串 0123456789 表示，因为所有类都出现在根节点的输入端。相比而言，叶节点用单个数字表示。同理，我们也可表达其他节点。在图 5-2 中，我们给出了针对特征全集和简化特征集而构建的分类器。数字结果在表 5-3 中给出。

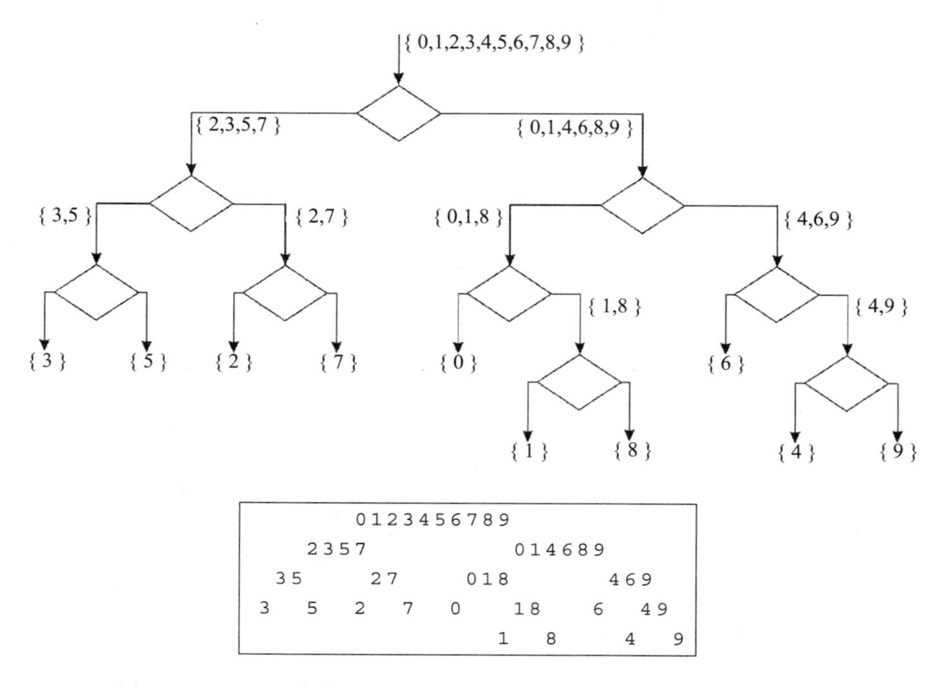

图 5-1 基于二叉树结构的分类器及其进行手写数字识别的文本表征

表 5-3 在不同维数的特征空间中构造的分类器的分类性能：从 24 到 4 个特征

特征数量 数据集	24		20		16		12		8		4	
	训练	测试	训练	测试	训练	测试	训练	测试	训练	测试	训练	测试
	不带拒绝的分类											
准确度	100.00	100.00	100.00	100.00	100.00	100.00	100.00	100.00	100.00	100.00	100.00	100.00
严格准确度	98.24	95.37	97.66	94.97	96.47	94.50	94.80	93.00	88.37	87.64	75.18	75.21
精细准确度	98.24	95.37	97.66	94.97	96.47	94.50	94.80	93.00	88.37	87.64	75.18	75.21
最大严格类准确度	99.37	97.42	99.27	97.07	99.12	97.65	98.49	96.77	94.32	94.92	90.39	92.88
最小严格类准确度	96.48	88.45	95.75	88.78	94.05	88.45	92.21	87.46	82.53	77.23	55.96	55.78
最大局部误差	1.17	2.64	1.60	3.63	2.50	4.29	3.35	6.12	12.66	14.52	21.61	25.48
平均局部误差	0.20	0.52	0.26	0.56	0.40	0.61	0.58	0.78	1.31	1.39	2.76	2.76
	带拒绝的分类											
准确度	97.67	94.57	97.97	94.94	96.51	95.20	95.16	94.24	90.68	90.60	73.88	74.08
严格准确度	96.79	92.77	97.39	93.04	95.33	92.17	92.81	90.57	84.61	83.54	64.61	64.85
精细准确度	99.09	98.10	99.40	98.00	98.77	96.81	97.54	96.11	93.30	92.20	87.45	87.54
最大严格类准确度	99.24	95.60	98.99	96.13	98.36	96.94	98.24	95.60	90.68	91.56	88.06	88.81
最小严格类准确度	93.77	86.47	95.60	87.13	91.50	86.14	87.54	84.49	75.80	71.29	35.93	32.01
最大局部误差	0.80	1.70	0.64	1.98	1.28	4.22	2.62	3.30	9.13	11.22	11.46	14.85
平均局部误差	0.10	0.20	0.07	0.21	0.13	0.34	0.26	0.41	0.69	0.80	1.03	1.03

注：结果只关注分类模型（上部分）和带拒绝的分类器（下部分）。结果以百分比表示。报告给出的测量方法有：准确度、严格准确度、精细准确度、最大严格类准确度、最小严格类准确度、最大局部误差和平均局部误差。

在图 5-2 中，由 24 个特征全集构成的分类器用本文的形式进行了表达，绘制在图示的上半部分。连续特征集的分类器基本上用一串点来表征：对于较大的特征集，用点替换数字，与分类器中的相应数字相比没有变化。注意，第一次将 10 个类的样本分解成两个集群，这和所有特征集都是完全相同的，除了只用最少特征集（只有 8 个和 4 个特征）构建的模型外。我们观察到对于较小的特征集，其分类器结构变化更大。

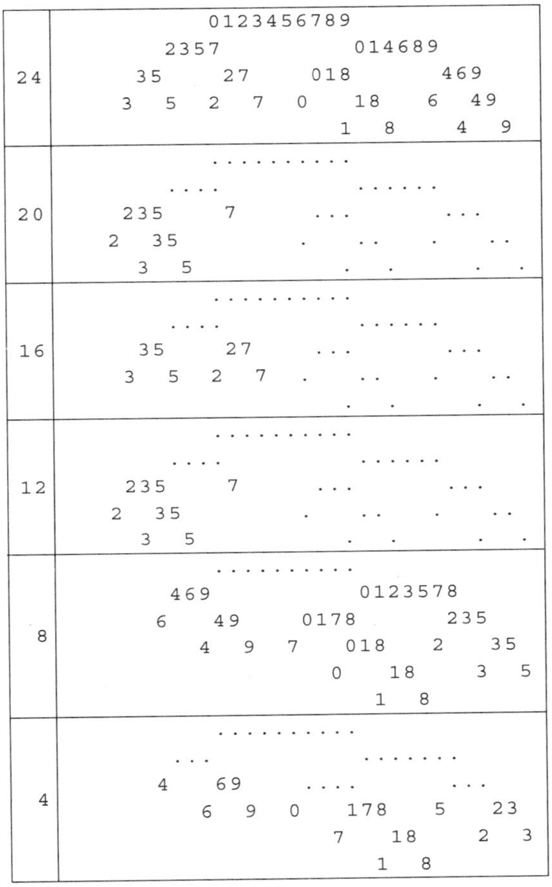

图 5-2 和表 5-3 中给出的结果可推导出如下结论：

1. 对于不带拒绝的识别，准确度等于 100%，因为这里有未被拒绝的样本（没有 FN）。同样的理由，严格准确度和精细准确度都相等。

2. 当然，分类质量下降，因为我们减少了特征数。

3. 跟 24 个特征（全特征）模型相比，有 20、16、12 个特征的模型要略差些。

4. 具有 8 个和 4 个特征的模型（少于特征全集的一半）表现得更差。在分类器树中的类的分布显著变化，这是由类之间相似性/不相似性度量的显著变化表示出来的。对于这些特征空间，还有一个额外等级的二值分类器树。性能上的下跌是巨大的，特别是最小特征数的模型（4 个特征）：相比有 12 个特征的模型，出现了 20%～30%准确度的下降幅度和 10%～20%最大误差的增长幅度。

```
24 |         0123456789
   |     2357           014689
   |   35    27      018      469
   |  3  5  2  7    0   18   6   49
   |                    1  8     4  9
---+------------------------------------
20 |         ..........
   |     ....           ......
   |   235    7      ...      ...
   |  2  35         .   ..   .   ..
   |      3  5          .  .     .  .
---+------------------------------------
16 |         ..........
   |     ....           ......
   |   35    27      ...      ...
   |  3  5  2  7    .   ..   .   ..
   |                    .  .     .  .
---+------------------------------------
12 |         ..........
   |     ....           ......
   |   235    7      ...      ...
   |  2  35         .   ..   .   ..
   |      3  5          .  .     .  .
---+------------------------------------
 8 |         ..........
   |     469            0123578
   |   6    49       0178      235
   |       4  9     7   018   2   35
   |                   0   18    3  5
   |                      1  8
---+------------------------------------
 4 |         ..........
   |     ...            .......
   |   4    69       ....      ...
   |       6  9     0   178   5   23
   |                   7   18    2  3
   |                      1  8
```

图 5-2　针对多种特征集（24、20、16、12、8 和 4）的基于二叉树的分类器结构。针对 24 个特征全集的分类器完全用文本形式表征（第一次提出这个结构）。点表示数字（类别标签），与上面提到的分类器相比没有变化

5. 随着特征数的减少，我们观察到全局度量值（准确度、严格准确度、精细准确度和误差）的退化。

6. 需要特别注意的是，带拒绝的分类让精细准确度和误差基本保持不变。

5.1.3　分类器质量与拒绝性能

另一个实验主要对比不同质量的基础分类器的拒绝性能。在这个实验中，我们再一次在由 24 个最优特征形成的特征空间里进行这样的操作。我们测试并对比了将全局和

局部拒绝机制添加到多个 10 类分类器中的结果。我们对比了部分结果。特别是，我们希望对照以下结果：

- 一个拒绝/分类模型，其在训练集和测试集中都展示出较高分类成功率(其中在训练集和测试集上的严格准确度分别等于 99%和 96%)。
- 一个过拟合的拒绝/分类模型能在训练集和测试集上达到的严格准确度分别是 100%和 82%。
- 一个中等质量的模型能在训练集和测试集上实现的严格准确度分别等于 95%和 94%。
- 一个差的模型在训练集和测试集上实现的严格准确度都等于 92%。

我们在第 3 章讨论了树形分类，并在图 3-13 中给出了图示，采用全局和局部架构的图示可参见图 3-14 和图 3-15。基于图 3-13 的分类器，我们构建了 4 种不同质量的不同分类器：高质量、过拟合、平均质量和低质量。我们使用 SVM 来构成所有 4 种模型。所有的核均采用高斯核：所有例子中都采用 10 折交叉验证，但我们有意调整了 γ 和损失参数以达到期望的分类属性。在表 5-4 中，我们给出了低质量分类器在添加了局部拒绝架构后用混淆矩阵的形式呈现的结果。表 5-5 中给出了从所有配置中得到的结果汇总。

表 5-4　低质量基础分类器的混淆矩阵

			0	1	2	3	4	5	6	7	8	9
不带拒绝的分类(%)	训练集	0	649		1			1	3		18	2
		1	2	777	1	1	1		4	2	6	4
		2	9	6	651	5	2	1	13	7	6	
		3	3	4	41	676		35	1	3	7	17
		4		4	10		637	3	4	14	5	28
		5	2	1	1	3		565	1	2	4	6
		6	9	1			3	1	630		6	
		7			7	14		2		649	1	12
		8	10		6	6	5	13	15	1	620	15
		9	2	1	4	2	39	3		42	9	622
	测试集	0	281					1	1		9	1
		1	1	328			1		8	1	1	5
		2	2	3	286	2	2	1	5	2	2	2
		3		2	16	278		8		1	4	9
		4		1			265	1		3	1	8
		5		3		2		254	4	1		3
		6	3	2	1		3		266		4	
		7		1	4	16	1			283		6
		8	6		3	4	1	1	3		270	6
		9	1	1		1	22	2		17	1	263

（续）

			0	1	2	3	4	5	6	7	8	9
带拒绝的分类（%）	训练集	0	647								3	
		1		777								
		2		2	651	1					1	
		3				675		5				1
		4					637			1	2	
		5				1		565				1
		6	1						630		1	
		7								649		
		8	2			1	1				619	1
		9					3			1		620
		−1	36	15	71	29	46	54	41	69	56	83
	测试集	0	278								3	
		1		323			1		4	1		3
		2			283		1		1	2	1	
		3			1	270		3			1	1
		4					264				1	1
		5				2		249				3
		6	2	1					260			
		7		1	1	2				277		2
		8	4		2	1		1			254	1
		9					4			2		254
		−1	10	16	23	28	25	15	22	26	32	38

注：样本用 24 个特征的全集表征。训练集和测试集都给出了得分结果。为简便起见，省去了所有的 0 项。

表 5-5　该模型在不带拒绝(上半部分)和带拒绝(下半部分)时的结果

分类器数据集	高质量(99%～96%)		过拟合(100%～82%)		平均质量(95%～94%)		低质量(92%～92%)	
	训练	测试	训练	测试	训练	测试	训练	测试
	不带拒绝							
准确度	100.00	100.00	100.00	100.00	100.00	100.00	100.00	100.00
严格准确度	99.73	96.50	100.00	82.34	95.49	94.50	92.53	92.44
精细准确度	99.73	96.50	100.00	82.34	95.49	94.50	92.53	92.44
最大类准确度	100.00	98.71	100.00	99.35	98.49	97.07	97.86	96.19
最小类准确度	99.27	92.08	100.00	75.37	91.50	89.11	88.10	86.80
最大局部误差	0.48	2.64	0.00	24.34	3.37	4.41	5.83	7.46
平均局部误差	0.03	0.39	0.00	1.97	0.51	0.61	0.84	0.84
	全局拒绝							
准确度	99.69	96.70	99.69	96.70	99.69	96.70	99.69	96.70
严格准确度	99.49	94.57	99.69	81.54	95.41	92.80	92.46	90.70
精细准确度	99.80	97.79	100.00	84.32	95.71	95.97	92.75	93.80
最大类准确度	99.87	97.42	100.00	98.06	98.49	96.26	97.86	95.24

（续）

分类器数据集	高质量（99%～96%）		过拟合（100%～82%）		平均质量（95%～94%）		低质量（92%～92%）	
	训练	测试	训练	测试	训练	测试	训练	测试
最小类准确度	98.83	89.44	99.12	75.07	91.22	86.80	87.82	84.49
最大局部误差	0.48	1.70	0.00	21.70	3.37	3.39	5.83	6.78
平均局部误差	0.02	0.24	0.00	1.69	0.48	0.44	0.81	0.67
	局部拒绝							
准确度	99.66	96.30	99.50	82.27	95.89	94.54	92.86	92.17
严格准确度	99.46	94.47	99.50	81.24	95.41	92.64	92.44	90.37
精细准确度	99.80	98.10	100.00	98.74	99.51	97.99	99.55	98.05
最大类准确度	99.87	97.10	100.00	97.10	98.49	95.60	97.86	94.72
最小类准确度	98.83	89.11	98.83	75.07	91.22	86.47	87.82	83.83
最大局部误差	0.48	1.70	0.00	1.36	0.80	1.69	0.80	1.39
平均局部误差	0.02	0.20	0.00	0.12	0.05	0.21	0.05	0.20

注：结果以百分数形式表示。

图 3-14 和图 3-15 中给出的是四种质量（高质量、过拟合、平均质量和低质量）的基础 C 类分类器在加载了拒绝机制后的全局和局部架构。拒绝 SVM 的参数按 3.4.3 节和 3.4.5 节中描述的方法给出，也就是 $\gamma=0.0625$，$C=1$，且采用 10 折交叉验证。我们用 SVM 作为特征选择器（详见第 1 章特征选择部分），用“最佳搜索”算法选择出由 24 个最优特征组成的相应特征空间，用于处理手写数字识别。

表 5-4 中给出了以混淆矩阵呈现的采用局部架构的低质量分类器处理的详细结果。在所有配置下得到的结果汇总在了表 5-5 中。

对比表 5-1 和表 5-4，我们可以得到几个一般性结论。以下以 10 个类的最大值和平均值形式给出的指标证明了前文所述的观察结果。针对训练集，我们有：

- 严格准确度上 0.09%的损失（减少量）（从 92.53%到 92.44%）。
- 精细准确度上 7.02%的增益（增加量）（从 92.53%到 99.55%）。
- 误差增益（减少量）的最大值和平均值为：
  - 10.87%：预测类误差的最大增益，也就是，一个给定类的一些样本被错误地识别为其他类（从 11.90%到 1.03%）。
  - 9.12%：预测类误差平均增益（从 7.54%到 0.42%）。

针对测试集，对应值如下：

- 严格准确度上 2.07%的损失（减少量）（从 92.44%到 90.37%）。
- 精细准确度上 5.61%的增益（增加量）（从 92.44%到 98.05%）。
- 误差增益的最大值和平均值（减少量）为：
  - 10.57%：预测类误差的最大增益（从 13.20%到 3.63%）。
  - 5.77%：预测类误差的平均增益（从 7.58%到 1.81%）。

因此，我们可以得出这个结论，就是我们研究的拒绝机制相比于表 5-1 中列出的结果，大幅提高了整体的识别质量。根据表 5-5 中给出的综合分析结果可知，基础分类器越差，则损失越小，质量度量的增益也越大。

5.1.4　用于处理不平衡数据集的带拒绝的分类

本节中，我们来仔细看看一系列用于评估带拒绝的分类的质量度量，这些度量借助已经讨论过的那三种架构来完成。前文已经提到，对识别结果的评估必须结合待处理的数据特征来实施。不平衡的数据集如果调整不恰当，则分类质量会有偏离(skew)。因此，我们分两种情况来对比分类质量：①当计算中包含对不平衡数据进行的尺度变换时；②当计算中没有涉及尺度变换时。

这个实验最初是为手写数字数据集和 10 个代表性的印刷体乐符类设计的(参见 4.3.2 节中关于该实验的描述)。表 4-11 中给出了选定的 10 个类。我们对比了一系列在乐符数据集上进行的跟处理手写数字类似的实验。我们评估了带拒绝的分类的结果。对比结果涉及使用那三个架构(全局、局部和嵌入式)构建的模型。

3.4 节中描述了关于手写数字数据集(原始样本)和划“×”(cross-out)的手写数字以及手写拉丁字母(异类样本)的实验。让我们回忆一下，所有分类和拒绝模型都用 70%的数据(特征的原始值，没经过任何处理)构建。训练集中，每个原始类大概包含了 700 个样本。手写数字数据集和划“×”的数字数据集各包含了 10 000 个样本，而手写字母数据集包含了 32 220 个样本。

目前用于印刷体乐符数据集的分类器是一个二叉树，如图 5-3 所示。该数据集包含了通过贪心搜索过程选出的 20 个最佳特征，如第 1 章所述。树结构由 k 均值决定，用于确定类的中心。为了展示一个完整的架构，我们训练了二值分类器。所有分类器(执行分类或拒绝)都是使用带标准特征值的平衡训练集来构建的。使用平衡数据集的原因是我们发现了在乐符数据集上类基数间的实质性差异。已选数据集中最低频的类(least frequent class)只包含 26 个样本，而最高频的类(most frequent class)包含 3024 个样本(参见表 4-11 和图 3-9)。平衡数据集中的每个类都包含 350 个样本；用于对数据进行过采样的方法遵循时间间隔方案，算法 1.1 中给出了相应的描述。总体来说，音乐标识符训练集包含了 3500 个样本。即使我们使用处理过的数据集来训练模型，模型评估也是在这些展示自己基数的类的原有样本上进行的，也就是，没有过采样和欠采样，即便这些特征值是标准的。本实验中的数据集全集包含 16 392 个在 10 个类中不均匀分布的样本。拒绝机制，类似于分类机制，基于平衡的训练集构建。我们应用“类-对-其他所有类”方法(参见 3.3 节)。所有二值分类器(在分类树和拒绝机制中)都是基于 SVM 算法训练的。所有训练过程都使用 RBF 核，其中 gamma 参数固定在 0.0625，损失值等于 1，同时我们使用 10 折交叉验证。

```
             0123456789
      0368                 124579
  03        68        145          279
0    3    6    8    1     45     2      79
                          4    5        7    9
```

图 5-3　二叉树分类器结构的文本表示法在音乐符号分类中的应用

表 5-6　两个原始数据集上(手写数字和印刷体乐符)带拒绝分类(全局、局部和嵌入式)的实验结果对比

原始样本数据集	数字			乐符	
尺度化	否		是	否	是
异类样本数据集	划“×”	字符	字符	垃圾	垃圾
架构	全局拒绝				
准确度	81.71	95.74	96.79	98.12	86.28
严格准确度	80.70	95.26	95.78	97.97	86.21
原始灵敏度	98.79			99.19	
异类灵敏度	64.62	94.79		73.38	
原始分离度	73.87	85.63	95.05	98.86	78.98
严格原始分离度	72.97	84.59	93.90	98.06	78.34
异类分离度	98.80	99.63	98.80	84.22	99.20
严格异类分离度	63.85	94.44	93.66	61.80	72.79
原始 F-度量	84.37	91.65	96.85	99.02	87.85
异类 F-度量	77.94	97.14	96.73	76.39	84.25
架构	局部拒绝				
准确度	87.88	95.44	95.89	98.04	86.24
严格准确度	87.30	95.17	95.31	97.94	86.19
原始灵敏度	96.74			99.11	
异类灵敏度	79.02	95.04		73.38	
原始分离度	82.66	86.22	95.27	98.86	78.98
严格原始分离度	79.96	83.41	92.17	97.98	78.27
异类分离度	96.84	99.00	96.84	82.94	99.12
严格异类分离度	76.53	94.09	92.04	60.86	72.73
原始 F-度量	88.87	90.96	95.92	98.98	87.81
异类 F-度量	86.70	96.95	95.85	75.67	84.21
架构	嵌入式拒绝				
准确度	88.74	95.73	95.91	98.09	89.03
严格准确度	88.22	95.49	95.39	98.00	88.99
原始灵敏度	96.24			98.91	
异类灵敏度	81.23	95.57		79.15	
原始分离度	84.20	87.52	95.76	99.11	82.75
严格原始分离度	81.03	84.23	92.16	98.02	81.85
异类分离度	96.38	98.85	96.38	79.87	98.92
严格异类分离度	78.29	94.47	92.11	63.22	78.30
原始 F-度量	89.52	91.44	95.92	99.00	90.02
异类 F-度量	87.82	97.16	95.89	77.46	87.83

注：只要适用，我们就可以通过两个变量来计算速率：原有的和经过尺度化处理的(平衡过的)。尺度化涉及一种情况，就是当我们测试基数不平衡的原始/异类数据集时。结果以百分数形式表示。

为了验证模型的质量，我们使用乐符标识符将原始样本与垃圾样本进行配对(参见图 3-9 和图 3-11)。异类样本的规模(710 个样本)大约是原始样本数量(16 392 个符号)的

0.04。这种比例失调的基数使得需要对评估方法进行尺度变换。表 5-6 中给出了实验结果。我们计算了一系列的全局质量标准，同时对比了不同拒绝模型下的结果：全局、局部和嵌入式。我们对比了两个数据集的处理结果：手写数字和音乐标识符。此外，针对不平衡的原始样本/异类样本对，我们同样还展示了在没有尺度化处理和有尺度化处理这两种情况下的正确率。

结果显示，当我们评估其在对接受原始样本的干扰时，发现全局架构的侵入性是最少的。它展示了其在处理手写数据集时*原始灵敏度*(native sensitivity)的高分数，也就是，全局架构达到了 98.79%，其得分比局部和嵌入式架构多出很多百分点。针对音乐标识符，其差异很小，也就是，全局架构达到 99.19%，略少于那两个架构。

尽管全局架构保留了很多原始样本，但不是一定要保留优质的原始样本。讲到这里，我们指的是它没有拒绝被错分的原始样本。相比而言，另两个架构(局部和嵌入式)拒绝了更多的原始样本，但它们同样拒绝了比全局架构更多的被错分的原始样本。当注意到严格准确度时这是很明显的，全局架构在处理划“×”的手写数字时得到的严格准确度低于那两个架构。

很明显，接受一个原始样本要比拒绝异类样本更容易些。我们提出这个说法的原因是，所有被检验的模型都只基于原始样本构建。这个结论可以通过对比原始和异类 F-度量值得到。在所有研究的模型中，原始 F-度量值都更高，唯一的例外出现在未按比例缩放该值时。这就证实了一个非常重要的结论(已在前面章节提到)，在处理不平衡数据时尺度化处理是必需的。跳过这一重要步骤会影响数据中实际依赖项的描述。注意，对于多数没有经过尺度化处理的异类样本数据(手写拉丁字母数据集，三倍于原始数字)，我们有非常高的异类 F-度量值(97.14%)，而原始 F-度量值仅为 91.65%。同时，对于大多数没有经过尺度化处理的原始样本数据(音乐标识符数据集和小部分音乐标识符垃圾样本)，我们在原始 F-度量值上(99%)有相对于异类 F-度量(77.46%)的绝对优势。

换句话说，不经过尺度化的度量方法更有利于处理对样本数很大的样本集的辨识，其区别是很大的。让我们来对比一下也许是最极端的例子：乐符的严格原始分离度。当计算未经尺度化处理的识别率时，结果等于 98.86%。相比而言，当我们考虑不均衡基数(我们有一个非常低频的异类集)并尺度化识别率时，严格原始分离度等于 78.98%。这个高的散布度(19.88%)是需要仔细构建质量度量的一个明显证据。

嵌入式架构展示出拒绝异类样本的最强能力。这并不出乎意料，因为这个模型有比另两个模型更多的拒绝成分。

总的来说，所构建模型的运行结果很好。研究表 5-6 的数值结果，我们可以根据实验结果推荐采用局部架构。它的表现很令人满意，同时它的计算量比嵌入式架构要低。

对比乐符和手写数字集的结果，我们发现分割乐符垃圾样本更容易，也就是，将它们从一组乐符集中拒绝，要比将划“×”的数字和拉丁字母从手写数字集中拒绝要容易(参见严格异类分离度)。

如果对比手写数字搭配划“×”的数字和手写数字搭配拉丁字母这两种情况的得分，我们会发现后者更容易被区分。处理拉丁字母的所有度量值均要大些；平均差异有13%的百分点。不成比例的情况中最高的是全局架构(大约18%)，最低的是嵌入式架构(大约9%)。

如果对比和总结原始/异类手写数字(原始类)和拉丁字母(异类)以及音乐标识符(原始类)和垃圾乐符样本(异类)的结果，我们会发现前一组更容易识别。那两组由手写数字搭配的原始/异类数据集处理结果的平均差异大约是11%(数字搭配字母更容易处理)。相反，对比手写数字(原始类)和划“×”的异类数字以及音乐标识符(原始类)和垃圾乐符(异类)的结果，我们会发现这组原始/异类数据集的识别率很接近(差异是1%，其中乐符数据集更好处理)。所有例子中，对于全局架构来说，差异是最大的，对于嵌入式体系结构，差异最小。

最后，我们要指出的是，提出的这三种架构在处理原始样本分类和拒绝异类样本的问题上表现得都很好。在追求更好模型的过程中，我们提出了一组几何模型。我们放弃了对样本分类的需求，转而集中于对原始和异类样本进行简单的区分。

5.2 几何方法

异类样本拒绝的几何方法是基于一种直觉，即原始样本集在 M 维特征空间 R^M 的实坐标中占据一个规则的区域，这一区域可以很容易地被基础几何图形所包围。而第二种直觉是，异类样本掉出了被原始样本所占据的区域，或者至少，大多数异类样本可以以这种方式被多数原始样本分开。

用简单的几何图形来定义原始样本所占的区域是可取的，这将便于数值处理。为了方便起见，我们假定用来描述这一区域的数字是凸(convex)区域，并且是紧凑(compact)的，这样的区域是这类区域的一个结合。

我们用 Z_1，Z_2，…，Z_C 来定义几何图形，假设 Z_l 包含了所有来自类别 Tr_l 的训练样本，其中 $l=1$，2，…，C。因此有：

$$Z = Z_1 \cup Z_2 \cup \cdots \cup Z_C \tag{5.1}$$

代表 R^M 中的一个区域，该区域包含了所有来自训练集的样本。为方便起见，我们假设所有图 Z_l 都是凸区域，且是紧凑的。这个区域用于判断 R^M 的一个给定特征向量代表原始样本还是异类样本。我们写成 $\boldsymbol{x} \in Z$ 来表明 $\boldsymbol{x} \in R^M$ 属于一个或多个图 Z_l。

用于处理异类样本的直接机制假设每一个属于第 l 个类的原始样本都位于几何图形 Z_l 内部。这对所有类别的原始样本都成立，我们假定所有原始样本都包含在图 Z_l 的联合(union) Z 中：换句话说，所设计的几何图形联合内部(或外部)的位置可以区分原始样本和异类样本，当然这要基于所有原始样本都落在图形范围内这一假设。这个特殊的策略，在其被用到带拒绝的综合分类问题中时，可以被调整来处理特殊数据处理问题。

构成特征空间 R^M 中的区域 Z，我们保证训练集中的原始样本都没有落在这个区域以外。实践中，针对按这种方法构建的区域，尽管其训练集中原始样本具有最优性，但对于拒绝而言其范围可能太宽了。另外，可能有一些原始样本距离类的核心位置很远。因此，较小的 Z_l 图形没有跨越整个类的样本区域，但涵盖了除较远的那个样本以外的所有样本，这可能会显著减少原始样本占据的区域面积。按照这种方式，异类样本所在区域(所谓原始样本空间的补集)的面积增加，其提高了拒绝效率。

数据集的深度轮廓与包含数据集的几何图形之间存在着不可否认的关系。深度轮廓实际上是几何图形。此外，它们的构造方法使得其将数据点紧紧地包围在数据集中。因此，它们很好地适应了实际的训练数据点，并且在边界模式边缘点(外点)识别方面做得很好。然而，发掘一个凸壳的计算量非常大，如果特征空间的维数大于 3，则使用此方法的次数就不多了。相比而言，在高维特征空间中计算基本几何图形的过程则更为高效。

我们仍然需要具体说明将使用哪些几何图形来构造拒绝机制，也就是，构造区域 Z。我们决定应用 M 维超矩形和椭球体。因此，我们必须定义如何建立起对它们的关系。数字的选择首先取决于它们的简单性(超矩形可以非常直接地计算)和直观性(椭球图与特征向量在每类中均匀分布的期望是一致的)。

5.2.1　超矩形

最简单的几何图形是超矩形，它定义为实线中定义的区间的笛卡儿积。一个从以上假设得出的直接结论是超矩形的边平行于坐标系的轴。因此，根据表示模式的特征向量，很容易找到包围给定的一组原始样本的超矩形。同样，测试将样本包含到超矩形中是很直接的。

特征空间 R^M 中的一个超矩形正是区间的笛卡儿积。我们假设该超矩形是有限且封闭的：

$$H = I_1 \times I_2 \times \cdots \times I_M = [l_1, r_1] \times [l_2, r_2] \times \cdots \times [l_M, r_M] \tag{5.2}$$

其中 $I_i=[l_i, r_i]$ 是有限(封闭)区间，也就是，$-\infty<l_i<r_i<\infty$，$i=1, 2, \cdots, M$。因此，之前定义的由超矩形实现的通用几何图形 Z，Z_1，Z_2，…，Z_C 将由 H，H_1，H_2，…，H_C 定义。

继续之前的讨论，我们需要回顾一下计算超矩形体积的公式，也即是区间长度的乘积：

$$V_H = |I_1 \cdot I_2| \cdot \cdots \cdot |I_M| = \prod_{i=1}^{M}(r_i - l_i) \tag{5.3}$$

一个超矩形 H(由式(5.2)定义)包围了一组样本 $O=\{o_1, o_2, \cdots, o_n\}$，由特征空间 R^M 中的 M 维特征向量描述，可以很容易地通过设置区间端点 I_1，I_2，…，I_M 来构建：

$$l_k = \min_{o_i \in O}\{x_{k,i}\} \quad r_k = \max_{o_i \in O}\{x_{k,i}\}, \quad k = 1,2,\cdots,M \tag{5.4}$$

其中 $(x_{1,k}, x_{2,k}, \cdots, x_{M,k})^T$ 是样本 $o_k \in O$ 的特征向量。

相比而言，一个由向量$(x_{1,k}, x_{2,k}, \cdots, x_{M,k})^{\mathrm{T}}$表征的样本包含在了由公式(5.2)所定义的超矩形中，当且仅当

$$l_l \leqslant x_{l,k} \leqslant r_l, \quad 对于所有的\ l = 1,2,\cdots,M$$

如果有被包围在某个超矩形H_l(其中$l=1, 2, \cdots, C$)内且属于Tr_l类的训练样本，那么我们就可以将公式(5.1)转换为这些超矩形的联合：

$$H = H_1 \cup H_2 \cup \cdots \cup H_C \tag{5.5}$$

其表示H包围了整个Tr的训练集样本。

包含三个类和两个特征($C=3$, $M=2$)的一个示例如图5-4所示。这三个样本类分别用三角形、十字和方形表示。样本由两个特征来表征(X_1和X_2)，超矩形$H=H_1 \cup H_2 \cup H_3$包含了训练样本集中的所有原始样本。

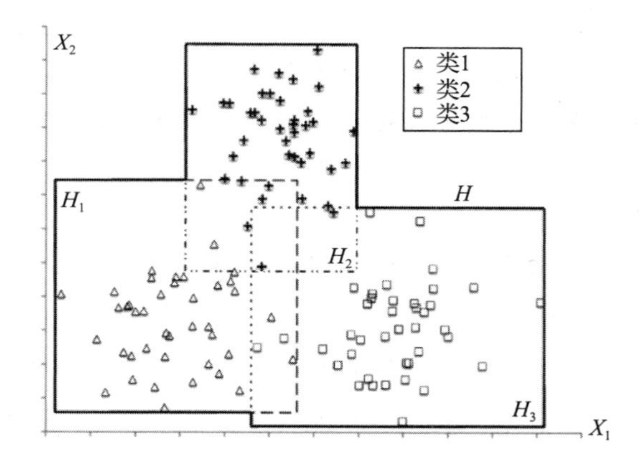

图 5-4　包含了原始训练样本集的基于超矩形的区域的构建。该区域是基于训练样本的类来构建的超矩形的联合

5.2.2　椭球体

与超矩形的例子一样，我们来构建包含一个给定样本集的最小体积的椭球体。跟超矩形不一样的是，构建这样的椭球体不可以直接实现。尽管椭球体不像超矩形那样容易定义和计算，但它们是直观的，另外，确定一个图案是否包含在椭球中也相对容易。

特征空间R^M中定义的椭球体可以定义如下：

$$E(\boldsymbol{x}_0, \boldsymbol{A}) = \{\boldsymbol{x} \in R^M : (\boldsymbol{x} - \boldsymbol{x}_0)^{\mathrm{T}} \boldsymbol{A} (\boldsymbol{x} - \boldsymbol{x}_0) \leqslant 1\} \tag{5.6}$$

其中$\boldsymbol{x}_0 \in R^M$是椭球体的中心，而$\boldsymbol{A}$是一个正定阵(positive-definite matrix)(Kumar 和 Yildirim，2005)。很明显，中心$\boldsymbol{x}_0$和矩阵$\boldsymbol{A}$唯一地定义了一个椭圆体。

从现在开始，通用几何图形表示为$Z, Z_1, Z_2, \cdots, Z_C$，而当用椭球体实现时，则可表示为$E, E_1, E_2, \cdots, E_C$，其中E_l是一个包含了一组来自类别l的训练集的椭球体。就像基于超矩形模型的例子一样，如果每一个原始训练样本Tr_l都被包含在一个指定的椭球体$E_l(l=1, 2, \cdots, C)$内，那么公式(5.1)定义的区域则由这些椭球体的联合区域确定，这些区域包含了整个训练样本集Tr：

$$E = E_1 \cup E_2 \cup \cdots \cup E_C \tag{5.7}$$

我们假设针对原始样本的每个类，构建一个包含了l类样本的椭球体E_l依赖于其体积的最小化。为了满足这个假设，包含原始样本的椭球体需要进行定制。我们要注意对于一个给定体积的M维单位超矩形V_0，椭球体的体积$E(\boldsymbol{x}_0, \boldsymbol{A})$可以由下式计算：

$$\mathrm{Vol}(E(\boldsymbol{x}_0, \boldsymbol{A})) = \frac{V_0}{\sqrt{\det \boldsymbol{A}}} = \frac{\mathrm{Vol}(E(\boldsymbol{0}, \boldsymbol{I}))}{\sqrt{\det \boldsymbol{A}}} \tag{5.8}$$

其中 $\boldsymbol{I}$ 是单位矩阵，$\boldsymbol{0}$ 是坐标系的原点，$\det(\boldsymbol{A})$是矩阵 $\boldsymbol{A}$ 的行列式。当然，单位超球面 V_0 是超椭球，其中心在坐标系原点，且其单位阵 $\boldsymbol{I}$ 定义了这种特殊情况下的超椭球。我们不讨论如何构建包含给定样本集的最小体积的椭球体。这方面的内容建议参考 P. Kumar 和 E. A. Yildirim(2005)。针对这里报道的测试内容，我们会使用 M. J. Todda 和 E. A. Yildirim(2007)提出的算法。

以下公式代表包含整个 l 类样本的椭球体：

$$E_l = E(\boldsymbol{x}_l, \boldsymbol{A}_l) = \{\boldsymbol{x} \in R^M: (\boldsymbol{x} - \boldsymbol{x}_l)^{\mathrm{T}} \boldsymbol{A}_l (\boldsymbol{x} - \boldsymbol{x}_l) \leqslant 1\} \quad l = 1, 2, \cdots, C \qquad (5.9)$$

其中 $\boldsymbol{x}_l \in R^M$ 是第 l 个椭球体的中心，而 $\boldsymbol{A}_l$ 定义了该球体。

最终，一个给定样本 $x \in R^M$ 被识别为异类样本，当且仅当：

$$(\boldsymbol{x} - \boldsymbol{x}_l)^{\mathrm{T}} \boldsymbol{A}_l (\boldsymbol{x} - \boldsymbol{x}_l) > 1,$$
$$\text{对于每一个 } l = 1, 2, \cdots, C$$

如果训练集中的每个类 Tr_l 都被包围在一个专用椭球体 $E_l(l=1, 2, \cdots, C)$ 内，那么这些椭球体的联合：

$$E = E_1 \cup E_2 \cup \cdots \cup E_C \qquad (5.10)$$

包围了整个训练集样本 Tr。一个包含三个类和两个特征($C=3$ 且 $M=2$)的例子如图 5-5 所示。类似于图 5-4，我们用三角形、十字和方形来代表三类，用 X_1 和 X_2 表示两个特征。三个椭球体 E_1、E_2 和 E_3 包围了训练集中的所有样本。

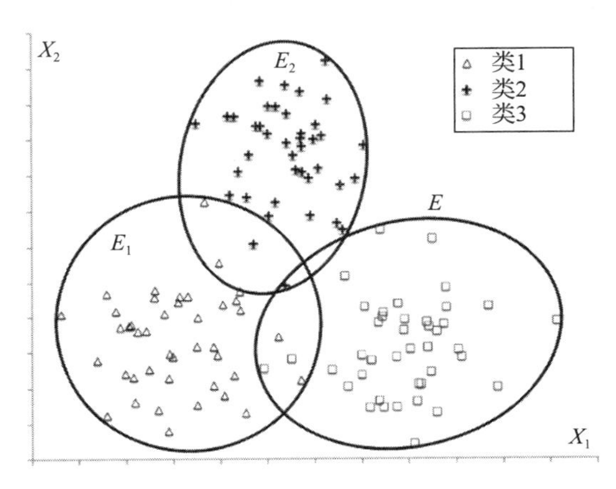

图 5-5　一个包含训练样本集的区域的构建。该区域是基于训练集样本构建的三个椭球体(E_1、E_2、E_3)的联合

5.2.3　在几何模型中限制为原始样本保留的区域

公式(5.1)中定义的区域 Z 保证了所有来自训练集的原始样本都被包围在该区域中。当然，无法确保来自一个测试集的所有原始样本(或更常规的，所有训练集以外的原始样本)会落入区域 Z 中。然而，我们可以预期，如果一个训练集提供了对原始样本的较好表征，那么大多数新出现的原始样本都将落在此区域中。另外，我们希望多数的异类样本会掉落在该区域以外。换句话说，我们希望能正确地根据其在指定的几何模型之外的位置来拒绝大多数异类样本。直观来说，区域 Z 面积越小，越少的异类样本会掉落进 Z，也就是，不会被拒绝掉。因此，为了增加拒绝的机会，我们应该减小区域 Z 的面积，使得其尽可能地紧凑。同时，我们可能预测不恰当地减小区域 Z 的面积不仅将增加对异类样本的拒绝率，还同时会增加对原始样本的拒绝率。当然，后者是不希望出现的。然而，我们应该声明有两个目标是相互冲突的：提高原始样本的接受率(acceptance rate)和降低异类样本的接受率。在后续章节中我们讨论减少给原始样本预留的区域的方法，那样的话我们就可以生成一个能平衡上述两个相互冲突的

标准的模型。

最直观和直接的减小区域 Z 的尝试是减小组成 Z 的 Z_1 成分的体积。让我们回顾一下，每一个 Z_l 的成分对应着第 l 个类的原始样本。减小 Z_l 的体积依赖于删除分类边界的样本。为了实现对 Z_l 体积减小量的严格控制，我们用迭代的方式实现这一过程。这意味着每一轮迭代过程中，只有一个或少数几个边缘样本被移出训练集，之后新的包围剩余样本的区域被重新定义。为描述这一过程，让我们回到公式(5.1)中，将其重新写为如下形式：

$$Z^0 = Z_1^0 \cup Z_2^0 \cup \cdots \cup Z_C^0 \tag{5.11}$$

其中上标设为 0 指的是还没有进行任何迭代过程。因此，所有训练样本此时都落在了区域 Z^0 中。我们使用名为 k-span 的标记来表示原始样本缩小的面积：

$$Z^k = Z_1^k \cup Z_2^k \cup \cdots \cup Z_C^k \tag{5.12}$$

k-span 被定义为如下经削减后的训练样本集序列：

$$Tr^k = Tr_1^k \cup Tr_2^k \cup \cdots \cup Tr_C^k \tag{5.13}$$

对于 $k=1, 2, \cdots, s$；这里 s 代表迭代索引(index)。当然，Z^0 是基于原始训练集 Tr^0 的。那么，每一个 k-span Z^k 都根据减少后的训练集 Tr^k 来创建，而反过来，其也包含了削减后的原始样本类。

现在的问题是如何辨识边界上的样本，以及如果有一批这样的样本，我们该如何处理？很明显的是，对于一个给定类的样本，我们肯定希望首先将位于远离主要样本所占据区域的样本删除掉。然而，为了实现这个假设，有必要让属于同一类的样本构成一个聚集区(joint area)，那样我们才能找到样本的主要聚集区(密集区)。该类的少数样本位于这个聚集区以外，那么我们可以将其删除。我们称这种样本为*远离样本*(outermost pattern)。在后续章节中我们会深入讨论这两个问题。

超矩形

最简单的缩小原始样本区域的策略是删除训练集中构成每个特征的*结束间隔*(ending of interval)的样本。在针对给定特征有超过一个样本的情况下，我们假设该策略下每一轮只删除一个样本。另外，一个样本可以作为超过一个特征的*结束点*(ending point)。因此，一轮可以删除每个类中的 $2M$ 个样本。如果所有构成结束间隔的样本都被删除了，那么每一类中都可以删除超过 $2M$ 的样本。

实践中这个直接且平凡的方法也许效率不高，因为它不能区分出接近原始样本密集区的原始样本和远离密集区的原始样本。很明显的是，删除接近密集区的原始样本会减少小部分超矩形的体积，而删除远离密集区域的样本是一个更有效的策略。因此，我们在这里讨论删除远离的样本，也就是辨识这些远离样本(位于给定类别中离主要样本聚集区相对较远的那些样本)的方法。删除远离样本使得我们可以在极大程度上减少包围给定类别中剩余样本的超矩形的体积。

我们现在考虑训练集中属于一个类的原始样本。我们假设包含这些样本的超矩形由公式(5.2)来定义。关于“如何辨识远离样本”这个问题的答案也即是计算公式(5.3)中定义的关于减小超矩形体积的问题，这就与撤销每个特征($i=1$, 2, …, M)的间隔$[l_i, r_i]$的点有关，也就是，计算 $2M$ 的减小量，接着删除该样本(当选定间隔末端有多于一个样本时，删除多个样本)，这时会产生最大体积减小量(maximal volume reduction)。让我们看看这个过程的细节。在确定了第 i 类的间隔$[l_i, r_i]$之后，我们需要寻找这个特征的最小值，其大于 l_i，小于 r_i，其中比 l_i 大的设为l'_i，比 r_i 小的设为r'_i。此外还有一个额外的必要条件，实践中很容易满足，也即是特征 i 有超过 3 个不同的值。否则，特征值太少，无法进行我们所提出的这个计算。出于讨论的目的，我们假设特征 i 的不同值足够多，且我们得到了 l'_i 和 r'_i。接着，参见公式(5.3)，减小的体积分别为 $V_H \cdot (r_i-l'_i)/(r_i-l_i)$和 $V_H \cdot (r'_i-l_i)/(r_i-l_i)$。换句话说，对应的体积减小量为 $V_H \cdot (l'_i-l_i)/(r_i-l_i)$和 $V_H \cdot (r_i-r'_i)/(r_i-l_i)$。很明显的是，体积减小取决于间隔的相对长度的减小而不依赖于超矩形 V_H的体积。因此，除了计算体积，我们可以简单地计算相对间隔长度减小的比率$(l'_i-l_i)/(r_i-l_i)$和$(r_i-r'_i)/(r_i-l_i)$，其中 $i=1$, 2, …, M，删除这个端点($2M$ 端点以外)，这样使得这个比率最大。为简便起见，我们称这些比率为收缩因子(shrinking factor)。

在之前的讨论中，我们考虑将间隔的端点移除，而实际上，一个等效动作是从训练集中删除恰当的样本，其结果是在超矩形形成阶段减少各自的端点。如果我们能假设特征值对所有样本都是唯一的，也即是，没有哪两个样本拥有相同的特征值，那么移除间隔端点就等同于删除一个单独的样本。为简便起见，让我们先假设在算法 5.1 和算法 5.2 的训练集中，所有样本都只有唯一特征值。接着，我们讨论一个没有这一假设的更普遍的例子。

算法 5.1　通过移除远离样本来减少样本集

数据：$O=\{o_1, o_2, \cdots, o_r\}$：一组 r 个原始样本(特别是训练集)

　　$\boldsymbol{x}_i=\{x_{1,i}, x_{2,i}, \cdots, x_{M,i})^{\mathrm{T}}$：样本 $o_i(i=1, 2, \cdots, r)$的特征向量

算法：**for** 每一个(特征)$l=1 \sim M$ **do**

　　begin

　　　$i_{\min}=\arg\min_{o_i \in O}\{x_{l,i}\}$，$\Delta x_{l,\min}=\min_{o_i \in O-\{o_{i_{\min}}\}}\{x_{l,i}\}-\min_{o_i \in O}\{x_{l,i}\}$

　　　$i_{\max}=\arg\max_{o_i \in O}\{x_{l,i}\}$，$\Delta x_{l,\max}=\max_{o_i \in O\{x_{l,i}\}}-\max_{o_i \in O-\{o_{i_{\max}}\}}\{x_{l,i}\}$

(＊)　　**if** $\Delta x_{l,\min}>\Delta x_{l,\max}$　**then**　$\Delta V_l \cong \dfrac{\Delta x_{l,\min}}{r_l-l_l}$，$\mathrm{del}_l=i_{\min}$

　　　　　　else　$\Delta V_l \cong \dfrac{\Delta x_{l,\max}}{r_l-l_l}$，$\mathrm{del}l=i_{\max}$

　　end

(＊＊)　$k=\operatorname{argmax}_{l=1,2,\cdots,M}\{\Delta V_l\}$

(＊＊＊)　从样本集 O 中移除 o_{del_k}

结果：已移除远离样本的 $r-1$ 个样本的集合 $O-\{o_{\mathrm{del}_k}\}$

算法 5.2 s-span 超矩形 H^s 的构建

基于训练样本集

数据：$Tr=Tr_1 \cup Tr_2$，…，Tr_C：训练集 Tr 是 C 个子集的联合，每个子集 Tr_i 都包含属于第 i 个类的样本

算法：**构建** 0-span H^0 将式(5.3)和式(5.4)应用到训练集 $Tr^0=Tr$ 中

for $k=1\sim s$ **do**

begin

  for 每一个(类)$l=1\sim C$ **do**

  从 Tr_l^{k-1} 中**移除**远离样本以形成 Tr_l^k

  构建训练集 $Tr^k=Tr_1^k \cup Tr_2^k$，…，Tr_C^k

  构建 k-span H^k 将式(5.3)和式(5.4)应用到训练集 Tr^k 中

end

结果：s-span 超矩形 H^s

算法 5.1 中给出了一个从给定训练集中删除远离样本的示例方法。在算法 5.2 的每一个"**for** k"循环迭代中，我们都减少了训练样本集的样本数。一开始，训练集中有 Tr^0 个样本。在完成第一轮计算($k=1$)后，我们减少了训练样本数，并将其表示为 Tr^1。在完成第二轮计算($k=2$)后，我们进一步减少样本数，最后的样本数用 Tr^k 表示。最终，处理过程完成后，我们得到训练集 Tr^s。要注意我们拥有的样本集为：

$$Tr^{k-1} = Tr_1^{k-1} \cup Tr_2^{k-1} \cup \cdots \cup Tr_C^{k-1}$$

简化后的训练集表达为：

$$Tr^k = Tr_1^k \cup Tr_2^k \cup \cdots \cup Tr_C^k \tag{5.14}$$

将算法 5.1 和算法 5.2 应用到原始样本的每一个类 Tr_l^{k-1}，也即是，将每一个类中的远离样本删除掉。值得注意的是，算法 5.2 中的每一步都减少了训练集的基数(每个类刚好减少了一个远离样本)。当然，在这个例子中，式(5.11)和式(5.12)中用 Z 表示的区域都应该用 k-span 超矩形代替，因此那些公式应该变为：

$$H^k = H_1^k \cup H_2^k \cup \cdots \cup H_C^k \tag{5.15}$$

图 5-6 中给出了 k-span(多达 3-span)的示例图。这里的 3-span 意思是从每个类中删除 3 个远离样本。

选择超矩形收缩(hyperrectangle shrinking)是因为其简单性。我们同样可以设想出其他针对给定数据集的、比这里提出的方法更加有效的超矩形简化方法。后续我们会简要描述其他超矩形收缩的思路。然而，我们希望将讨论局限在方法上，而不去深究所提出的这个处理过程的细节。要注意的一点是，我们可以轻易地设计出其他能辨识需要删减的样本的策略，以用来构建一个收缩的几何模型。这些方法可以利用不同的概念，包括不同的距离和密度，不同的度量系统(metric system)，不同的关于类和聚类中心的定义，或者样本分散(pattern dispersion)。比如，可以提出删除距离类重心最远的样本的

方法，可以删除一定比例的最远样本，可以将原始样本分解成几个集群以使用不同的超矩形分别将其包围，等等。然而，我们要强调的是，在本研究中我们只讨论通用方法而不研究算法方面的细节。

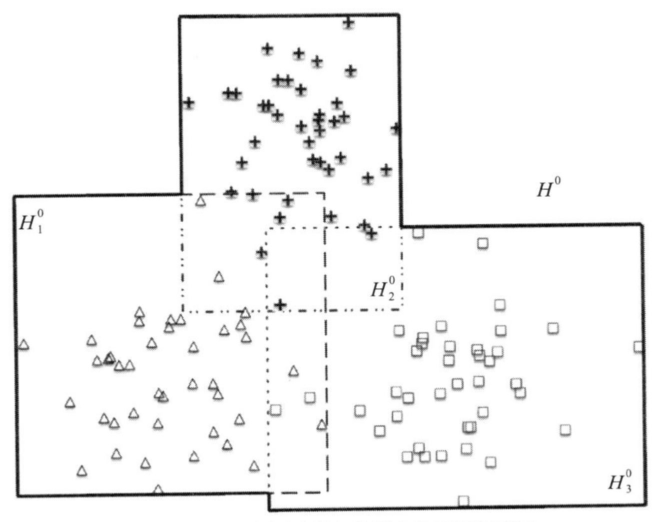

a）H^0 span是包围所有类样本的矩形的联合

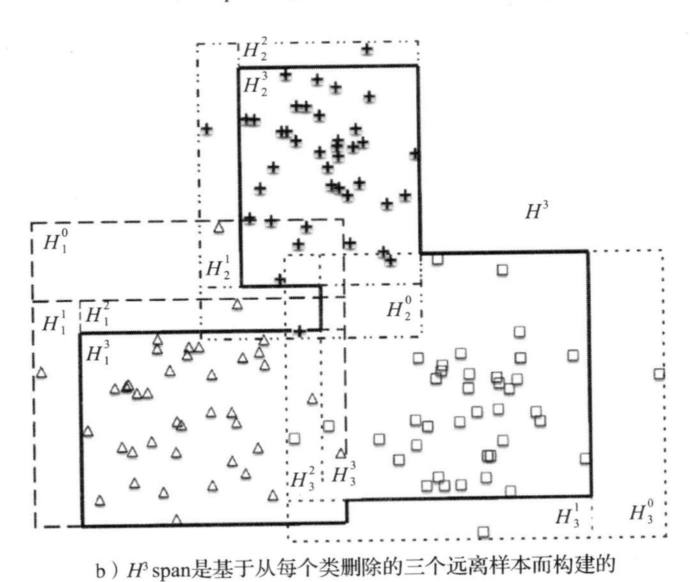

b）H^3 span是基于从每个类删除的三个远离样本而构建的

图 5-6　针对原始样本的两个特征和三个类的 k-span H^k 的构建

我们来看看算法 5.1。实践中，非常少见的情况是对每一个间隔的端点，都有一个对应的样本。很可能出现的情况是间隔端点对应着多个样本。比如，在手写数字数据集或音乐标识符例子中。这些数据集中的许多特征值都是从几十个长度间隔中得到的整数，而每个类的基数都是几百。因此，从统计上讲，每一个特征值将有一些或更多的样本与其对应。即使在这种情况下，算法 5.1 运行出的结果也是正确的：针对在用(*)标注的指令中选择的端点，只有一个对应的样本被删除了。因此，足够可以重复该过程，直到一个给定端点上的所有样本都被移除为止。通过这种带(*)指令的重复，我们可以删除给定端点。然而，逐个删除样本的过程并不是最优的。这种情况下，最好是根据选定的端点一次性删除掉所有样本。为了执行一次性删除所有相关样本这个操作，我们需要修改算法 5.1 中的带(* *)和(* * *)的两行代码。因此，我们考虑如下三个基本的修改方法。我们称那些修改标准为全部特征、一个特征和体积：

- **所有特征**：针对每一个特征，也就是，对于 $i=1, 2, \cdots, M$，删除所有与端点对应的、$(l_i'-l_i)/(r_i-l_i)$和$(r_i'-r_i)/(r_i-l_i)$中具有更大收缩因子的样本。
- **一个特征**：在所有 $2M$ 端点中找寻具有最大收缩因子的端点，删除该端点对应的所有样本。
- **体积**：找寻收缩因子除以对应样本数的商数最大的端点，删除与之对应的所有样本。

表 5-7 中给出了这三种方法(所有特征、一个特征和体积)结果的对比分析。表中空格是故意留着的，因为所有特征方法在每一轮迭代后都会导致不同的结果。这是因为相比于另外两种方法，它一次性删除了更多的样本。表格的上半部分给出的是手写数字原始特征，也就是，它们既不是归一化特征，也不是标准化特征。下半部分给出的是乐符。我们处理这组同样是原始特征的数据集，但数据集被间隔平衡法平衡过。数据集的预处理详见第 1 章。

表 5-7 用超矩形模型处理手写数字数据集和乐符数据集的拒绝结果的对比

原始灵敏度						异类灵敏度		
训练集			测试集			异类样本		
所有特征	一个特征	体积	所有特征	一个特征	体积	所有特征	一个特征	体积
手写数字(原始类)和字符(异类)								
100.0	100.0	100.0	98.6	98.7	98.7	74.6	74.6	74.6
	98.0	98.0		96.6	96.6		91.5	92.2
	96.0	96.0		95.1	94.7		93.4	94.5
94.0	94.0	94.0	92.7	93.4	92.9	88.9	94.0	95.6
	92.7	92.7		91.5	91.3		94.4	95.9
	91.0	91.0		89.9	89.6		94.7	96.6
89.3	89.3	89.3	88.7	88.0	88.1	93.9	95.8	96.8
	87.6	87.6		86.9	85.9		96.1	97.1
	85.8	85.8		85.2	83.7		96.7	97.4
84.0	84.0	84.0	83.2	83.3	81.2	96.4	96.9	97.6
印刷体乐符(原始类和异类)								
100.0	100.0	100.0	90.3	90.3	90.3	64.5	64.5	64.5
	98.0	98.0		86.9	86.8		77.0	77.5
	96.0	96.0		83.6	83.6		81.6	83.3
93.9	93.9	93.9	82.8	80.9	80.7	81.7	87.0	86.3
	91.9	91.9		78.8	78.4		88.9	88.0

（续）

原始灵敏度						异类灵敏度		
训练集			测试集			异类样本		
所有特征	一个特征	体积	所有特征	一个特征	体积	所有特征	一个特征	体积
印刷体乐符(原始类和异类)								
	89.9	89.9		76.3	76.4		90.4	91.7
87.9	87.9	87.9	75.3	73.7	74.1	89.6	91.1	92.2
	84.8	84.8		70.3	70.7		92.1	93.8
	81.7	81.7		66.3	67.3		92.5	94.1
78.7	78.7	78.7	67.1	63.9	64.1	93.2	93.4	94.9

我们使用 3.4 节中描述的两个数据集。现在，重申一下适合该实验的信息：

- 原始样本：来自 MNIST 数据库的手写数字(LeCun 等，1998)，总共 10 000 个样本，大约每个类 1000 个样本。我们从每个类中随机抽取 70%的样本作为训练样本，剩余的 30%作为测试集；异类样本：来自我们自己数据库的手写的小写拉丁文字母，总共 32 220 个样本(Homenda，2017)。
- 原始样本：我们数据库中的印刷体乐符(Homenda，2017)；原始数据集严重不平衡；它包含了在 20 个类中不均衡分布的 27 299 个样本。样本的不平衡性最初是在类的基数上反映出来的。比如，最低频类是三十二分休止符，其只有 26 个样本。相比而言，最高频类是四分休止符，其有 3024 个样本。知晓了不平衡数据集在分类器训练中会导致的问题，我们预处理了该数据集，并生成了一个平衡的版本。在平衡后的版本中，20 个类中的每个类都有 500 个样本，因为样本总数为 10 000。我们使用间隔法在稀有类中生成新的样本。对于过频类(overly frequent class)，我们实施欠采样，随机选择期望数量的样本。接着，我们在每个类中随机选择 70%的样本来构成训练集，剩余 30%作为测试集。我们将这个平衡的原始数据集和来自乐符数据集中的异类样本搭配在一起。异类样本为垃圾样本，且不是原始的印刷体乐符，总共有 710 个样本。

在表 5-7 中，我们给出了训练集和测试集中的*原始灵敏度*(native sensitivity，也即是原始样本的接受率)，以及异类样本的*异类灵敏度*(foreign sensitivity，也即是拒绝率，参见 4.1.3 节)。我们回顾一下，原始灵敏度(接受率)是落入某个区域的原始样本除以该过程所有原始样本的比例，比如由式(5.15)定义的模型。类似地，异类灵敏度(拒绝率)指的是掉落在由式(5.15)定义的区域以外的异类样本除以所有异类样本的比例。当然，这两者越大越好。各列分别给出的是所有特征(all)、一个特征(one)和体积(vol.)的值，对应着三个体积减小方法：①所有特征；②一个特征；③体积。在每一行中，我们给出的是原始样本训练集和测试集的接受率以及异类样本的拒绝率。我们包括了算法 5.2 经过第一、第二和第三轮后针对应用在算法 5.1 中的“所有特征”体积减小方法的结果。同样，我们也相应地给出了应用在算法 5.1 中的“一个特征”和“体积”的体积减小方法的中间结果。

数据显示第一个体积减小方法(所有特征)在处理乐符数据集上略微优于另两种方法，因为对于同等原始训练集准确度，它在原始训练集上实现了更好的准确度。然而，所有的三种方法在处理手写数字时得出的结果差不多。相比而言，第三种方法在处理异类样本集方面要优于另两种，而第一种方法在处理异类样本集方面要明显差一些。

两种删除远离样本的最好方法(相比于这里提出的三种)的详细特征如图 5-7 所示。这些方法被称之为"一个特征"和"体积"。图中，我们给出了在训练集和测试集上(原始样本)得到的接受率以及异类样本集上的拒绝率，该拒绝率作为算法 5.2 中实施的迭代次数的函数。我们发现随着迭代的进行，(删除远离样本的)"体积"方法结果在对异类样本的拒绝率方面开始优于"一个特征"的方法。然而，这一收益同时伴随着对原始样本接受率的变坏，"一个特征"体积减小方法的结果要比"体积"方法的结果差很多。但是，如果我们停止将分类和拒绝率作为算法迭代的函数来进行对比，转而比较训练集固定接受率(fixed acceptance rate)和对应的原始样本测试集的接受率与异类样本的拒绝率之间的差异，那么"体积"方法效果要优于"一个特征"的方法。

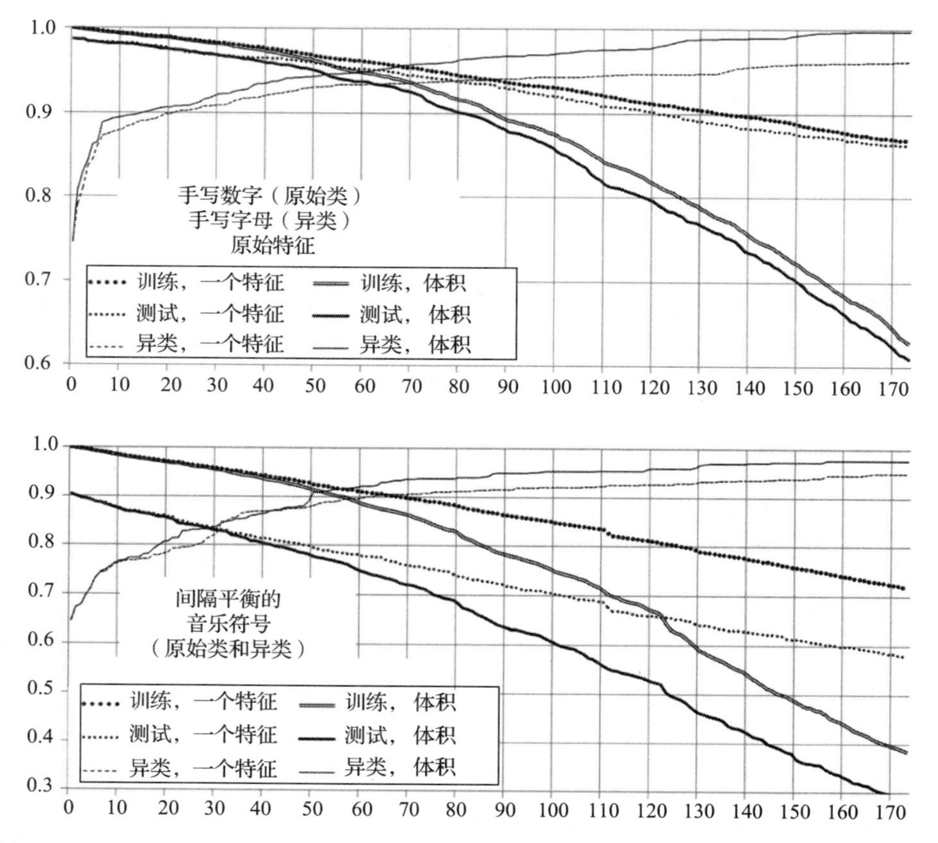

图 5-7　超矩形的几何拒绝：手写数字和乐符数据集的特征。图中描绘了算法 5.2 中作为迭代函数的接受率(针对原始样本的训练集和测试集)和拒绝率(针对异类样本集)。对比的是两种删除样本的方法：一个特征和体积

椭球体

我们注意到公式(5.7)中定义的区域包含了所有的原始样本。然而，它同样也可能包含一些异类样本。因此，像在超矩形例子里一样，为了提高原始样本拒绝的质量，合理的做法是减少这个区域的面积。我们能够应用很明显的删除远离样本的方法。然而，在椭球体中辨识远离样本不像在超矩形例子中那样直接。高效的计算方法生成了一个包含所有样本的最小体积的估计。因此，在形成的图形的表面上可能没有任何图案，也就是，不等式(5.9)变成了等式。另外，如果删除一些远离样本，那么有必要重构一个包含简化样本集的椭球体，就像超矩形例子一样。然而，椭球体的构建相比超矩形而言计算量更大，也更复杂。此外，像我们提到过的那样，构造出的椭球体是包含所有样本的最小体积的估计。与超矩形不同，其构建过程很直接(参见 5.2.1 节)。

我们来调整一下公式(5.11)：

$$E^0 = E_1^0 \cup E_2^0 \cup \cdots \cup E_C^0 \tag{5.16}$$

其中，包含给定类样本的椭球体定义如下：

$$E_l^0 = E(\boldsymbol{x}_l^0, \boldsymbol{A}_l^0) = \{\boldsymbol{x} \in R^M : (\boldsymbol{x} - \boldsymbol{x}_l^0)^{\mathrm{T}} \boldsymbol{A}_l^0 (\boldsymbol{x} - \boldsymbol{x}_l^0) \leqslant 1\} \quad l = 1, 2, \cdots, C \tag{5.17}$$

最终，一个给定样本 $\boldsymbol{x} \in R^M$ 被辨识为异类样本，当且仅当

$$(\boldsymbol{x} - \boldsymbol{x}_l^0)^{\mathrm{T}} \boldsymbol{A}_l^0 (x - x_l^0) > 1, \quad 对于每一个\ l = 1, 2, \cdots, C \tag{5.18}$$

那么，像超矩形例子一样，我们创建连续的 k—span：

$$E^k = E_1^k \cup E_2^k \cup \cdots \cup E_C^k \tag{5.19}$$

k—span 通过创建以下简化的原始训练样本集来定义：

$$Tr^k = Tr_1^k \cup Tr_2^k \cup \cdots \cup Tr_C^k \tag{5.20}$$

其中 $k=0$，1，2，…，s。跨度的形成在算法 5.3 和算法 5.4 中给出。这个方法的说明在图 5-8 中给出。

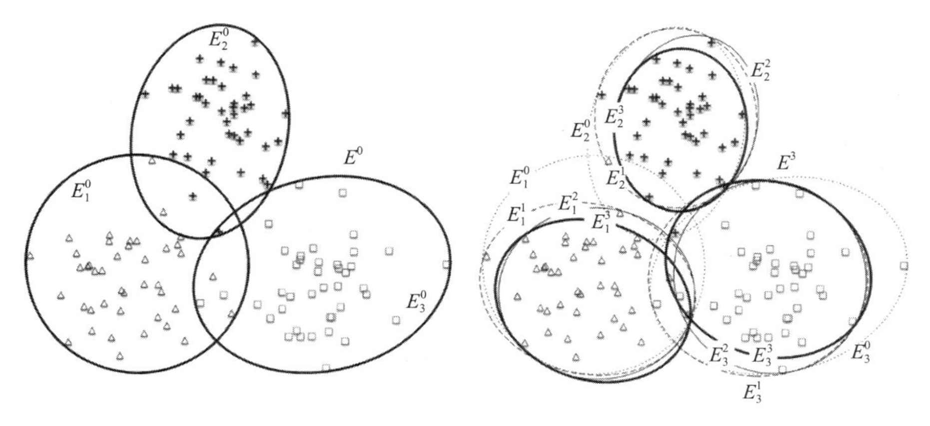

a）E^0 span是三个椭球体的联合；每个椭球体包含了一个类的全部样本

b）span E^1、E^2和E^3是通过在每次迭代过程删除三个远离样本（每个类删除一个样本）来构建的

图 5-8　针对原始样本的两个特征和三个类的基于椭球体的 k-span E^k 的构建

算法 5.3　通过移除基于椭球体的模型中的远离样本来减少样本集

数据：$O=\{o_1, o_2, \cdots, o_r\}$：样本集 O

　　$\boldsymbol{x}_i=(x_{1,i}, x_{2,i}, \cdots, x_{M,i})^{\mathrm{T}}$：样本 $o_i(i=1, 2, \cdots, r)$的特征向量

算法：创建包含样本的最小体积的椭球体 $E(\boldsymbol{x}_0^2, \mathbf{A})$

　　for 每个样本 $o_i \in O$ **do**

　　　计算 $r_i=(\boldsymbol{x}_i-\boldsymbol{x}_0)^{\mathrm{T}}\mathbf{A}(\boldsymbol{x}_i-\boldsymbol{x}_0)$

　　$k=\arg\max_{o_i \in O}\{r_i\}$

　　从样本集 O 中移除 o_k

结果：已移除远离样本的 $r-1$ 个样本的集合 $O-\{o_k\}$

算法 5.4　基于训练样本集的 s-span E^s 的构建

数据：$T_r=Tr_1 \cup Tr_2, \cdots, Tr_C$：训练集及其分解

算法：**构建** 0-span E^0 将式(5.16)和式(5.17)应用到训练集 $Tr^0=Tr$ 中

　　for $k=1\sim s$ **do**

　　begin

　　　for 每一个(类)$l=1\sim C$ **do**

　　　　使用算法 5.3 将样本集 Tr_l^{k-1} 减少到 Tr_l^k

　　　构建训练集 $Tr^k=Tr_1^k \cup Tr_2^k, \cdots, Tr_C^k$

　　　构建 k-span E^k 将式(5.19)和式(5.20)应用到训练集 Tr^k 中

　　end

结果：s-span E^s

像超矩形一样，每运行一次算法 5.3 就有超过一个样本可能被删除。在椭球体例子中，我们测试了依赖于在 $r=(\boldsymbol{x}-\boldsymbol{x}_0)^{\mathrm{T}}\mathbf{A}(\boldsymbol{x}-\boldsymbol{x}_0)$范围内删除一个给定数量样本的方法。

利用椭球体的几何拒绝属性如图 5-9 所示。我们给出了算法 5.4 中作为迭代函数的针对原始样本的训练集和测试集的接受率以及针对异类样本集的拒绝率。这些特性使我们可以对比基于椭球体模型和基于超矩形模型的拒绝能力，由图 5-7 给出。很明显的是，椭球体模型的拒绝比超矩形更为有效。需要注意一下手写数字数据集，其中训练集和测试集的整体接受率几乎是相等的。此外，还需要注意原始样本的接受率和异类样本的拒绝率。两者都很高，在 64 次迭代后都达到了 97%。我们要强调的是，椭球体模型是在原始样本训练集的基础上构建的，也就是 70%的手写数字集。剩余 30%的原始样本和异类样本(手写字母)没有参与椭球体的构建。印刷体乐符的结果要比手写数字和字母的结果差。然而，同样在这个例子中，椭球体的拒绝率结果要优于超矩形。

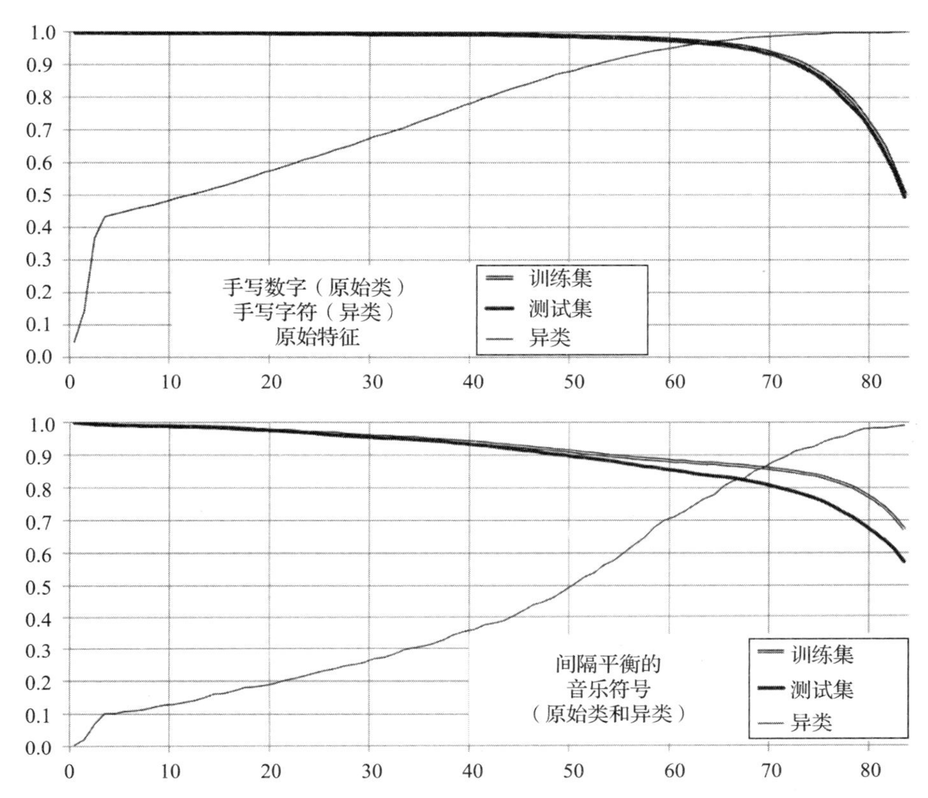

图 5-9　椭球体的几何拒绝：手写数字和乐符数据集的特性。图中描绘了算法 5.4 中作为迭代函数的接受率(针对原始样本的训练集和测试集)以及拒绝率(针对异类样本集)

5.2.4　文献评论

在模式识别的研究中，研究成果是在特征空间中确定的某些操作，从某种意义上讲，这些操作与异类样本拒绝任务有关。这些方法就是所谓的异常检测技术(novelty detection technique)或一类分类(one-class classification)。简言之，异常样本在分类器训练阶段是不可得的，而这个方法专注于描述已有样本的类。那么基于排除规则，如果一个特定样本不能被归到已知类中的一类，那么它会被认作异常样本。异常样本检测领域给出了更为复杂的方法。本节中提到的跟基于几何区域的方法最相似的方法依赖于特征空间几何。我们可以将它们归类成两个主流派系，也就是，基于距离的方法和基于样本密度的方法。

首先，我们要强调的是，这些方法大部分的根源在于对孤立点检测的研究。对更先进的处理方法(也就是异常样本检测)的需求重新燃起了研究者对这一系列已有方法的兴趣。特别是，在针对异常样本检测的算法的概念性发展方面已有了很大的突破。

在本书的上下文中，将外点(outlier)检测的相关性联系起来是很有趣的。我们引用 Hawkins 关于外点的定义：“一个外点是一种与其他观察结果有很大偏差的观察结果，可以引起怀疑，让人认为它是由一种不同机制产生的”(Hawkins，1980)。依据这个定义，我们看到了一些关于异类样本和外点的相似之处。虽然如此，但这两者之间有着本质的区别。我们再次重申，外点是原始样本，拒绝外点是确保非外点会被正确处理的一项措施，而异类样本本来就应该被删除，因为它们不属于原始样本数据集。此外，异类样本的特征是不知道的，而外点属于原始样本，因此它们的特征是已知的。在为原始样本构建的复杂几何图形结构中，可以找到一个关于外点问题的讨论，比如参见 Mozharovskyi 等(2015)。然而，我们在这里不打算讨论这个问题，因为它与本研究的重点无关。我们只在构建于原始样本集上的几何结构的上下文中讨论这个问题。

在我们看来，与基于几何图形方法最相似的是*基于深度的方法*(depth-based method)，该方法最初是开发来作为一个外点检测的工具。基于深度的方法，比如，名为 ISODEPTH(Ruts 与 Rousseeuw，1996)和 FDC(Fast Depth Contour)(Johnson 等，1998)的算法，都是基于数据集的*等深线*(depth contour)的思想。等深线本身的概念是由 J. Tukey(1975，1977)提出的。简言之，基于深度的方法依赖于数据集的凸包，该数据集正随着迭代缩减。换言之，每一次迭代我们都能从数据集中减少一定数量的样本，然后我们再重新计算凸包。然而，发现凸包过程的计算量非常大，且当特征空间维数大于 3 时，基于深度的方法就没多少用途了。相比而言，在高维特征空间中，计算基本几何图形的过程更为高效。

第二相似但也非常重要的方法是一类 SVM(Tax 和 Duin，2004)。它是常规 SVM 算法的一个变体，在 2.3 节中给出。区别在于常规方法是*平坦的*(planar)，也就是，它在超平面上设计了*分割边界*(separating margin)。一类 SVM 设计了球体的边界。该过程旨在最小化球体的体积。有两个可能的选择：第一是训练集中所有样本都被包含在了所设计的*超球体*(hypersphere)内，第二是我们有一个*软边界*(soft margin)允许训练集出错。

值得提一下的是，一系列聚类技术被重新发掘出来作为异常检测的工具。比如，我们举一个给定数据集中采用无监督学习形成的聚类的例子。我们可以轻易地确定一个给定聚类中的两个最远点。接着，我们可以使用这个距离来构建一个异常检测法则来判断某个样本是否远离了超过这个距离(加一个小的容限值)的给定集群中的所有样本，然后从这个角度来看，这个样本就是一个异常样本。

模糊聚类是另一个有效的异常检测方法。我们回顾一下，在一个标准的聚类中，*归属*(belongingness)由 0 或 1 表达，也就是一个元素要么属于，要么不属于。相反，在*模糊聚类*(fuzzy clustering)中，归属表达为[0，1]之间的一个数(参见第 8 章)。最著名的模糊聚类方法是*模糊 c 均值*(fuzzy c-means)，一个模糊的 k 均值方法的变体(Bezdek 等，1984)。我们可以将这个灵活的范围作为一个异常检测的方式。如果某个样本不属于任何一个*隶属度*(membership degree)大于预定义阈值的集群，那么我们就认为这个样本为一个异常样本。

在其他方法中，我们发现生成合成数据的方法可以将一类分类问题扩展为二值分类问题(Hempstalk 等，2008)，概率方法可以用已知的概率聚类技术来确定具有深层根的数据集密度(McLachlan 和 Basford，1988)，等等。一个详尽的关于异常检测技术的回顾最近发表在了 Pimentel 等(2014)中。

有趣的是，所提出的这个基于专门训练分类器的架构的异类样本拒绝方法是唯一的，且文献中没有相似的复合方法。

5.3 结论

本章中，我们对这三种拒绝架构(全局、局部和嵌入式)进行了实证评估。结果表明，全局架构是最通用的，因为它与分类步骤无关。它不仅适合于所提出的分类任务，而且适合于聚类。虽然全局架构是最普遍的，但它却取得了最差的结果。相反，我们有嵌入式架构，其与分类机制完全集成，在很大程度上依赖于分类器的构造。嵌入式架构利用了分类器的内部结构，从而获得了优异的表现。缺点是模型相当复杂。局部架构介于全局和嵌入式架构之间。它可被视为一个折中的方案，我们可以借助一个相对简单的模型来获得令人满意的结果。

与已讨论过的集成方法不同，针对异类样本拒绝的方法是在特征空间中操作的方法，例如本章提出的基于几何图形的方法。我们给出并比较了基于超矩形和椭球体的模型。第一个选项的结果比较差，但计算成本低，易于应用和验证。相反，基于椭球的方法取得了更好的效果，但它的资源需求却非常高。总的来说，几何模型的最大优势是它们的灵活性。通过对模型体积的处理，我们可以在异类样本拒绝率和原始样本接受率之间取得平衡。当我们处理真实世界的数据时，这就产生了一个非常理想的特性，对于这些数据来说，原始样本和异类样本之间的分离并不是一个简单的任务。

总结来说，我们有两条设计拒绝模型的途径：①间接，基于集成二值分类器的集成；②直接，直接在特征空间中设计一个模型。几何模型的主要劣势是不能很理想地用相同模型来进行分类和拒绝。相比而言，集成模型结合了带拒绝的分类。

参考文献

J. C. Bezdek, R. Ehrlich, and W. Full, FCM: The fuzzy c-means clustering algorithm, *Computers & Geosciences* 10(2–3), 1984, 191–203.

D. Hawkins, *Identification of Outliers*, London, Chapman and Hall, 1980.

K. Hempstalk, E. Frank, and I. H. Witten, One-class classification by combining density and class probability estimation. In: *Proceedings of Joint European Conference on Machine Learning and Knowledge Discovery in Databases ECML PKDD 2008: Machine Learning and Knowledge Discovery in Databases*, Antwerp, Belgium, September 15–19, 2008, 505–519.

W. Homenda, A. Jastrzebska, and W. Pedrycz, *The web page of the classification with rejection project*, 2017, http://classificationwithrejection.ibspan.waw.pl (accessed October 6, 2017).

T. Johnson, I. Kwok, and R. T. Ng, Fast computation of 2-dimensional depth contours. In: *Proceedings of the Fourth International Conference on Knowledge Discovery and Data Mining (KDD-98)*, New York, August 27–31, 1998, 224–228.

P. Kumar and E. A. Yildirim, Minimum-volume enclosing ellipsoids and core sets, *Journal of Optimization Theory and Applications* 126(1), 2005, 1–21.

Y. LeCun, C. Cortes, and C. J. C. Burges, *The MNIST database of handwritten digits*, 1998, http://yann.lecun.com/exdb/mnist/ (accessed October 6, 2017).

G. J. McLachlan and K. E. Basford, *Mixture Models: Inference and Applications to Clustering*, vol. 1, New York, Marcel Dekker, 1988.

P. Mozharovskyi, K. Mosler, and T. Lange, Classifying real-world data with the DDα-procedure, *Advances in Data Analysis and Classification*, 9(3), 2015, 287–314.

M. A. F. Pimentel, D. A. Clifton, L. Clifton, and L. Tarassenko, A review of novelty detection, *Signal Processing* 99, 2014, 215–249.

I. Ruts and P. J. Rousseeuw, Computing depth contours of bivariate point clouds, *Computational Statistics and Data Analysis*, 23, 1996, 153–168.

D. M. J. Tax and R. P. W. Duin, Support vector data description, *Machine Learning* 54(1), 2004, 45–66.

M. J. Todda and E. A. Yildirim, On Khachiyan's algorithm for the computation of minimum-volume enclosing ellipsoids, *Discrete Applied Mathematics* 155(13), 2007, 1731–1744.

J. Tukey, Mathematics and the picturing of data, *Proceedings of the 1975 International Congress of Mathematics* 2, 1975, 523–531.

J. Tukey, *Exploratory Data Analysis*, Reading, MA, Addison-Wesley, 1977.

第二部分

Pattern Recognition：A Quality of Data Perspective

高级主题：粒度计算框架

信息粒的概念

本章我们将介绍信息粒的主要概念，并讨论了它们的作用。我们会详细阐述它们的形式化和特征化，这些最终导致了粒度计算领域的出现。信息粒和信息粒度的概念为信息处理提供了一个普遍的视角，并在许多应用领域产生了深远的影响。这主要是因为信息粒有助于实现在不同层次上完成的抽象过程。这一方面，我们将通过所选示例加以强调和举例说明。

6.1 信息粒度和粒度计算

信息粒是一种直观上极具吸引力的结构，在人类认知和决策活动中起着关键作用(Bargiela 和 Pedrycz，2003，2005，2008；Pedrycz 和 Bargiela，2002；Zadeh，1997，1999，2005)。我们通过将现有的知识与现有的实验证据组织起来，并以一些有意义且语义健全的实体的形式来构造它们，从而感知复杂的现象，这些实体是描述世界、推理环境和支持决策活动的所有后续过程的核心。

信息粒度(information granularity)这个术语本身已经出现在不同的上下文和应用程序的许多领域中，它有多种含义。我们可以参考人工智能，其中，信息粒度是通过问题分解来解决问题的一种方法的核心，在这种方法中，可以单独形成和解决各种子任务。信息粒和围绕它们的智能计算领域被称为粒度计算(granular computing)，通常与前沿研究直接联系在一起。Zadeh(1997)创造了一个非正式但具有高度描述性且引人注目的概念——信息粒(information granule)。一般来说，通过信息粒，我们可以看到由元素的紧密性(相似性、接近性、功能性等)结合在一起的集合，这些元素通过一些有用的空间、时间或功能关系来表达。而粒度计算是关于信息粒的表示、构造、处理、解释和通信。

同样值得强调的是，信息粒几乎渗透了人类的所有努力。无论考虑到哪一个问题，我们通常把它建立在一个特定的概念框架中，这个框架由一些通用且概念上有意义的实体信息粒组成，我们认为这些信息粒与问题的形成、进一步的问题解决以及将所发现的结果传达给社群的方式有关。信息粒实现了一个框架，在这个框架中，我们通过采用一定级别的抽象来制定通用的概念。我们会提到一些领域，这些领域就基础问题的处理和解释的性质提供了令人信服的证据。

图像处理

尽管在该领域取得了持续的进步，但对于人类来说，理解和解释图像这一领域仍然处于主导的、无可争议的地位。当然，我们不会把注意力集中在单个像素上，也不会对它们进行相应的处理，而是将它们组合成一个语义上有意义的层次结构，构造我们在日常生活中处理的熟悉对象。这些对象涉及由像素或像素类别组成的区域，这些像素或像素类别因其在图像中的接近性以及相似纹理、颜色和亮度而绘制在一起。人类这种非凡而不可挑战的能力在于我们能毫不费力地构建信息粒、利用它们并得出合理结论。

对时间序列的处理和解析

从我们的角度来看，可以以一种半定性的方式，通过指向信号的特殊区域来描述它们。医学类专家能毫不费力地理解多种诊断信号，包括 ECG 或 EEG 记录(Pedrycz 和 Gacek，2002)。他们区分一些信号片段并解释其组合。在股票市场，人们通过观察振幅、趋势和新兴模式来分析许多时间序列。专家能解析传感器的时间读数，并评估监测系统的状态。同样，在所有这些情况下，信号的单个样本不是分析、合成和信号解释的焦点。我们总是将所有的现象(无论它们原本是离散信号还是模拟信号)粒化。在处理时间序列时，信息粒化发生在描述数据的时间和特征空间中。

时间的粒化

时间是另一个重要的全向变量(omnipresent variable)，其可被粒化描述，例如我们使用的秒、分、天、月和年。根据我们所考虑的特定问题(如用户是谁)，信息粒的大小(时间间隔)可能会有很大的变化。在高层管理中，每季度或几年的时间间隔可以作为有意义的时间信息粒，在此基础上可建立任意的预测模型。对于负责调度中心日常运行的人来说，分钟和小时可以形成一个可行的时间尺度。长期规划与日常运营有很大的不同。对于高速集成电路和数字系统的设计者来说，时间信息粒涉及纳秒、微秒甚至毫秒。信息的粒度(在本例中是时间)帮助我们关注最合适的细节级别。

数据汇总

在处理数据时，信息粒会自然而然地出现，包括以数据流形式出现的信息粒。最终目标是以一种易于理解的方式来描述潜在现象，即数据的某种适当的抽象级别。这要求我们使用常见术语(概念)的词汇表，并发现它们之间的关系以及基础概念之间可能的联系。图 6-1 给出了一个可视化的示例。由于收集了有关温度、降水量和风速的详细数字天气数据，因此它们被转换成更高抽象层次的语言描述。值得注意的是，信息粒度会出现在数据中的几个变量上。

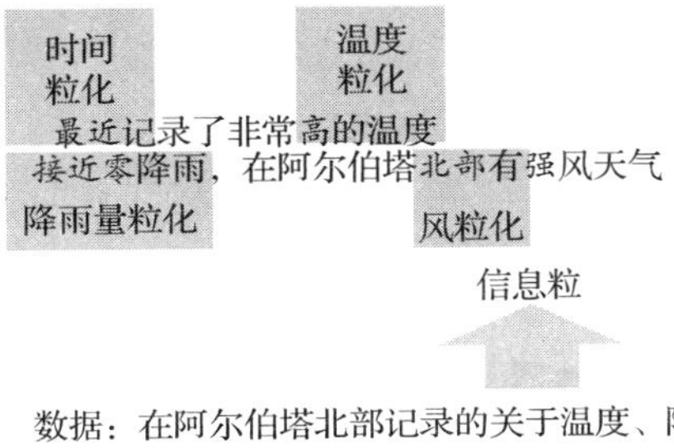

时间粒化
温度粒化
最近记录了非常高的温度
接近零降雨，在阿尔伯塔北部有强风天气
降雨量粒化
风粒化
信息粒
数据：在阿尔伯塔北部记录的关于温度、降雨量和风的数据

图 6-1　从数字数据流到粒度描述(借助信息粒完成)

软件系统设计

我们通过采用所设计系统的总体架构的模块化结构来开发软件工件，其中每个模块都是识别整个系统中某些组件的基本功能紧密性的结果。模块化(粒度)是支持高质量软件产品生产和维护的系统软件设计的“法宝”。

信息粒是人工产品的例子。因此，它们自然会产生层次结构：根据问题的复杂性、可用的计算资源和需要解决的特定需求，同一个问题或系统可以在不同的特异性(细节)级别上被感知。在信息粒的加工过程中，信息粒的层次结构是固有的。细节层次(以信息粒的大小表示)成为一个重要方面，有助于通过信息粒的大小对具有不同层次的信息进行分级处理。

即使是到目前为止十分常见和简单的例子也足以使我们确信：①信息粒是知识表示和处理的关键组成部分；②信息粒级别(它们的大小，更具描述性)对于问题描述和问题解决的总体战略至关重要；③信息粒的层次结构支持现象感知的一个重要方面，并通过关注问题的最基本层面来提供处理复杂性的实实在在的方法；④没有统一的信息粒度级别；通常粒的大小是面向问题和用户的。

以人为中心是智能系统的固有特征。双向有效的人机通信势在必行。人类在某种抽象层次上感知世界、推理和交流。抽象与非数字结构紧密结合在一起，这些结构包含了一些以紧密性、接近性、相似性的概念为特征的实体集合。这些集合被称为信息粒。信息粒的处理是人们处理这些实体的基本方式。粒度计算已经成为一个框架，其中信息粒度由智能系统表示和操作。由于信息粒的使用，这类智能系统与用户的双向通信变得非常方便。

上述对信息粒的描述性定义是正式的。它更倾向于强调这一思想的核心，并将其与以人类为中心和以感知而非简单数字为基础的计算联系起来。

上面已经谈到的内容触及问题的定性方面。显而易见的挑战是开发一个计算框架，在这个框架内，所有这些表示和处理工作都可以正式地实现。

虽然信息粒度和信息粒本身的概念是令人信服的，但在引入一些正式的信息粒模型和相关算法框架之前，它们是不可操作的(在算法上是合理的)。换句话说，为了保证粒度计算的算法实现，必须将信息粒的隐式本质转化为在其本质上显式的构造，即正式描述信息粒，以便用它进行有效计算。

在此上下文中出现的公共平台以粒度计算的名义出现。本质上，它是一种新兴的信息处理范式。虽然我们已经注意到在系统建模、机器学习、图像处理、模式识别和数据压缩领域构建了许多重要的概念和计算结构，其中各种各样的抽象(以及随之而来的信息粒)逐步出现，粒度计算成为一项创新且(智能上)积极的工作，具体表现在几个基本方面：

- 它确定了令人惊讶的多样化问题和使用的技术之间的基本共性，这些共性可以投射到统一的框架中，称为粒世界。这是一个完全可操作的处理实体，它通过收集必要的粒度信息并返回粒度计算的结果，与外部世界(可能是另一个粒度或数值世界)进行交互。

- 随着粒度处理的统一框架的出现，我们对各种形式之间的交互作用有了更好的理解，并看到了它们的交流方式。
- 通过清晰的可视化，它将集合理论(区间分析)现有的众多形式集合在同一旗帜下，尽管它们有明显不同的基础(和后续处理)，但它们显示出了一些基本的共性。从这个意义上说，粒度计算在各个方法之间建立了一个激励的协同环境。
- 通过建立现有的正式方法的共性，粒度计算通过清楚地认识现有和成熟框架的正交性，来帮助组装信息粒处理的异构和多方面模型(比如概率论及其概率密度函数和模糊集及其隶属函数)。
- 粒度计算完全承认可变粒度的概念，其范围可以涵盖详细的数字实体和非常抽象且一般的信息粒。它着眼于这些信息粒的兼容性层面以及后续粒世界的通信机制。
- 粒度计算产生的处理时间比执行详细的数字处理所需的时间要少。
- 有趣的是，信息粒的产生是高度活跃的。我们没有理由不形成信息粒。信息粒是作为抽象基本范式的一种明显实现而产生的。

一方面，粒度计算作为一个新兴的领域，带来了大量新颖、独特的思想。另一方面，它实质上集中体现了已经在多个单独区域进行的现有成熟开发。以协同的方式，粒度计算带来了区间分析、模糊集和粗糙集的基本思想，并有助于在这些基础上构建统一的视图，其中首要的概念是信息本身的粒度。它有助于识别处理过程中的主要问题及其关键特性，这些问题对于正在考虑的所有形式都很常见。

粒度计算形成了一个统一的概念和计算平台。然而重要的是，它直接受益于在集合论、模糊集、粗糙集等背景下形成的成熟的信息粒概念。相反，在粒度计算准则下进行的一般性研究提供了一些有趣和刺激的想法，可以在集、模糊集、阴影集或粗糙集的具体形式主义领域内加以观察。在描述和处理信息粒方面有大量正式方法，如概率集(Hirota，1981)、粗糙集(Pawlak，1982，1985，1991；Pawlak 和 Skowron，2007a，2007b)以及公理集合论(Liu 和 Pedrycz，2009)。

6.2　信息粒度的正式平台

存在许多正式的平台，其中信息粒被概念化、定义和处理。

集合(区间)通过引入二分法的概念来实现抽象概念：我们承认元素属于给定的信息粒或被排除在外。随着集合理论的发展，区间分析学科也得到了很好的发展(Alefeld 和 Herzberger，1983；Moore，1966；Moore 等，2009)。或者，针对属于给定集合的元素的枚举，集合由采用{0，1}中的值的特征函数来描述。形式上，描述集合 A 的特征函数定义如下：

$$A(x)=\begin{cases}1, & 若\ x \in A \\ 0, & 若\ x \notin A\end{cases} \tag{6.1}$$

其中 $A(x)$代表点 x 处集合 A 的特征函数的值。随着数字技术的出现，区间数学已经成为一门重要的学科，包含了大量的应用。在论域 X 中定义的集合族用 $P(x)$表示。众所周知的集合操作(并集、交集和补集)是支持集合操作的三个基本构造。就特征函数而言，它们产生以下表达式：

$$(A \cap B)(x) = \min(A(x),B(x))\ (A \cup B)(x) = \max(A(x),B(x))\ \overline{A}(x) = 1-A(x) \tag{6.2}$$

其中 $A(x)$和 $B(x)$是 A 和 B 在 x 处的特征函数值，$\overline{A}$ 表示 A 的补集。

模糊集是集合的重要概念和算法推广。通过将元素的部分隶属度作为一个给定的信息粒，我们引入了一个重要的特性，使概念与实际相符。它有助于处理概念，即二分法的原则既不合理也没优势。模糊集的描述是根据单位区间上的隶属函数值来实现的。形式上，模糊集 A 由一个成员函数描述，该函数将 X 元素映射到单位间隔[0，1]：

$$A: X \to [0,1] \tag{6.3}$$

因此，隶属函数是模糊集的同义词。简言之，隶属函数和模糊集泛化集合一样，可泛化特征函数。在 X 中定义的一组模糊集用 $F(X)$表示。模糊集是集合的推广，并表示为嵌套集族(表示定理)。

模糊集上的操作以式(6.2)所示的相同方式实现，其中参数不是特征函数假定的 0 和一1 值，而是成员值及其单位区间内的值。然而，考虑到我们关注的是[0，1]中的隶属度等级问题，在模糊集运算符(分别是逻辑与运算符和或运算符)的实现中有许多替代方法。这些都是通过所谓的 t-范数(t-norm)和 t-余模(t-conorm)实现的(Schweizer 和 Sklar，1983；Klement 等，2000；Pedrycz 和 Gomide，2007)。

阴影集(Pedrycz，1998，2005)通过区分三类元素来提供一种有趣的信息粒描述。这些元素完全属于概念、被排除在概念之外或归属完全未知。形式上，这些信息粒被描述为一个映射 X：$X\{1,\ 0,\ [0,\ 1]\}$，其中成员量化为整个[0，1]区间的元素，可用于描述构造的阴影。鉴于这里映射的性质，阴影集可以作为模糊集的一种粒度描述，其中阴影用于定位未知的成员值，在模糊集中，这些值分布在整个论域(universe of discourse)中。请注意，阴影生成隶属度等级的非数字描述符。在 X 中定义的一组模糊集用 $S(X)$表示。

面向概率的信息粒以概率密度函数或概率函数的形式表示。它们捕获了一些实验产生的元素集合。

根据概率的基本概念，信息的粒度与一些元素的出现有关。概率函数和概率密度函数是实验数据中常见的抽象描述符。概率提供的抽象很明显：不是处理大量的数据，而是以单个或几个概率函数的形式产生它们的抽象表示。直方图是概率信息粒的例子，作为一维数据的简明特征，详见图 6-2。如果数据属于单个类，那么一个信息粒——包含 $c+1$个区间的直方图——由截点(cutoff point)向量描述 $\boldsymbol{a}=[a_1,\ a_2,\ \cdots,\ a_c]$，而相应的计数向量(vector of count)$\boldsymbol{n}=[n_1,\ n_2,\ \cdots,\ n_c,\ n_{c+1}]$，也就是 $H=(\boldsymbol{a},\ \boldsymbol{n})$。它们的描述可以用不同的方式提供。比如，如果数据来自两类问题，那么直方图是一种包含属于某类数据的概率(频率)并落入给定区间的信息粒。在这种情况下，直方图 H 是 $H=(\boldsymbol{a}, \boldsymbol{p})$中的信息粒，其中 $\boldsymbol{p}$ 代表对应概率的向量，参见图 6-2。

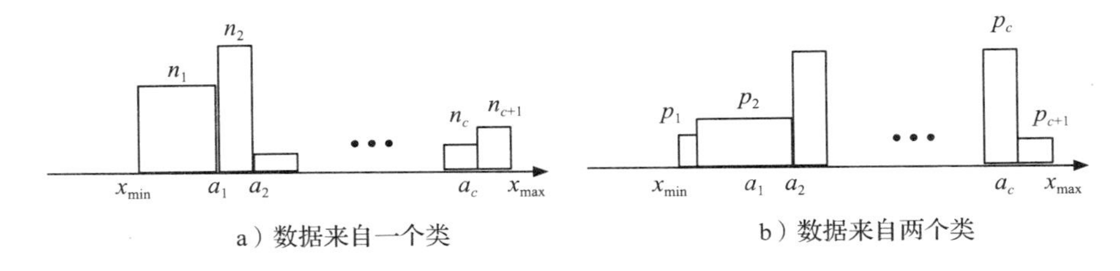

图 6-2　柱状图是一个信息粒示例

当处理来自几个类的数据时，一个合适的直方图描述由截点向量和相关的熵值组成，$\boldsymbol{H}=(\boldsymbol{a}, \boldsymbol{h})$，其中 $\boldsymbol{h}$ 代表用于计算落入相应区间内数据的熵值的向量。

粗糙集在根据预先提供的不可分辨关系实现给定概念 X 时，强调对其描述的粗糙性(Pawlak，1982)。描述 X 的粗糙性表现为某一粗糙集的上下近似。定义的粗糙集族在 X 中用$R(X)$表示。

图 6-3 显示了所选集、模糊集、粗糙集和阴影集之间存在的主要差异。如前所述，关键方面是有关元素对概念的归属性表示。在集合(是-否，二分法)、部分成员(模糊集)、上下限(粗糙集)和不确定区域(阴影集)的情况下，它是二元的。粗糙集和阴影集在概念上是不同的，尽管它们表现出概念上的差异，从而产生强调某些具有不确定性的项(未定义的归属性)的构造。

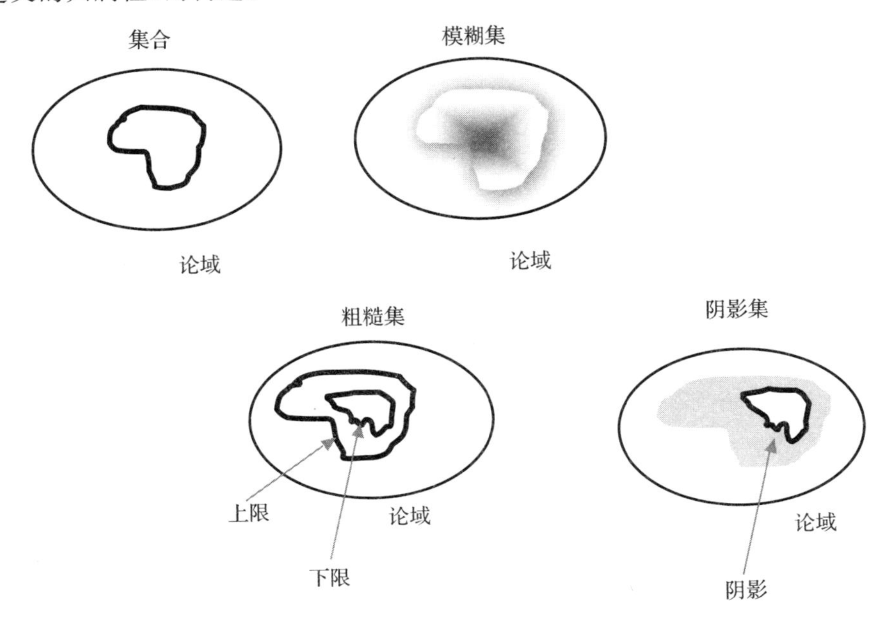

图 6-3　信息粒的概念实现：比较视角

其他信息粒的正式模型涉及公理集(axiomatic set)、软集(soft set)和直觉集(intuitionistic set)(其中提出的是成员和非成员的概念)。

信息粒化的特定形式设置的选择主要取决于问题的形成以及与此问题相关的规范。在信息粒及其处理方面，有一个有趣且涉及范围相当广泛的观点。这两个极端在这里非常明显。

符号的角度

概念信息粒被视为单个符号(实体)。这种观点在人工智能领域非常普遍，其中计算涉及对符号的处理。符号受处理规则的约束，产生结果，这些结果又是从一开始使用的相同词汇表中产生的符号。

数值的角度

这里的信息粒与详细的数字特征相关。模糊集就是这方面的深刻例子。我们从数字隶属函数开始。接下来的所有处理都涉及数字隶属度等级，因此本质上，它主要关注数字处理。结果本身就是数字。这里的进展导致了数字构造的多样性。由于模糊集的数值处理经常遇到，因此这同样适用于模糊集中遇到的逻辑运算符(连接符)。

在这两个极端之间有许多描述信息的替代方法，或者可以多层次地进行描述。例如，一个隶属度等级是符号化的模糊集合，其可以描述一个信息粒度(有序术语，例如，小、中、高；均在单位区间内定义)。

关于前面简要强调的信息粒的形式设置，有必要指出，所有信息粒都通过定义良好的语义来赋予隐含概念一些操作性实现(但以不同的方式)。例如，隐式地将一个信息粒度的小错误视为一个符号(并且可以像人工智能中通常实现的那样进行符号处理)；然而，一旦明确地表述为一个信息粒，它就与一些语义(被校准)相关联，从而产生一个良好的操作描述，例如，特征或隶属函数。在模糊集的形式主义中，小符号伴随着隶属度的描述，可以进一步处理。

6.3　区间和区间微积分

集合和集合论是数学和科学的基本概念。在描述大量概念、量化关系和形式化解决方案时，它们是常用的。集合论的基本概念是二分法：某个元素属于某个集合或被排除在该集合之外。根据问题的性质，一个或多个集合形成的论域 X 可能非常多样化。

对于论域 X 中的一个给定元素，二分法(二值化)的过程强制使用一个二元的，“全部-或-没有”的分类决策：我们接受或拒绝这个属于给定集的元素。如果我们用 1 表示元素归属性的接受决定，用 0 表示拒绝决定(非归属性)，那么通过一个特征函数将 $x \in X$ 的分类(赋值)决定表示为某个给定集(S 或 T)：

$$S(x)=\begin{cases}1, & 若\ x \in S \\ 0, & 若\ x \notin S\end{cases} \qquad T(x)=\begin{cases}1 & 若\ x \in T \\ 0, & 若\ x \notin T\end{cases} \tag{6.4}$$

空集$\varnothing$有一个特征方程，它等于 0，对于所有在 X 中的 x，$\varnothing(x)=0$。全集 X 也有一个特征方程，等于 1，也就是对于所有在 X 中的 x 都有 $X(x)=1$。同样，单元素集$A=\{a\}$作为仅包含单个元素的集合，具有特征函数，例如 $A(x)=1$，否则当 $x=a$ 时 $A(x)=0$。

特征函数 A：$X\in\{0, 1\}$引导出一个具有明确定义的施加在全集 X(可赋给集合 A)上的二值边界的约束条件。通过观察特征函数，我们发现属于集合的所有元素都是不可区分的，它们具有相同的特征函数值，因此通过已知 $A(x_1)=1$ 和 $A(x_2)=1$，我们不能对这些元素进行区分。并集、交集和补集的运算很容易用特征函数来表示。联合的特征函数是操作中所涉及集合的特征函数的最大值。A 的补集用 $\overline{A}$ 表示，具有等于 $1-A(x)$的特征函数。

区间分析是随着数字计算机的出现而出现的，主要受其中计算模型的推动，它是在(数字)计算机上表示任何数字的有限位数所隐含的区间内执行的。参数(变量)的这种区间性质意味着结果也是区间。这提高了对结果区间特征的认识。区间分析有助于分析原始参数(区间)中粒度的传播。

在这里，我们详细阐述了区间微积分的基本原理。显然，它们有助于开发信息粒其他形式的算法结构。

我们简单地回忆一下数值区间的基本概念。两个区间 $A=[a, b]$和 $B=[c, d]$相等，前提是它们边界相等，也即 $a=b$，$c=d$。一个退化区间$[a, a]$是一个单数。区间上的操作有两种，即集合理论与代数运算。

集合理论运算

假设区间是相交的(有一些公共元素)，那么它们定义如下：

$$\begin{aligned}&\text{交集}\{z|z\in A \quad \text{and} \quad z\in B=[\max(a,c),\min(b,d)]\\&\text{并集}\{z|z\in A \quad \text{or} \quad z\in B\}=[\min(a,c),\max(b,d)]\end{aligned}\tag{6.5}$$

有关操作说明请参阅图 6-4。

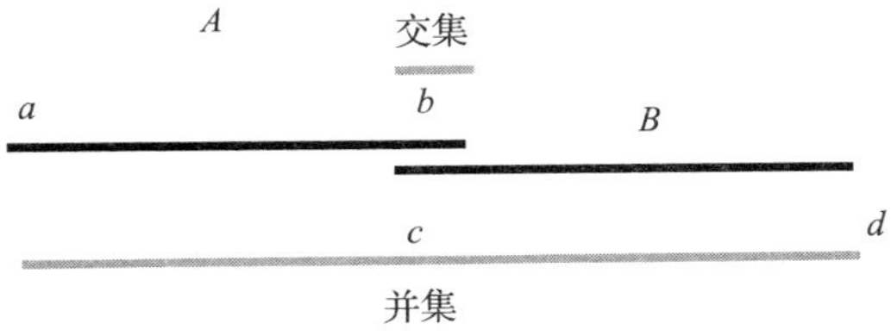

图 6-4 数值区间上的集合理论运算示例

区间代数运算

区间上的一般代数运算是非常直观的。和前面一样，我们考虑两个区间 $A=[a, b]$和 $B=[c, d]$。加法、减法、乘法和除法的结果表示如下(Moore，1966)：

$$\begin{aligned}A+B&=[a+c,b+d]\\A-B&=[a-d,b-c]=A+[-1-1]*B=[a,b]+[-d,-c]\\&=[a-d,b-c]\\A*B&=[\min(ac,ad,bc,bd),\max(ac,ad,bc,bd)]\\A/B&=[a,b][1/d,1/c](\text{假设 0 没有被包含在范围}[c,d]\text{ 中})\end{aligned}\tag{6.6}$$

所有这些公式成立都是由于上述函数在紧凑集上是连续的；因此，它们具有最大值、最小值以及介于两者之间的值。所得值的区间在所有这些公式中都是闭合的，我们可以计算最大值和最小值。

除了代数运算以外，对于实数 R 空间上的连续一元运算 $f(x)$，区间 $A=[a, b]$的映射生成一个区间 $f(A)$：

$$f(A)=[\min f(x),\max f(x)]\tag{6.7}$$

其中，所有属于 A 的 x 都取最小值(最大值)。这类映射的例子包括 x^k、$\exp(x)$、$\sin(x)$ 等。对于单调递增或递减函数，上述公式被显著简化：

- 单调递增函数：

$$f(A)=[f(a),f(b)] \tag{6.8}$$

- 单调递减函数：

$$f(A)=[f(b),f(a)] \tag{6.9}$$

示例

我们来考虑两个区间：$A=[-1, 4]$和 $B=[1, 6]$。应用于 a 和 b 的代数运算产生以下结果：

- **加法**：$A+B=[-1+1, 4+6]=[0, 10]$
- **减法**：$A-B=[-1-6, 4-1]=[-7, -3]$
- **乘法**：$A*B=[\min(-1, -6, 4, 24), \max(-1, -6, 4, 24)]=[-6, 24]$
- **除法**：$A/B=[-1, 4]*[1/6, 1/1]=[\min(-1/6, -1, 4/6, 4), \max(-1/6, -1, 4/6, 4)]=[-1/6, 4]$

区间之间的距离

两个区间 A 和 B 之间的距离由下式表达：

$$d(A,B)=\max(|a-c|,|b-d|) \tag{6.10}$$

可以很容易地证明距离的性质是满足的：$d(A, B)=d(B, A)$(具备对称性)，$d(A, B)$非负，以及当且仅当 $A=B$ 时，$d(A, B)=0$(非负)。$d(A, B)\leqslant d(A, C)+d(B, C)$(三角不等式)。对于实数，距离减小到汉明距离。

6.4　模糊集微积分

模糊集和相应的隶属函数形成了一个可行的、数学上健全的框架，以渐进边界来形式化概念。模糊集的基本思想是通过承认类成员的中间值来放宽这一要求(Klir 和 Yuan，1995；Nguyen 和 Walker，1999；Zadeh，1965，1975，1978)。因此，我们可以在 0 和 1 之间分配中间值，以量化我们对这些值与类(概念)的兼容性的看法，0 表示不兼容(完全排除)而 1 表示兼容(完全隶属)。因此，隶属值表示全集中的每个元素与类特有的属性兼容的程度。中间隶属值强调不存在自然(二进制)阈值，全集元素可以是一个类的成员，同时以不同程度隶属于其他类。考虑到渐进性，因此不太严格，非二元隶属度是模糊集的关键。

形式上，模糊集 A 是由一个隶属函数描述的，它将全集 X 的元素映射到单位区间[0，1]中。因此，隶属函数是模糊集的同义词。简而言之，隶属函数泛化特征函数与模糊集泛化集合相同。

更具描述性的是，我们可以把模糊集看作是施加在全集元素上的弹性约束。正如前面所强调的，模糊集主要处理弹性、渐进性或没有明确定义的边界的概念。相反，在处理集合时，我们关注的是刚性边界，分级归属性的缺乏，以及尖锐的二元边界。渐进隶属意味着不存在自然边界，论域中的某些元素可以与集合相反，与不同隶属度的模糊集合共存(隶属)。

6.4.1 模糊集的隶属函数和类

形式上说，任何函数 $A: X \rightarrow [0, 1]$ 都可以成为描述相应模糊集的隶属函数(Dubois 和 Prade，1979，1997，1998)。在实际应用中，隶属函数的形式应该反映我们构造模糊集所面临的问题。它们应该反映出我们对将要表示的概念的感知(语义)，解决问题时进一步使用的概念，打算捕获的细节水平，以及将要使用的模糊集的上下文内容。在处理随后的优化过程时，还必须从模糊集的适用性角度评估模糊集的类型。它还需要适应由于对优化过程的进一步需求而产生的一些附加要求，例如隶属函数的可微性。考虑到这些标准，我们将详细介绍最常用的隶属函数类别。所有这些都是在实数的全集中定义的，也就是 $X=R$。

三角形隶属函数

模糊集用其形式描述的分段线性段表示：

$$A(x,a,m,b)=\begin{cases}0 & 若\ x \leqslant a \\ \dfrac{x-a}{m-a} & 若\ x \in [a,m] \\ \dfrac{b-x}{b-m} & 若\ x \in [m,b] \\ 0 & 若\ x \geqslant b\end{cases} \tag{6.11}$$

使用更简洁的符号，可以将上述表达式写成如下形式：$A(x, a, m, b)=\max\{\min[(x-a)/(m-a), (b-x)/(b-m)], 0\}$。其中参数的意义是很直接的：$m$ 表示模糊集的模态(典型)值，而 a 和 b 分别代表下限和上限。它们可以被看作是论域的极端元素，其描述属于 A 的非零隶属度的元素。三角模糊集(隶属函数)是最简单的隶属函数的可能模型。它们仅由三个参数完全定义。如前所述，语义是显而易见的，因为模糊集是在概念及其典型值传播的知识基础上表达的。隶属度等级的线性变化是我们能想到的最简单的隶属函数的可能模型。

梯形隶属函数

它们是分段线性函数，由四个参数 a、m、n、b 组成，每个参数定义了隶属函数的四个线性部分之一。它们采用以下形式：

$$A(x)=\begin{cases}0 & 若\ x < a \\ \dfrac{x-a}{m-a} & 若\ x \in [a,m] \\ 1 & 若\ x \in [m,n] \\ \dfrac{b-x}{b-m} & 若\ x \in [n,b] \\ 0 & 若\ x > b\end{cases} \tag{6.12}$$

使用一个等价的符号，我们可以重写 A，如下所示：$A(x, a, m, n, b)=\max\{\min[(x-a)/(m-a), 1, (b-x)/(b-n)], 0\}$。注意，在$[m, n]$中的元素是不可区分的，因为这个区域是用特征函数描述的。

S-隶属函数

这些函数是以下形式：

$$A(x)=\begin{cases}0 & 若\ x\leqslant a\\ 2\left(\dfrac{x-a}{b-a}\right)^2 & 若\ x\in[a,m]\\ 1-2\left(\dfrac{x-b}{b-a}\right)^2 & 若\ x\in[m,b]\\ 1 & 若\ x>b\end{cases} \tag{6.13}$$

点 $m=(a+b)/2$ 被称为交叉点(crossover point)。

高斯隶属函数

这些隶属函数由以下关系式描述：

$$A(x,m,\sigma)=\exp\left(-\frac{(x-m)^2}{\sigma^2}\right) \tag{6.14}$$

高斯隶属函数由两个重要参数描述。模态值(m)表示 A 的典型元素，而 σ 代表 A 的扩散度(spread)，越高的 σ 值对应着越大的模糊集扩散度。

隶属函数的一个有趣性质是模糊集的灵敏度，通常通过计算隶属函数的导数(假设存在导数)并取其绝对值 $|\mathrm{d}A/\mathrm{d}x|$ 来表示。它表达了模糊集在多大程度上改变了它的特征，以及跨越论域的哪个区域。从这个角度，我们可以看到分段线性隶属函数从其模态值(等于隶属度函数线性部分的斜率的绝对值)中显示出相同的左右灵敏度值。当考虑抛物线或高斯隶属函数时，情况并非如此，其中敏感性取决于论域 X 中的位置以及隶属度等级的范围。在建立模糊集时，如果对隶属度变化的要求也作为估计问题的一部分，则在形成隶属函数时可以考虑到这一点。

支持

模糊集 A 的支持(support)，表示为 $\mathrm{Supp}(A)$，是 X 的所有元素的集合，且为 A 中的非零隶属度：

$$\mathrm{Supp}(A)=\{x\in X|A(x)>0\} \tag{6.15}$$

核心

模糊集的核心(core)，表示为 $\mathrm{Core}(A)$，是全集中所有元素的集合，也就是，它们的隶属度等级为 1：

$$\mathrm{Core}(A)=\{x\in X|A(x)=1\} \tag{6.16}$$

虽然核心和支持有点极端(从某种意义上说，它们确定了 A 中与 A 有最强和最弱联系的元素)，但我们也可能有兴趣描述一些中等隶属度的元素集。所谓 α-截集的概念在这里提供了对模糊集本质的有趣洞察。

α-截集

模糊集的 α-截集(α-cut)，用 A_α 表示，是由全集元素组成的集合，其隶属值等于或超过某个阈值级别 α，其中 $\alpha\in[0, 1]$。正式地说，我们有 $A_\alpha=\{x\in X \mid A(x)\geqslant\alpha\}$。一个强 α-截集不同于普通 α-截集，其可以辨识 X 中所有的元素，对此我们有以下等式：$A_\alpha=\{x\in X \mid A(x)>\alpha\}$。图 6-5 给出了普通 α-截集和强 α-截集的概念图示。支持和核心都是普通 α-截集和强 α-截集的有限情况。对于 $\alpha=0$ 的强 α-截集，我们得出了 A 的支持的概念。阈值 $\alpha=1$ 意味着对应的 α-截集是 A 的核心。

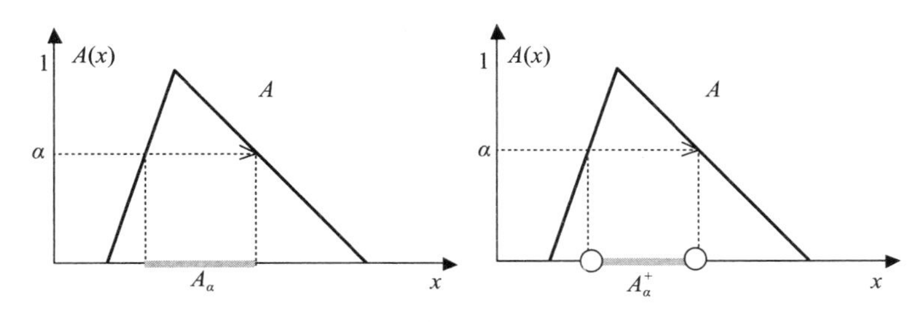

图 6-5　普通 α-截集和强 α-截集的图示

我们可以通过计算模糊集的元素并将单个数字量作为该计数的一个有意义的描述来表征模糊集。虽然在集合的情况下这听起来很有说服力，但这里我们必须考虑到不同的隶属度。考虑最简单的形式，这个计数以基数的名义出现。

模糊集通过渐进隶属度赋予其形式模型，为信息粒提供了重要的概念和操作特征。我们有兴趣探索模糊集和集合之间的关系。虽然集合具有二元(是-否)隶属度模型，但有必要研究它们是否确实是模糊集的一些特殊情况，如果是的话，在这个意义上，集合可以被视为某些给定模糊集的适当近似值。这可以揭示一些相关的处理方面。为了深入了解这个问题，我们在这里回顾了 α-截集和 α-截集族的概念，并且以直观和透明的方式表明它们与模糊集有关。让我们重温 α-截集的语义：α-截集包含了模糊集的所有元素，这些元素对该模糊集的归属度(成员)至少等于 α。(Pedrycz 等，2009)。从这个意义上说，通过选择一个足够高的 α 值，我们在很大程度上识别了属于它的 A 的(标记)元素，因此可以寻求这些元素作为 A 所传达概念的基本代表。X 的那些隶属度等级值较低的元素被抑制了，因此这允许我们有选择地集中在隶属度最高的元素上，而忽略其他元素。

对于 α-截集 A_α，以下公式成立：

1. $A_0=X$；

2. 若 $\alpha\leqslant\beta$ 则 $A_\alpha\supseteq A_\beta$。　(6.17)

第一个性质告诉我们，如果考虑 α 的零值，那么 X 的所有元素都包含在 α-截集中(0-截集，更具体一些)。第二个属性强调了构造的单调性：阈值越高，在生成的 α-截集中接受的元素越多。换言之，我们可以说水平集(α-截集)A_α 形成了一个嵌套的集合族，由一些参数(α)索引。如果我们考虑 α 的极限值，也就是 $\alpha=1$，那么在 α 是正态模糊集的情况下，相应的 α-截集是非空的。

与模糊集相比，α-截集也是集合，这一点值得记住。我们演示了如何在给定的模糊集中形成 α-截集。一个有趣的问题是，当向相反的方向移动时，结构可以被实现。我们能在无限集合族的基础上“重建”一个模糊集合吗？这个问题的答案将在模糊集的表示定理中给出。

定理

令$\{A_\alpha\}(\alpha \in [0, 1])$是在 X 中定义的集合族，它们满足以下属性：

1. $A_0 = X$；

2. 若 $\alpha \leqslant \beta$ 则 $A_\alpha \supseteq A_\beta$；

3. 对于阈值序列 $\alpha_1 \leqslant \alpha_2 \leqslant \cdots$，使得 $\lim \alpha_n = \alpha$，我们有 $A_\alpha = \bigcap_{n=1}^{\infty} A_{\alpha_n}$。

然后在 X 中存在一个唯一的模糊集 B，这样对于每一个 $\alpha \in [0, 1]$都有 $B_\alpha = A_\alpha$。

6.4.2　三角范数和三角余模作为模糊集上运算的模型

模糊集上的逻辑运算涉及隶属函数的操作。因此，它们依赖于领域，不同的上下文内容可能需要它们的不同实现。例如，由于操作提供了组合信息的方法，因此可以在图像处理、控制和诊断系统中以不同的方式执行这些操作。在考虑模糊集的交集和并集运算的实现时，我们需要满足以下直观的、令大家感兴趣的属性集合的要求：

- 交换性(commutativity)
- 结合性(associativity)
- 单调性(monotonicity)
- 恒等性(identity)

恒等的最后一个要求是根据操作来采用不同的形式。在交集的情况下，我们预计任何模糊集与论域 X 的交集都应该返回这个模糊集。对于并集操作，恒等意味着任何模糊集和空模糊集的并集都会返回该模糊集。

因此，任何满足上述要求集合的二元运算符$[0, 1]\times[0, 1]\rightarrow[0, 1]$都可以被视为实现模糊集交集或并集的潜在候选。还请注意，恒等充当边界条件，这意味着当限制到集合时，前面所述操作返回的结果与集合理论中遇到的结果相同。一般来说，不需要求等幂性；但并集和交集的实现可以是等幂的，因为这种情况发生在最小值和最大值的运算中，其中 $\min(a, a)=a$ 和 $\max(a, a)=a$。

在模糊集理论中，三角范数(triangular norm)提供了一类一般的交集和并集的实现。最初它们是在概率度量空间中引入的(Schweizer 和 Sklar，1983)。t-范数产生了一个模糊集交集建模的算子族。在给定 t-范数的情况下，可以使用关系式 $x\,s\,y = 1-(1-x)\,t(1-y)$，$\forall x, y \in [0, 1]$导出一个称为 t-余模(或 s-范数)的对偶运算符，这就是德·摩根定律(De Morgan law)。三角余模为模糊集的并集提供了通用模型。t-余模也可以通过独立公理系统(independent axiomatic system)来确定。

三角范数，简称 t-范数，是一个二元运算 t，$[0,1]\times[0,1]\rightarrow[0,1]$，它满足以下特性：

交换性：　$atb = bta$

结合性：　$at(btc) = (atb)tc$

单调性：　若 $b \leqslant c$ 则 $atb \leqslant atc$

边界条件：　$at1 = a$

$at0 = 0$

其中 $a, b, c\in[0,1]$。

让我们详细阐述这些要求相对于使用 t-范数作为模糊集的并集和交集的算子模型的意义。在前面概述的一般要求和 t-范数的特性之间有一对一的对应关系。前三个部分反映了集合运算的一般特征。而边界条件强调了这样一个事实：在单位平方$[0,1]\times[0,1]$的边界上，所有 t-范数都达到相同的值。因此，对于集合，任何 t-范数产生的结果都与集合论中处理集合交集时所期望的结果一致，也就是，$A\cap X=A$，$A\cap\varnothing=\varnothing$。在现有的 t-范数和 t-余模过剩的情况下，我们考虑了一些具有代表性的 t-范数和 t-范数族，包括那些具有一定参数的三角范数；参见表 6-1 和表 6-2，这里提到的 t-范数与它们的对偶(dual)一起出现：

最小值：　$at_m b = \min(a,b) = a \wedge b$

乘积：　$at_p b = ab$

Lukasiewicz：　$at_l b = \max(a+b-1,0)$

激烈积：　$at_d b = \begin{cases} a & 若\ b=1 \\ b & 若\ a=1 \\ 0 & 否则 \end{cases}$

表 6-1　t-范数和 t-余模的示例

名称	t-范数	t-余模
逻辑	$T_1(x_1, x_2)=\min(x_1, x_2)$	$S_1(x_1, x_2)=\max(x_1, x_2)$
Hamacher	$T_2(x_1, x_2)=\dfrac{x_1x_2}{x_1+x_2-x_1x_2}$	$S_2(x_1, x_2)=\dfrac{x_1+x_2-2x_1x_2}{1-x_1x_2}$
代数	$T_3(x_1, x_2)=x_1x_2$	$S_3(x_1, x_2)=x_1+x_2-x_1x_2$
Einstein	$T_4(x_1, x_2)=\dfrac{x_1x_2}{1+(1-x_1)(1-x_2)}$	$S_4(x_1, x_2)=\dfrac{x_1+x_2}{1+x_1x_2}$
Lukasiewicz	$T_5(x_1, x_2)=\max(x_1+x_2-1, 0)$	$S_5(x_1, x_2)=\min(x_1+x_2, 1)$
激烈	$T_6(x_1, x_2)=\begin{cases} x_1 & x_2=1 \\ x_2 & x_1=1 \\ 0 & x_1, x_2<1 \end{cases}$	$S_6(x_1, x_2)=\begin{cases} x_1 & x_2=0 \\ x_2 & x_1=0 \\ 1 & x_1, x_2>0 \end{cases}$
三角 1	$T_7(x_1, x_2)=\dfrac{2}{\pi}\cot^{-1}\left[\cot\dfrac{\pi x_1}{2}+\cot\dfrac{\pi x_2}{2}\right]$	$S_7(x_1, x_2)=\dfrac{2}{\pi}\tan^{-1}\left[\tan\dfrac{\pi x_1}{2}+\tan\dfrac{\pi x_2}{2}\right]$
三角 2	$T_8(x_1, x_2)=\dfrac{2}{\pi}\arcsin\left(\sin\dfrac{\pi x_1}{2}\sin\dfrac{\pi x_2}{2}\right)$	$S_8(x_1, x_2)=\dfrac{2}{\pi}\arccos\left(\cos\dfrac{\pi x_1}{2}+\cos\dfrac{\pi x_2}{2}\right)$

表 6-2　参数化 t-范数和 t-余模的示例

名称	t-范数	t-余模
Sugeno-Weber	$T_W(x_1,x_2)=\begin{cases}T_6(x_1,x_2) & \text{若 } p=-1\\ \max\left(\frac{x_1+x_2-1+px_1x_2}{1+p},0\right) & \text{若 } p\in(-1,+\infty)\end{cases}$	$S_W(x_1,x_2)=\begin{cases}S_6(x_1,x_2) & \text{若 } p=-1\\ \min(x_1+x_2+px_1x_2,1) & \text{若 } p\in(-1,+\infty)\end{cases}$
Schweizer-Sklar	$T_S(x_1,x_2)=\begin{cases}(x_1^p+x_2^p-1)^{1/p} & \text{若 } p\in(-\infty,0)\\ T_3(x_1,x_2) & \text{若 } p=0\\ \max((x_1^p+x_2^p-1)^{1/p},0) & \text{若 } p\in(0,+\infty)\end{cases}$	$S_S(x_1,x_2)=\begin{cases}1-((1-x_1)^p+(1-x_2)^p-1)^{1/p} & \text{若 } p\in(-\infty,0)\\ S_3(x_1,x_2) & \text{若 } p=0\\ 1-\max(((1-x_1)^p+(1-x_2)^p-1)^{1/p},0 & \text{若 } p\in(0,+\infty)\end{cases}$
Yager	$T_Y(x_1,x_2)=\begin{cases}T_6(x_1,x_2) & \text{若 } p=0\\ \max(1-((1-x_1)^p+(1-x_2)^p)^{1/p},0) & \text{若 } p\in(0,+\infty)\end{cases}$	$S_Y(x_1,x_2)=\begin{cases}S_6(x_1,x_2) & \text{若 } p=0\\ \max(1-(x_1^p+x_2^p)^{1/p},0) & \text{若 } p\in(0,+\infty)\end{cases}$
Hamacher	$T_H(x_1,x_2)=\begin{cases}0 & \text{若 } p=x_1=x_2=0\\ \frac{x_1x_2}{p+(1-p)(x_1+x_2-x_1x_2)} & \text{否则}\end{cases}$	$S_H(x_1,x_2)=\begin{cases}1 & \text{若 } p=0x_1=x_2=1\\ \frac{x_1+x_2-x_1x_2-(1-p)x_1x_2}{1-(1-p)x_1x_2} & \text{否则}\end{cases}$
Frank	$T_F(x_1,x_2)=\begin{cases}T_1(x_1,x_2) & \text{若 } p=0\\ T_3(x_1,x_2) & \text{若 } p=1\\ \log p\left(1+\frac{(p^{x_1}-1)(p^{x_2}-1)}{p-1}\right) & \text{否则}\end{cases}$	$S_F(x_1,x_2)=\begin{cases}S_1(x_1,x_2) & \text{若 } p=0\\ S_3(x_1,x_2) & \text{若 } p=1\\ 1-\log_p\left(1+\frac{(p^{1-x_1}-1)(p^{1-x_2}-1)}{p-1}\right) & \text{否则}\end{cases}$
Dombi	$T_D(x_1,x_2)=\begin{cases}T_6(x_1,x_2) & \text{若 } p=0\\ \frac{1}{1+\left(\left(\frac{(1-x_1)}{x_1}\right)^p+\left(\frac{1-x_2}{x_2}\right)^p\right)^{1/p}} & \text{否则}\end{cases}$	$S_D(x_1,x_2)=\begin{cases}S_6(x_1,x_2) & \text{若 } p=0\\ 1-\frac{1}{1+\left(\left(\frac{x_1}{1-x_1}\right)^p+\left(\frac{x^2}{1-x_2}\right)^p\right)^{1/p}} & \text{否则}\end{cases}$
Dubois-Prade	$T_P(x_1,x_2)=\frac{x_1x_2}{\max(x_1,x_2,p)}\quad p\in[0,1]$	$S_P(x_1,x_2)=\frac{x_1+x_2-x_1x_2-\min(x_1,x_2,1-p)}{\max(1-x_1,1-x_2,p)}\quad p\in[0,1]$
General Dombi	$T_G(x_1,x_2)=\begin{cases}T_6(x_1,x_2) & \text{若 } p=0\\ \frac{1}{1+\left(\frac{1}{a}\left(\left(1+a\left(\frac{1-x_1}{x_1}\right)^p\right)\left(1+a\left(\frac{1+x_2}{x_2}\right)^p\right)-1\right)\right)^{1/p}} & \text{否则}\end{cases}$ $a\in(0,+\infty)$	$S_G(x_1,x_2)=\begin{cases}S_6(x_1,x_2) & \text{若 } p=0\\ 1-\frac{1}{1+\left(\frac{1}{a}\left(\left(1+a\left(\frac{x_1}{1-x_1}\right)^p\right)\left(1+a\left(\frac{x_2}{1-x_2}\right)^p\right)-1\right)\right)^{1/p}} & \text{否则}\end{cases}$ $a\in(0,+\infty)$

一般来说，t-范数不能进行线性排序。可以得到 $\min(t_m)$t-范数是最大 t-范数，而激烈积(drastic product)是最小的那个。它们形成了 t-范数的上下限，意义如下：

$$at_d b \leqslant atb \leqslant at_m b = \min(a,b) \tag{6.18}$$

三角余模是函数 s：[0，1]×[0，1]→[0，1]，其作为模糊集联合算子的一般实现。跟三角范数相似，余模提供构建模糊模型所需的高度理想的建模灵活性。三角余模可以被视为 t-范数的对偶算子，这样，借助德·摩根定律给出其明确的定义。我们可以通过提供以下定义，以完全独立的方式描述它们。

一个三角余模(s-范数)是一个二值运算 s：[0，1]×[0，1]→[0，1]，其满足以下条件：

交换性：　$asb = bsa$

结合性：　$as(bsc) = (asb)sc$

单调性：　若 $b \leqslant c$ 则 $asb \leqslant asc$

边界条件：　$as0 = a$

$as1 = 1$

其中 a，b，$c \in$[0，1]。

可以看出 s：[0，1]×[0，1]→[0，1]是一个 t-余模，当且仅当存在一个 t-范数(对偶 t-范数)，当 $\forall a$，$b \in$[0，1]时，我们有：

$$asb = 1-(1-a)t(1-b) \tag{6.19}$$

而对于对应的对偶 t-范数，我们有：

$$atb = 1-(1-a)s(1-b) \tag{6.20}$$

式(6.19)和式(6.20)的对偶性对于给出 t-余模的其他定义是有帮助的。这个对偶性使得我们可以在 t-范数的基础上推导出 t-余模的性质。要注意，在重写式(6.19)和式(6.20)之后，我们可以得到：

$$(1-a)t(1-b) = 1-asb \tag{6.21}$$

$$(1-a)s(1-b) = 1-atb \tag{6.22}$$

这两个关系式可以符号化表示为如下：

$$\overline{A} \cap \overline{B} = \overline{A \cup B} \tag{6.23}$$

$$\overline{A} \cup \overline{B} = \overline{A \cap B} \tag{6.24}$$

这只不过是集合论中众所周知的德·摩根定律。可以看出，它们也满足于模糊集。

边界条件意味着所有的 t-余模在单位平方[0，1]×[0，1]的边界上表现相似。因此，对于集合，任何 t-余模都会返回与集合论中所遇到的相同的结果。

6.5　信息粒的特征：覆盖率和特异性

与能够完全描述单个数字实体的方法相比，信息粒的特征描述更具挑战性。考虑到粒的抽象性质，这并不奇怪。接下来，我们将介绍两个具有实际相关性的度量，并为粒的性质及其在各种构造中的进一步使用提供有用的见解。

以描述性的方式，一些信息粒 A 所捕获的抽象级别与粒所包含的元素(数据)数量相关。例如，这些元素是空间元素或一些实验数据的集合。(计算信息粒度中所涉及的元素数量的)基数的某种度量形成了一个完整的信息粒度描述符。信息粒所包含的元素数量越多，该粒的抽象度越高，其特异性越低。从集合论形式开始，其中 A 是集合，其基数是在有限论域 $X=\{x_1, x_2, \cdots, x_n\}$ 中以下列和的形式计算的：

$$\mathrm{card}(A)=\sum_{i=1}^{n}A(x_i) \tag{6.25}$$

或一个积分(当全集是无限的，且隶属函数本身的积分确实存在时)：

$$\mathrm{card}(A)=\int_X A(x)\mathrm{d}x \tag{6.26}$$

上式中 $A(x)$ 是对信息粒的正式描述(例如，以特征函数或隶属函数的形式)。对于一个模糊集合，我们计算它的元素数量，但是必须记住每个元素可能属于某种隶属度，因此之前进行的计算涉及隶属度。在这种情况下，我们可将式(6.25)和式(6.26)视为一个函数 A 的 σ 统计。对于粗糙集，可以通过表示粗糙集下限和上限的粒度，以类似于前面所述的方式进行(粗糙度)。在概率信息粒的情况下，可以将其标准差视为信息粒度的一个良好描述。覆盖率(基数)越高，与信息粒度关联的抽象级别就越高。

特异性与信息粒捕获的细节水平有关。顾名思义，特异性表示信息粒的详细程度。换言之，特异性可以通过评估这个模糊集的“大小”来确定。为了解释这个概念，我们从一个例子开始，即信息粒度是一个区间$[a, b]$，如图 6-6a 所示。特异性可以按如下方式定义：$1-(b-a)/\mathrm{range}$，其中“range”表示为：$y_{\max}-y_{\min}$，其中 $y_{\max}$ 和 $y_{\min}$ 分别代表由变量确定的极值。这一定义符合我们对特异性的认识：间隔越宽，其特异性越低。在边界条件下，当 $a=b$ 时，特异性达到最大值 1，而当区间跨越整个空间(范围)时，特异性值为 0。上述定义是一种特殊情况。一般来说，特异性被定义为一种符合我们之前已经概述的条件的测量方法：

$$\mathrm{sp}: A \rightarrow [0,1] \tag{6.27}$$

1. 边界条件 $\mathrm{sp}(\{x\})=1$，$\mathrm{sp}(X)=0$。单一元素信息粒是最特别的。整个空间的特异性是最小的(这里我们可以要求它等于 0，但并非所有情况下都需要这样做)。

2. 单调性，即如果 $A\subseteq B$，那么 $\mathrm{sp}(A)\geqslant \mathrm{sp}(B)$。这反映了我们的直觉，即更详细的信息粒具有更高的特异性。必须注意的是，在这一点上，要求是一般性的，即包含的定义和计算特异性的细节取决于信息粒的形式。在前面的例子中，我们考虑了区间；参见图 6-6a。在这里，包含区间是很直接的；很明显，如果 $a\geqslant c$ 且 $b\leqslant d$，那么 $A=[a, b]$被包含在 $B=[c, d]$中。先前定义的特异性只是一个例子；区间长度的任何递减函数都可以作为一种可行的替代方案。例如，可以将 $\exp(-|b-a|)$视为 A 的特异性。

在考虑信息粒的其他形式时，必须重新定义特异性的技术细节。考虑一个给定的模糊集 B。B 的特异性可以通过从已经制定的区间特异性开始来定义。根据表示定理，任

何模糊集都可以通过其 α-截集(区间)来描述。我们也可以确定 α-截集 B_α 的特异性。

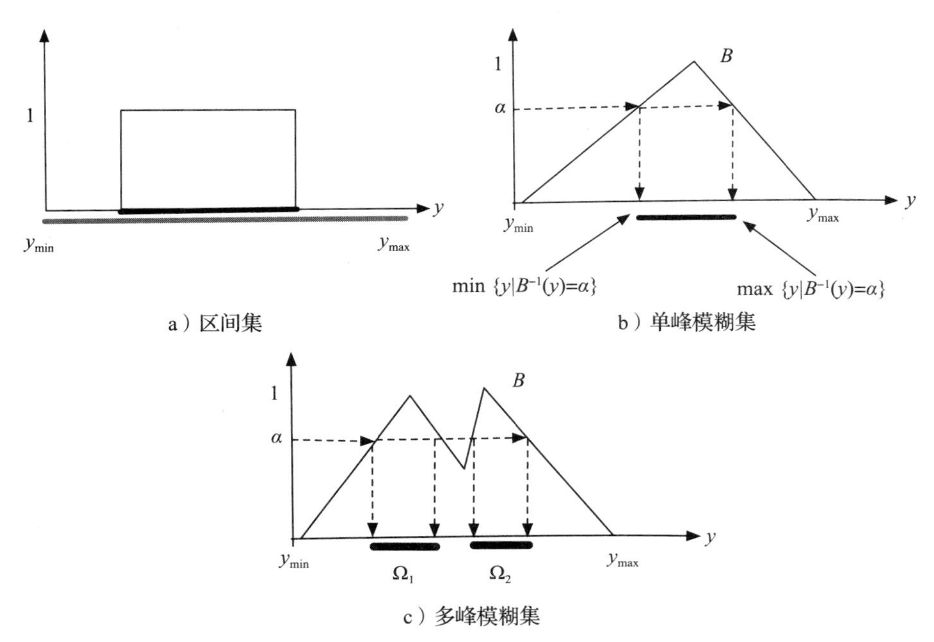

图 6-6　特异性的确定

$B_\alpha=\{y|B(y)\geqslant\alpha\}$，然后将结果整合到阈值 α 的所有值上。因此我们有：

$$\mathrm{sp}(B)=\int_0^{\alpha_{\max}}\mathrm{sp}(B_\alpha)\mathrm{d}\alpha=\int_0^{\alpha_{\max}}\left(1-\frac{h(\alpha)}{\mathrm{range}}\right)\mathrm{d}\alpha \tag{6.28}$$

其中 $h(\alpha)$ 代表区间的长度：

$$h(\alpha)=|\max\{y|B^{-1}(y)=\alpha\}-\min\{y|B^{-1}(y)=\alpha\}| \tag{6.29}$$

$\alpha_{\max}$ 是 B 的成员的最大值，$\alpha_{\max}=\mathrm{hgt}(B)=\sup_y B(y)$。对于正态模糊集 B，$\alpha_{\max}=1$。换句话说，特异性是相应 α-截集的特异性值的平均值，参见图 6-6b。在实际计算中，式(6.28)中的积分被其离散形式所代替，该离散形式涉及对 α 的一些有限数值进行求和。

对于多模态隶属函数，需要对计算进行改进。如图 6-6c 所示，我们考虑 α-截集的长度之和。这样一来，我们就有：

$$h(\alpha)=\mathrm{length}(\Omega_1)+\mathrm{length}(\Omega_2)+\cdots+\mathrm{length}(\Omega_n) \tag{6.30}$$

为了可视化覆盖率和特异性并强调这两个特征之间的关系，我们假设数据由高斯概率密度函数 $p(x)$ 控制，其平均值为零，标准差为一个特定值。由于区间是对称的，我们有兴趣确定其上限 b 的最优值。区间 $[0, b]$ 提供的覆盖率表示为概率函数的积分。

$$\mathrm{cov}([0,b])=\int_0^b p(x)\mathrm{d}x \tag{6.31}$$

而特异性(假设 $x_{\max}$ 被设为 3σ)由如下形式定义：

$$\mathrm{sp}([0,b]) = 1 - \frac{b}{x_{\max}} \tag{6.32}$$

图 6-7 显示了被视为 b 的函数的覆盖率和特异性指标的图。我们可以注意到覆盖率是 b 的非线性单调递增函数。而特异性(以前面指定的形式)是 b 的线性递减函数。当它变得直观明显时，覆盖率的增加导致特异性测量值降低，反之亦然。我们会将它们作为指导信息粒发展的两个基本标准。

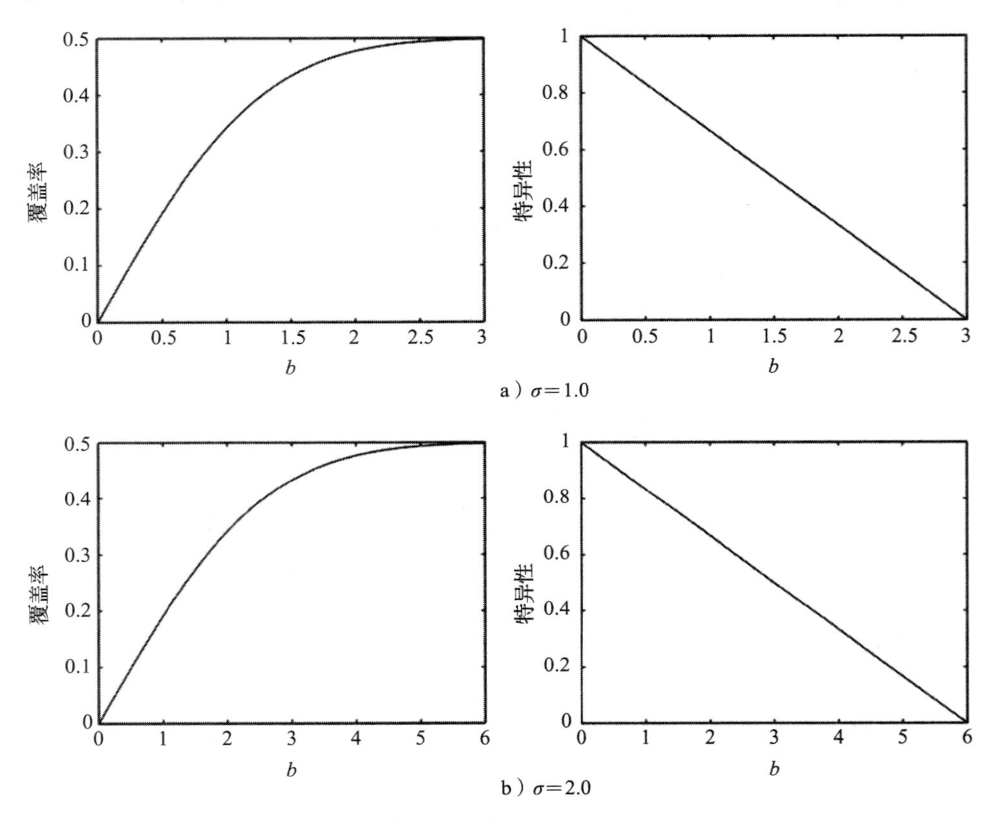

图 6-7　覆盖率和特异性与 b 的函数关系图

6.6　信息粒匹配

量化同一空间中定义的两个信息粒 A 和 B 之间距离(相似)的问题变得至关重要。我们以 A 和 B 区间的形式开始，$A=[a^-, a^+]$而 $B=[b^-, b^+]$。我们引入两个运算，也就是“连接”(join)和“汇合”(meet)，由下式给出：

$$\begin{aligned} &\text{连接}: A \oplus B = [\min(a^-, b^-), \max(a^+, b^+)] \\ &\text{汇合}: A \otimes B = [\max(a^-, b^-), \min(a^+, b^+)] \end{aligned} \tag{6.33}$$

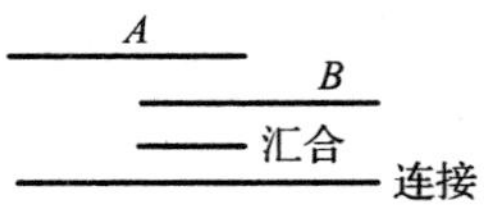

A
B
汇合
连接

图 6-8　区间信息粒的连接与汇合

对于“汇合”运算，我们考虑两个互相不连接的区间；否则我们称“汇合”为空。图 6-8 阐明了这两种操作的本质。

为了量化这些区间 A 和 B 的相似(匹配)程度，我们提出以下匹配度的定义，$\xi(A, B)$，以如下比率的形式出现：

$$\xi(A,B)=\frac{|A\otimes B|}{|A\oplus B|} \tag{6.34}$$

这一定义的关键是要考虑到汇合长度 $|A\otimes B|$，作为区间重叠的测量，并通过测量连接长度 $|A\oplus B|$ 来校准此测量值。有趣的是，上述表达式的本质与用于量化相似性的Jaccard 系数相关。

该定义最初是为区间开发的，可以推广到信息粒的其他形式。例如，在模糊集的情况下，我们采用 α-截集的概念。我们从一个 α-截集 A_α 和 B_α 的族开始，然后确定对应的序列 $\xi(A_\alpha, B_\alpha)$。有两种可能的方法将匹配描述为信息粒或数字描述。

数值的量化

我们通过形成一个数字描述符来聚合上述序列的元素。积分的使用是这里考虑的一种良好的聚合选择：

$$\xi(A,B)=\int_0^1 \xi(A_\alpha,B_\alpha)\mathrm{d}\alpha \tag{6.35}$$

粒的定量

与以前的匹配方法相比，匹配结果是在单位区间上定义的一个模糊集。当我们得到一个非数值的结果时，这种描述更为全面。不过，这也有一定的缺点。由于结果是信息粒，因此必须调用一些对信息粒进行排序的技术。

针对在高维空间中描述两个信息粒的情况，通过确定每个变量的匹配，然后计算以这种方式获得的部分结果的平均值，可以在这里涉及上述构造。

6.7　结论

本章介绍了信息粒和粒度计算的概念。信息粒形成了一种实现抽象和对现实世界现象提供综合视图的有形方式。可见信息粒形式框架有很多：从集合(和区间演算)开始，有许多备选方案，包括模糊集、粗糙集、概率集和阴影集，以列举一些常用的备选方案。提出了信息粒的微积分方法，并借助覆盖率和特异性的基本概念对粒进行了表征。

参考文献

G. Alefeld and J. Herzberger, *Introduction to Interval Computations*, New York, Academic Press, 1983.

A. Bargiela and W. Pedrycz, *Granular Computing: An Introduction*, Dordrecht, Kluwer Academic Publishers, 2003.

A. Bargiela and W. Pedrycz, Granular mappings, *IEEE Transactions on Systems, Man, and Cybernetics Part A* 35(2), 2005, 292–297.

A. Bargiela and W. Pedrycz, Toward a theory of granular computing for human-centered information processing, *IEEE Transactions on Fuzzy Systems* 16(2), 2008, 320–330.

D. Dubois and H. Prade, Outline of fuzzy set theory: An introduction, In *Advances in Fuzzy Set Theory and Applications*, M. M. Gupta, R. K. Ragade, and R. R. Yager (eds.), Amsterdam, North-Holland, 1979, 27–39.

D. Dubois and H. Prade, The three semantics of fuzzy sets, *Fuzzy Sets and Systems* 90, 1997, 141–150.

D. Dubois and H. Prade, An introduction to fuzzy sets, *Clinica Chimica Acta* 70, 1998, 3–29.

K. Hirota, Concepts of probabilistic sets, *Fuzzy Sets and Systems* 5(1), 1981, 31–46.

P. Klement, R. Mesiar, and E. Pap, *Triangular Norms*, Dordrecht, Kluwer Academic Publishers, 2000.

G. Klir and B. Yuan, *Fuzzy Sets and Fuzzy Logic: Theory and Applications*, Upper Saddle River, Prentice-Hall, 1995.

X. Liu and W. Pedrycz, *Axiomatic Fuzzy Set Theory and Its Applications*, Berlin, Springer-Verlag, 2009.

R. Moore, *Interval Analysis*, Englewood Cliffs, Prentice Hall, 1966.

R. Moore, R. B. Kearfott, and M. J. Cloud, *Introduction to Interval Analysis*, Philadelphia, SIAM, 2009.

H. Nguyen and E. Walker, *A First Course in Fuzzy Logic*, Boca Raton, Chapman Hall, CRC Press, 1999.

Z. Pawlak, Rough sets, *International Journal of Information and Computer Science* 11(15), 1982, 341–356.

Z. Pawlak, Rough sets and fuzzy sets, *Fuzzy Sets and Systems* 17(1), 1985, 99–102.

Z. Pawlak, *Rough Sets. Theoretical Aspects of Reasoning About Data*, Dordrecht, Kluwer Academic Publishers, 1991.

Z. Pawlak and A. Skowron, Rough sets and boolean reasoning, *Information Sciences* 177(1), 2007a, 41–73.

Z. Pawlak and A. Skowron, Rudiments of rough sets, *Information Sciences* 177(1), 2007b, 3–27.

W. Pedrycz, Shadowed sets: Representing and processing fuzzy sets, *IEEE Transactions on Systems, Man, and Cybernetics Part B* 28, 1998, 103–109.

W. Pedrycz, Interpretation of clusters in the framework of shadowed sets, *Pattern Recognition Letters* 26(15), 2005, 2439–2449.

W. Pedrycz and A. Bargiela, Granular clustering: A granular signature of data, *IEEE Transactions on Systems, Man, and Cybernetics* 32, 2002, 212–224.

A. Pedrycz, F. Dong, and K. Hirota, Finite α cut-based approximation of fuzzy sets and its evolutionary optimization, *Fuzzy Sets and Systems* 160, 2009, 3550–3564.

W. Pedrycz and A. Gacek, Temporal granulation and its application to signal analysis, *Information Sciences* 143(1–4), 2002, 47–71.

W. Pedrycz and F. Gomide, *Fuzzy Systems Engineering: Toward Human-Centric Computing*, Hoboken, NJ, John Wiley & Sons, Inc., 2007.

B. Schweizer and A. Sklar, *Probabilistic Metric Spaces*, New York, North-Holland, 1983.

L. A. Zadeh, Fuzzy sets, *Information and Control* 8, 1965, 33–353.

L. A. Zadeh, The concept of linguistic variables and its application to approximate reasoning I, II, III, *Information Sciences* 8, 1975, 199–249, 301–357, 43–80.

L. A. Zadeh, Fuzzy sets as a basis for a theory of possibility, *Fuzzy Sets and Systems* 1, 1978, 3–28.

L. A. Zadeh, Towards a theory of fuzzy information granulation and its centrality in human reasoning and fuzzy logic, *Fuzzy Sets and Systems* 90, 1997, 111–117.

L. A. Zadeh, From computing with numbers to computing with words-from manipulation of measurements to manipulation of perceptions, *IEEE Transactions on Circuits and Systems* 45, 1999, 105–119.

L. A. Zadeh, Toward a generalized theory of uncertainty (GTU)—an outline, *Information Sciences* 172, 2005, 1–40.

信息粒：基本构造

我们关注粒度计算的基本构造(Pedrycz 和 Bargiela，2002；Bargiela 和 Pedrycz，2003；Pedrycz，2013)，这在处理信息粒以及制定一些开发和解释结果的一般方法时非常重要。本章提出的概念和算法会直接应用于各种模式识别和数据质量问题。算法主要有两类。第一类算法中，我们介绍了合理粒度的原则及其推广，以提供一种基于现有实验证据形成信息粒的方法。它强调了信息粒是如何在一些定义明确且直观上受支持的目标的基础上发展起来的，同时强调了更高类型的信息粒出现的普遍方式。在第二类方法中，我们表明，信息粒度可以被视为一种有用的设计资产，通过形成系统建模和模式识别中考虑和研究的所谓粒映射，从而增强现有的数字结构。随后，我们讨论了信息粒在分类方案中的直接应用。

7.1 合理粒度原则

合理粒度原则(Pedrycz，2013；Pedrycz 和 Homenda，2013；Pedrycz 和 Wang，2016；Pedrycz 等，2016)提供全面的概念和算法设置来开发信息粒。这一原则在意义上是一般性的，它显示了一种信息粒的形成方式，而不局限于某种形式主义，即粒的形式化。通过考虑现有的实验证据，建立了信息粒。

让我们从一个简单的场景开始，用这个场景来说明这个原则的关键组成部分及其潜在的动机。

考虑一个有趣的一维数字实数数据集合(为其形成信息粒)：$X=\{x_1, x_2, \cdots, x_N\}$，分别用 $x_{\min}$ 和 $x_{\max}$ 代表 X 的最大和最小元素。在此实验证据 X 的基础上，我们形成了一个区间信息粒 A，以满足覆盖率和特异性的要求。第一个要求意味着信息粒是合理的，也就是说，它包含(覆盖)尽可能多的 X 元素，并且可以作为一个合理的代表。为了满足定义明确的语义要求，根据 A 的高特异性对其进行了量化。换句话说，对于给定的 X，区间 A 必须满足高覆盖率和特异性的要求；这两个概念已经在前面章节讨论过。换言之，$A=[a, b]$的构造导致其上下限 a 和 b 的优化，从而使覆盖率和特异性最大化。众所周知，这些要求是冲突的：覆盖率值的增加导致特异性值的降低。为了将两个目标的优化问题转化为一个标量的优化问题，我们将建立的性能指标作为覆盖率和特异性的乘积：

$$V(a,b) = \text{cov}(A) * \text{sp}(A) \tag{7.1}$$

并确定$(a_{\text{opt}}, b_{\text{opt}})$的解，使得 $V(a, b)$最大化。

接下来的方法可以建立为一个两步算法。第一步，我们继续形成一个数值 X 的表征，例如，一个平均值、中值或模态值（这里用 r 表示），其可被视为 X 的粗略初始表征。第二步，我们根据优化准则的规定，通过最大化覆盖率和特异性的乘积，分别确定区间的下限(a)和上限(b)。这简化了构建“粒”的过程，因为我们遇到两个单独的优化任务：

$$\begin{aligned} a_{\text{opt}} &= \text{argMax}_a V(a) \quad V(a) = \text{cov}([a,r]) * \text{sp}([a,r]) \\ b_{\text{opt}} &== \text{argMax}_b V(b) \quad V(b) = \text{cov}([r,b]) * \text{sp}([r,b]) \end{aligned} \tag{7.2}$$

我们计算 $\text{cov}([r,\ b])=\text{card}\{x_k \mid x_k \in [r,\ b]\}/N$。特异性模型需要提前给出。其最简单版本由下式表达：$\text{sp}([r,\ b])=1-|b-r|/(x_{\max}-r)$。通过浏览位于范围$[r,\ x_{\max}]$内的 b 的可能值，我们观察到覆盖率是一个阶梯式递增函数，而特异性则线性下降，如图 7-1 所示。乘积的最大值是很容易确定的。

区间下限 a 的最佳值的确定方法与前面的方法相同。我们通过计算位于数字代表 r 左边的数据来确定覆盖范围，也就是，$\text{cov}([a,\ r])=\text{card}\{x_k \mid x_k \in [a,\ r]\}/N$，然后计算特异性 $\text{sp}([a,\ r])=1-|a-r|/(r-x_{\min})$。

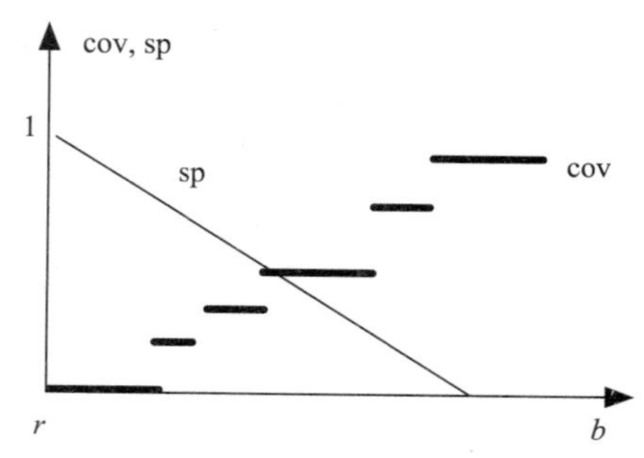

图 7-1　被视为 b 的函数的覆盖率和特异性(线性模型)的示例图

通过在信息粒的构建中调整特异性的影响，可以在优化的性能指标中增加一些额外的灵活性。这是通过引入一个权重因子 ξ 来实现的，如下所示：

$$V(a,b) = \text{cov}(A) * \text{sp}(A)^{\xi} \tag{7.3}$$

注意，小于 1 的 ξ 值会降低特异性的影响。在极限情况下，当 $\xi=0$ 时，这种影响就被消除了。当 ξ 的值设置为 1 时，返回了原始性能指标，而大于 1 的 ξ 值则通过产生更具体的结果来强调特异性的重要性。

如果数据由某个给定的概率函数 $p(x)$控制，那么覆盖率可以积分形式 $\text{cov}([r,b]) = \int_r^b p(x)\text{d}x$ 进行计算，而特异性由下式给出：

$$\text{sp}([r,b]) = 1 - |b-r|/(r-x_{\max})\frac{b}{x_{\max}}$$

作为一个示例，考虑由高斯概率密度函数 $p(x)$控制的数据，其平均值为零，标准差为σ；$x_{\max}$被设为 3σ。覆盖率和特异性乘积的对应图如图 7-2 所示。第 6 章详细介绍了覆盖率和特异性的各个图。所得到的函数是光滑的，并且显示出明显可见的最大值。当$\sigma=1$ 时，b_{opt}等于 1.16，而当 $\sigma=2$ 时，上限的最佳位置为 2.31，$b_{\text{opt}}=2.31$. b 的值向更高值移动，以反映可用数据的更高分散度。

对于 n 维多变量数据，$X=\{x_1,\ x_2,\ \cdots,\ x_N\}$，这一原则是以类似的方式实现的。为了方便起见，我们假设数据归一化为[0，1]，这意味着归一化的 x_k 的每个坐标都假定位于[0，1]这个区间中。首先确定代表 r 的数值，然后在其周围建立信息粒。覆盖范围按如下计数的形式表示：

$$\operatorname{cov}(A)=\operatorname{card}\{x_k \mid \|x_k-r\|^2 \leqslant n\rho^2\} \tag{7.4}$$

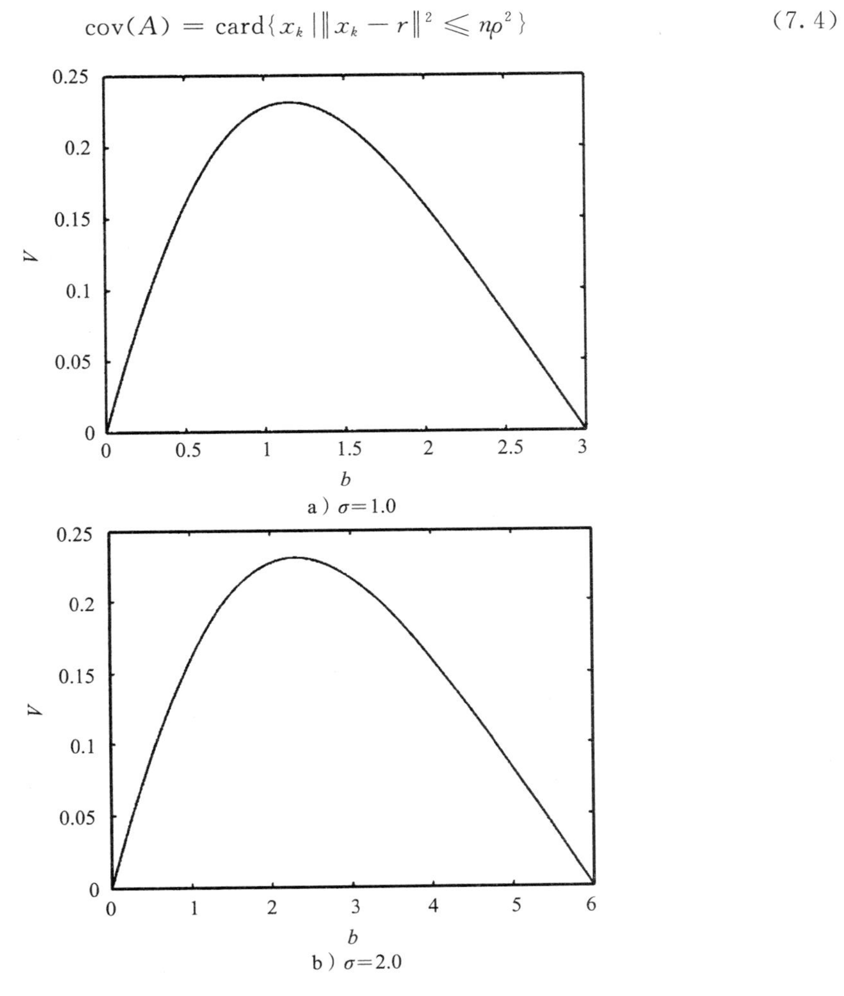

a）$\sigma=1.0$

b）$\sigma=2.0$

图 7-2　$V(b)$作为 b 的函数

请注意，得到的信息粒的几何图形以式(7.4)中使用的距离函数‖.‖的形式表示。对于欧氏距离，该粒是个圈。对于切比雪夫距离，我们最终得到超矩形。特异性表示为 $\operatorname{sp}(A)=1-\rho$。针对这两个距离函数，二维情况的对应图如图 7-3 所示。

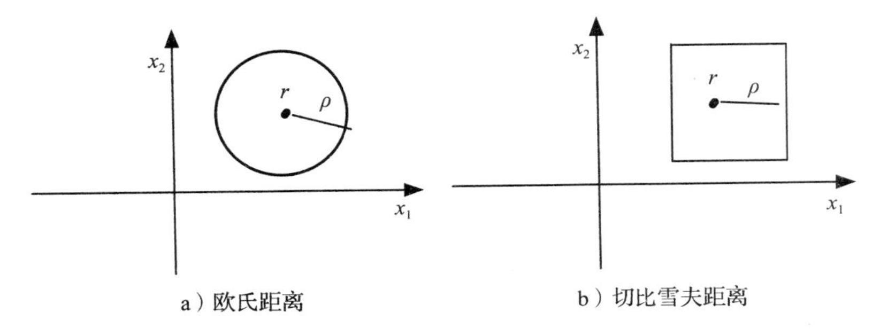

a）欧氏距离　　b）切比雪夫距离

图 7-3　信息粒在二维空间中使用两种距离度量的应用

到目前为止，我们提出了在建立区间信息粒时合理粒度原则的应用。

当以模糊集的形式构造信息粒时，必须修改该原则的实现。考虑到隶属函数的某种预先确定的形式，如三角形隶属函数，对该模糊集的参数（上下限、a 和 b）进行了优化，如图 7-4 所示。

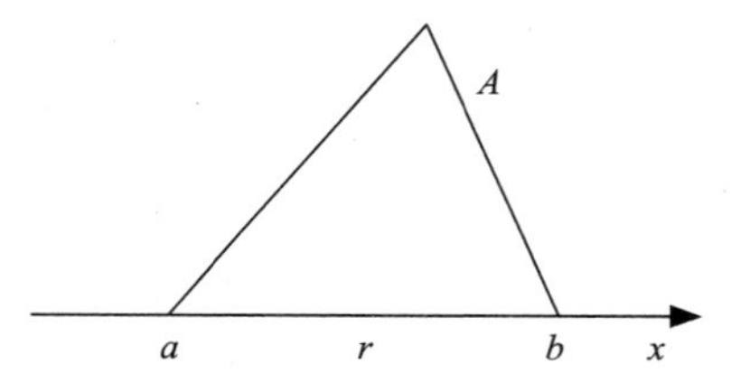

图 7-4　具有可调（优化）边界 a 和 b 的三角形隶属函数

覆盖率被一个 σ-统计数所代替，它是将 A 中数据的隶属等级进行累加（下面我们讨论的是隶属函数上限的确定）：

$$\text{cov}(A) = \sum_{kx_k > r} A(x_k) \tag{7.5}$$

用于确定下限(a)的覆盖率表示为：

$$\text{cov}(A) = \sum_{kx_k < r} A(x_k) \tag{7.6}$$

第 6 章讨论了模糊集的特异性；回顾一下，它是作为 A 的 α-截集的特异性值的一个积分来计算的。

7.1.1　一般观察

一组实验数据（即数值数据），即 0 型信息粒，与我们已经开始使用的现有实验证据相比，可以得到一个单一的提升型（elevated type）信息粒。这是信息粒度类型提升的一般规律（Pedrycz，2013）：1 型数据转换为 2 型数据，2 型数据转换为 3 型数据，等等。因此，我们讨论了 2 型模糊集、粒区间（granular interval）和不精确概率（imprecise probability）。让我们回想一下，2 型信息粒是一种颗粒，其参数是信息粒，而不是数字实体（numeric entity）。图 7-5 说明了使用合理粒度原则连续构建的信息粒的层次结构。

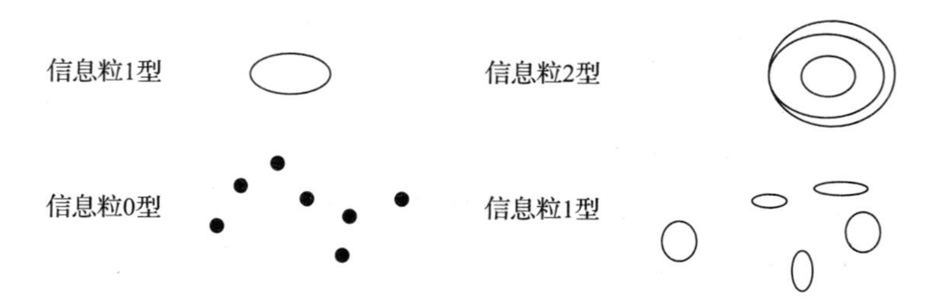

图 7-5　通过合理粒度原则聚合实验证据：信息粒度类型的提升

合理粒度原则适用于信息粒的各种形式，使这种方法具有实质上的通用性。

稍后将讨论该原则的几个重要变体，其中它的通用版本将由可用的不同领域知识加以增强。

7.1.2　加权数据

数据可以采用加权格式，这意味着每个数据点 x_k 都与一个权重 w_k 关联，假设数字位于[0，1]区间内，我们量化数据的相关性(重要性)。权重 w_k 值越高，x_k 的重要性就越高。显然，这种情况概括了前面讨论的所有工作可以被视为等于 1 的情况。对覆盖范围的计算会被修改以适应不同的权重值。当形成一个区间信息粒时，我们考虑导致覆盖率的权重之和，用下面的形式表示(我们关注区间[a，b]上限的优化)：

$$\operatorname{cov}([r,b]) = \sum_{kx_k > r} w_k \tag{7.7}$$

当建立一个模糊集时，我们会额外考虑相应隶属等级的值，从而按以下形式计算覆盖范围(这些计算同样涉及 A 的支持上限的优化问题)：

$$\operatorname{cov}(A) = \sum_{kx_k > r} \min(A(x_k), w_k) \tag{7.8}$$

注意，求最小值的操作使得我们用保守的方法来确定 x_k 在计算覆盖率时所做的贡献。

特异性的定义及其计算保持不变。

这里介绍的方法可以参考基于过滤器(或基于上下文)的合理粒度原则。与数据相关联的权重起着过滤器的作用，它提供一些有关正在为其构建信息粒的数据的辅助信息。

7.1.3　抑制性数据

在许多问题(特别是分类任务)中，我们通常会遇到属于几个类的数据(模式)，为属于给定类的数据构建一个信息粒。就覆盖率而言，目标是在给定类后面包含(覆盖)尽可能多的实验证据，但同时包含抑制特性的数据(来自其他类的数据)必须受到惩罚。这就导致我们要对覆盖范围进行修改，以适应抑制特性的数据。考虑区间信息粒，并关注对上限的优化。通常情况下，数值代表是通过取*兴奋性数据*(excitatory data)的加权平均值(r)来确定的。兴奋性数据可用(x_k，w_k)表示，而*抑制性数据*(inhibitory data)则用(z_k，v_k)表示。其中权重 w_k 和 v_k 假设其值位于单位区间中。计算覆盖范围时必须考虑抑制数据的*折扣性质*(discounting nature)，即

$$\operatorname{cov}([r,b]) = \max\left(0, \sum_{k:x_k \geqslant r} w_k - \gamma \sum_{k:z_k \in [r,b]} v_k\right) \tag{7.9}$$

覆盖范围的另一种表达方式如下：

$$\operatorname{cov}([r,b]) = \sum_{\substack{k:x_k \geqslant r \\ z_k \in [r,b]}} [\max(0, w_k - \gamma v_k)] \tag{7.10}$$

如前所述，抑制性数据会降低覆盖率；非负参数 γ 用于控制来自抑制性数据的影响。信息粒特异性的计算方法与之前一样。

我们考虑由正态概率函数 $N(0，1)(p_1(x))$ 控制的数据。抑制性数据同样由正态分布 $N(2，2)(p_2(x))$ 控制。这些概率密度分布图如图 7-6 所示。根据给定的概率密度分布图，覆盖范围很容易计算如下(此处 $\gamma=1$)：$\operatorname{cov} = \max(0, \int_0^b p_1(x)\mathrm{d}x - \int_0^b p_2(x)\mathrm{d}x)$。我们有兴趣构造一个最优区间[0，$b$]，使得上限被优化。

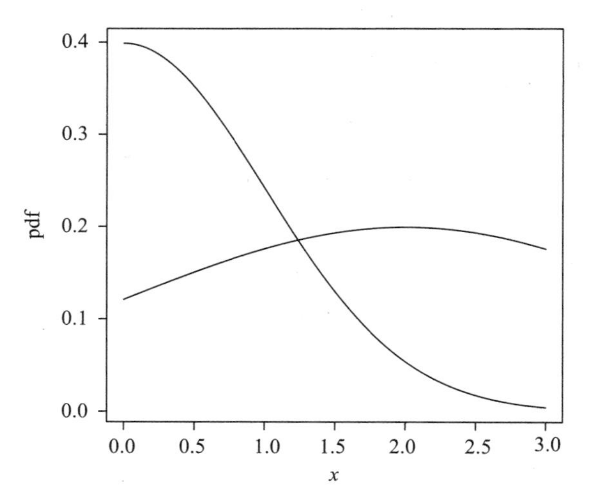

图 7-6 应用合理粒度原则的数据的概率密度分布(pdf)图，所示的也是抑制性数据(由 p_2 控制)

通过最大化上述覆盖率和特异性的乘积来确定 b 的最优值(该例子中表达为 $1-b/4$)：$V=b_{\text{opt}}=\arg\text{Max}_b V(b)$。

图 7-7 显示了最大化性能指数 V 与 b 值的关系图。很明显，当 $b=1.05$ 时取得最大值。相比之下，当 $\gamma=0$(没有抑制性数据考虑在内)时，b 的最优值变为大于等于 1.35(这并不奇怪，因为我们没有惩罚抑制性数据)。在这个例子中，V 的对应图绘制在图 7-7 中(虚线)。

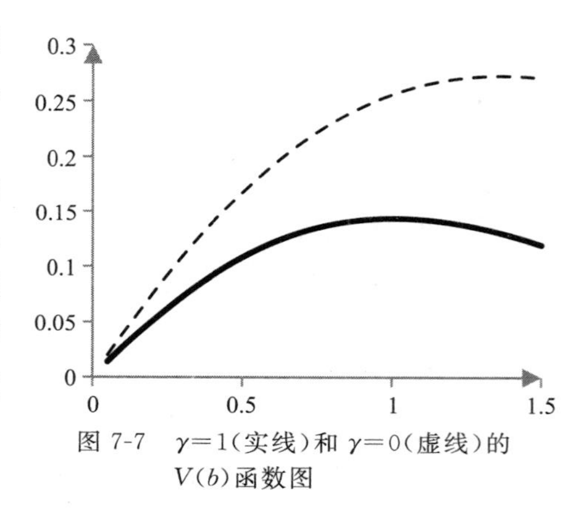

图 7-7 $\gamma=1$(实线)和 $\gamma=0$(虚线)的 $V(b)$ 函数图

7.2 对设计有价值的信息粒度

粒映射(通常是由映射描述的模型)的概念提供了一般化的常见数字映射(模型)，不管它们的结构是什么(Bargiela 和 Pedrycz，2003，2005；Lu 等，2014)。从这个意义上讲，这种以粒映射形式出现的概念化提供了一个有趣且具有实际说服力的方向。这种性质的构造对于任何形式的信息粒来说都是有效的。

7.2.1 粒映射

一个数值映射(模型)M_0 基于一组训练数据(x_k，target_k)构建，$x_k\in\mathbf{R}^n$，$\text{target}_k\in\mathbf{R}$，附带一组参数 a，其中 $a\in\mathbf{R}^p$。在该映射的创建过程中，参数值经过优化得到一个向量 $\boldsymbol{a}_{\text{opt}}$。参数的估计是通过最小化某个性能指标 Q 来实现的(例如，target_k 和 $M_0(x_k)$ 之间的平方误差之和)，也就是，$\boldsymbol{a}_{\text{opt}}=\arg\text{Min}_a Q(\boldsymbol{a})$。为了弥补该模型不可避免的错误

（由于 Q 因子不可能刚好等于 0），我们将模型信息粒的参数设定为一个信息粒向量 $\mathbf{A}=[A_1, A_2 \cdots A_p]$。这些颗粒是围绕 a 的原始数值来构建的。换句话说，模型嵌入在粒度参数空间中。将向量 $\boldsymbol{a}$ 的元素进行推广，使模型具有颗粒性，由此模型产生的结果也是信息粒。形式上说，我们有：

- 模型 $\mathbf{A}=G(\boldsymbol{a})$ 参数的粒化，其中 G 代表信息粒的形成机理，即围绕数值参数构建信息粒。
- 产生相应信息粒 $Y(Y=M(x, \mathbf{A})=G(M(x))=M(x, G(\boldsymbol{a})))$ 的任意 x 的粒模型结果。

图 7-8 说明了其基本思想。具有一些参数的非线性映射 M 近似于该数据。我们将 M 的参数以区间的形式表示，从而以某个区间的形式建立映射的输出。要注意，包络（envelop）$y=M(x, \boldsymbol{a})$ 用 Y 来表示（其上下限表示为 y^- 和 y^+），其覆盖了大部分数据（有一部分没有覆盖到，那些是明显的外点）。

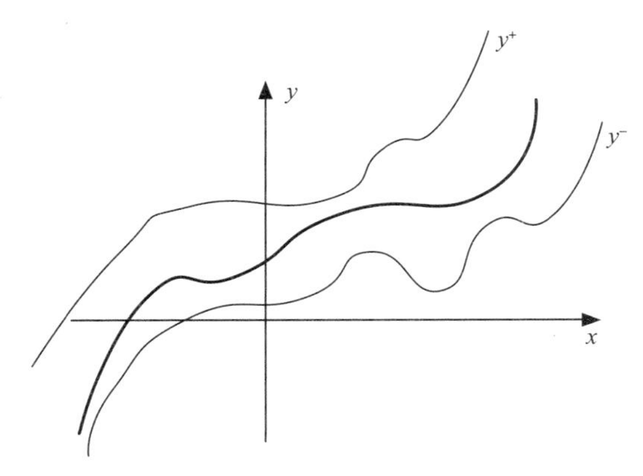

图 7-8 原始数字映射以及区间界限

作为一个简明的例子，考虑以下形式的线性映射：$y-y_0=a(x-x_0)$，其中 $x_0=2.2$，$y_0=2.5$，$a=2.0$。如果我们通过形成一个分布在 2 附近的区间 A 来允许数值参数的区间泛化，即 $A=[a^-, a^+]=[1.7, 2.6]$，那么我们会得到一个区间 $Y=[y^-, y^+]$，其边界由以下方式进行计算（Moore，1966；Moore 等，2009）：

$$y^-=y_0+\min(a^-(x-x_0), a^+(x-x_0))$$
$$y^+=y_0+\max(a^-(x-x_0), a^+(x-x_0))$$

如图 7-9 所示。

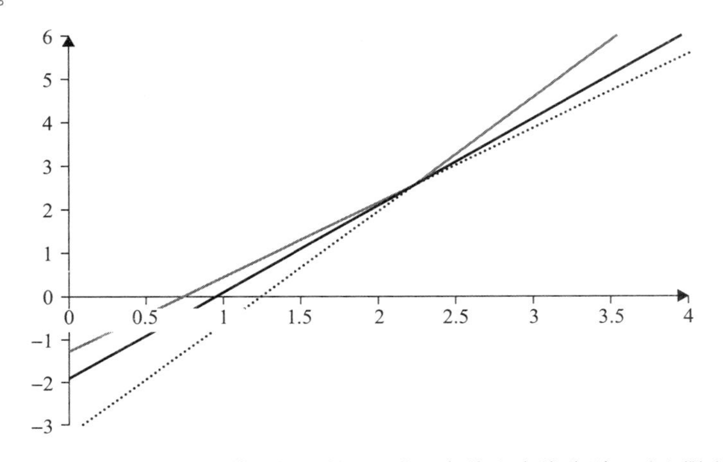

图 7-9 线性映射（黑线）及其区间（颗粒）泛化；灰线和虚线分别显示上限和下限

作为另一个例子，我们考虑一个非线性函数 $y-y_0=a*\sin(b*(x-x_0))$ 在横轴 x 参数范围 $[x_0,\ x_0+\pi/4]$ 内，其中 $x_0=0.9$ 且 $y_0=-0.6$。

a 和 b 的数值参数分别假定为 0.95 和 0.90。通过将 A 和 B 作为跨越原始数值的区间来实现映射的颗粒增强(granular augmentation)，也即是，$A=[0.8,\ 1.3]$ 和 $B=[0.7,\ 1]$。在指定域中考虑的函数是单调递增的，这意味着输出区间的界限可用以下形式表示：

$$y^{-}+0.6=0.8\sin(0.7(x-x_0))$$
$$y^{+}+0.6=1.3\sin(x-x_0)$$

图 7-10 显示了原始数字映射及其界限的图。

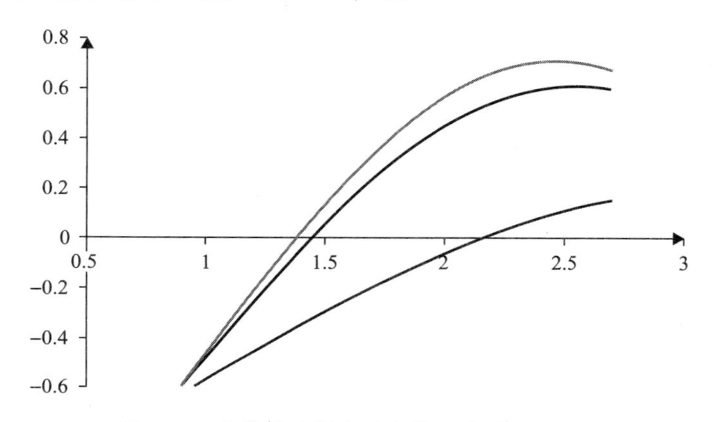

图 7-10　非线性映射和对应粒(区间值)的泛化

信息粒化是一项重要的设计资产。通过将模型的结果粒化(以这种方式更抽象)，我们可以实现 $G(M_0)$ 的更好对齐。直观来说，我们设想粒模型的输出覆盖相应的目标。正式地，让 cov(target，Y)代表某一特定的覆盖谓词(coverage predicate，布尔变量或多值变量)，然后量化 Y 中包含(涵盖)目标的程度。第 6 章介绍了覆盖率的定义。

设计资产(design asset)以一定的允许信息粒度水平 ε 的形式提供，这是预先提供的一个非负参数。我们通过在模型参数周围形成区间来分配(分配)设计资产。这样做的目的是使覆盖率和特异性最大化。当在模型的参数之间分配信息粒度时，信息粒度的总体水平 ε 可作为一个需要满足的约束条件，即 $\sum_{i=1}^{p}\varepsilon_i=P\varepsilon$ 。这两个目标的最大化被转化为覆盖率和特异性的乘积。在后续内容中，基于约束的优化问题如下：

$$V(\varepsilon_1,\varepsilon_2,\cdots,\varepsilon_n)=\left(\frac{1}{N}\sum_{k=1}^{N}\text{cov}(\text{target}_k,Y_k)\right)\left(\frac{1}{N}\sum_{k=1}^{N}\text{sp}(Y_k)\right)$$

$$\max_{\varepsilon_1,\varepsilon_2,\cdots,\varepsilon_n}V(\varepsilon_1,\varepsilon_2,\cdots,\varepsilon_n)$$

满足

$$\sum_{i=1}^{p}\varepsilon_i=p\varepsilon\quad 和\quad \varepsilon_i\geqslant 0 \tag{7.11}$$

覆盖率测度的单调性是显而易见的：ε 值越高，结果覆盖率越高，结果的特异性越低。由于这两个标准明显存在冲突，因此人们可以预期，可能会有一个合理的折中方案。

信息粒度分配的基本概念如图 7-11 所示。

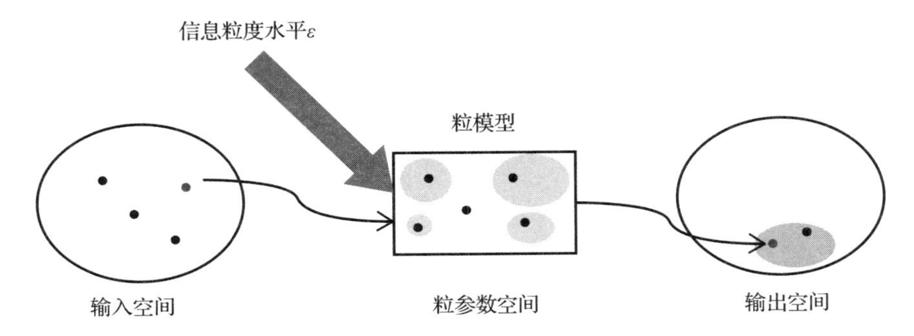

图 7-11　从模糊模型到粒模糊模型：一个粒参数空间的形成

7.2.2　信息粒度分配协议

映射的数字参数被提升为其粒度对应项，目的是最大化性能指数(performance index)。考虑第 i 个参数 a_i，我们在它的数值$[a_i^-, a_i^+]$周围形成它的区间值泛化。通过优化，可以考虑以下几种信息粒度分配协议。

信息粒度的统一分配

在这里，我们对跨映射的所有参数进行统一的信息粒度分配。区间信息粒表示为如下形式：

$$\left[\min\left(a_i\left(\frac{1-\varepsilon}{2}\right),a_i\left(\frac{1+\varepsilon}{2}\right)\right),\max\left(a_i\left(\frac{1-\varepsilon}{2}\right),a_i\left(\frac{1+\varepsilon}{2}\right)\right)\right] \tag{7.12}$$

针对 $a_i=0$ 的情况，在 0 附近建立区间$[-\varepsilon/2, \varepsilon/2]$。注意，在式(7.12)中展示的信息粒度的平衡显然得到了满足。这里没有优化，该协议可以作为一个参考场景，与实现一些信息粒度分配机制相比，它有助于对性能的量化。

信息粒度的对称分配

此处信息粒度按以下形式分配：

$$[\min(a_i(1-\varepsilon_i/2),a_i(1+\varepsilon_i/2)),\max(a_i(1-\varepsilon_i/2),a_i(1+\varepsilon_i/2))] \tag{7.13}$$

这样，围绕 a_i 对称地创建了一个信息粒。

信息粒度的非对称分配

在这种情况下，我们允许以更灵活的方式来形成信息粒，如下所示：

$$[\min(a_i(1-\varepsilon_i^-),a_i(1+\varepsilon_i^-)),\max(a_i(1-\varepsilon_i^+),a_i(1+\varepsilon_i^+))] \tag{7.14}$$

由于信息粒的位置不对称，因此这种情况下的参数数量比前一种情况下的要多。针对这种情况，我们还需要满足信息粒度的总体平衡。

7.2.3　粒度聚合：通过分配信息粒度增强聚合操作

在下面的内容中，我们通过将粒度聚合的概念作为数据(证据)聚合的著名方案的泛化来查看信息粒度分配的一个特殊情况。所提出的方法适用于存在数据对($\boldsymbol{x}(1)$, target(1)), ($\boldsymbol{x}(2)$, target(2)), …, ($\boldsymbol{x}(N)$, target(N))的集合，其中 $\boldsymbol{x}(k)$是一个在单位超立方体$[0, 1]^n$ 里的 n 维向量，target(k)在[0, 1]内，被视为 $\boldsymbol{x}(k)$组件聚合的实验的可用结果。无论 $\boldsymbol{x}(k)$元素聚合的形式模型是什么，模型返回的结果都不太可能与 target(k)的值一致。聚合公式表示为 Agg($\boldsymbol{w}$, $\boldsymbol{x}(k)$)，其中 $\boldsymbol{w}$ 是聚合操作的权重向量。$\boldsymbol{w}$ 的值不可用，需要进行优化，以便聚合机制返回尽可能接近所需 target(k)的结果。例如，初始优化方案可以优化权重向量 $\boldsymbol{w}$，从而使以下距离值最小化：

$$Q=\sum_{k=1}^{N}(\text{target}(k)-\text{Agg}(\boldsymbol{w},\boldsymbol{x}(k)))^2 \tag{7.15}$$

也即是，$\boldsymbol{w}_{\text{opt}}=\text{argMin}_{\boldsymbol{w}}Q$。显然，如果 Q 达到零值，就不太可能得到 $\boldsymbol{w}$ 值。然而，我们可以将 $\boldsymbol{w}_{\text{opt}}$视为权重向量的初始数字估计，并通过调用指导信息粒度的最佳分配的准则，使权重细化(即区间值)，来进一步优化它。换言之，对 $\boldsymbol{w}_{\text{opt}}$进行粒化，从而得到使覆盖率和特异性的乘积达到最大值所对应的区间值 $\boldsymbol{w}$。整个系统的架构如图 7-12 所示。根据前面讨论的协议之一，实现了信息粒度的优化分配。

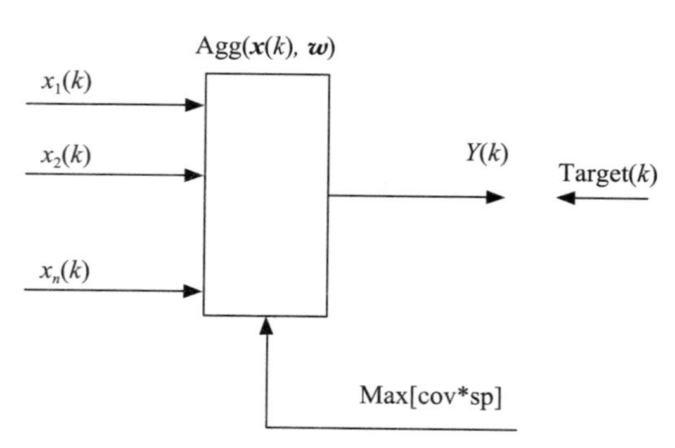

图 7-12　聚合问题中的信息粒度分配问题

7.3　时间序列模型中暂存数据的单步和多步预测

基于以往数据的有限范围(三阶预测模型)，我们建立了一个单步非线性预测模型 M：

$$x_{k+1}=M(x_k,x_{k-1},x_{k-2},\boldsymbol{a}) \tag{7.16}$$

其中 $\boldsymbol{a}$ 是模型的参数向量。由于模型的性能(性能指标的非零值)，预测结果本质上就是一个信息粒(通过构造一个粒参数空间或粒输出空间，可以对模型的性能进行评估，使模型粒化)。假设信息粒 $\boldsymbol{A}$ 已经形成，考虑粒参数空间。一步预测(一步预测)按照如下公式进行：

$$X_{k+1}=M(x_k,x_{k-1},x_{k-2},\boldsymbol{A}) \tag{7.17}$$

利用模型的粒参数，预测结果 X_{k+1}成了一个信息粒。然后，为了预测 X_{k+2}，我们继续进行迭代计算；更多详情请参见图 7-13。

换句话说，我们有：

$$X_{k+2}=M(x_{k+1},x_k,x_{k-1},\boldsymbol{A}) \tag{7.18}$$

下一次迭代计算中，有如下公式：

$$X_{k+3}=M(x_{k+2},x_{k+1},x_k,\boldsymbol{A}) \tag{7.19}$$

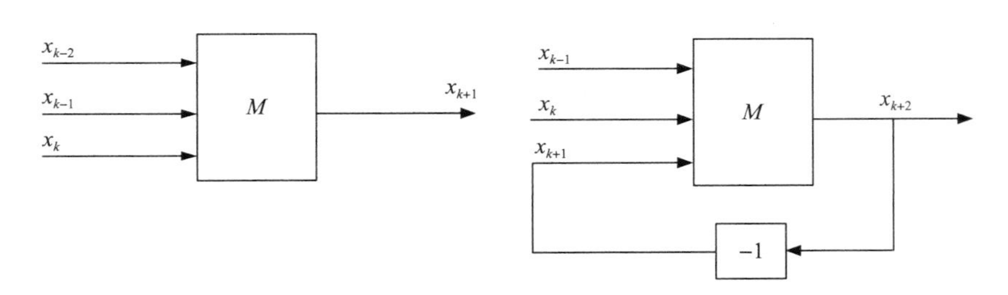

图 7-13　粒时间序列的多步预测；所示为连续的预测步骤

在连续的预测步骤中，我们依赖于模型产生的预测结果，从而形成信息粒。

信息粒度的积累，在预测周期较长的情况下表现得淋漓尽致。这也有助于我们评估可能预测范围的最大长度：一旦预测的特异性低于某一预先设定的阈值，就不能超过预测区间的某一长度(长期预测)。

7.4　高级类型的粒模型的开发

在系统建模中，通过在体系结构的连续层提高信息粒度级别，以分层的方式出现粒模型。这些模型的形成本质上可以简单地描述如下；也可以参考图 7-14。可用于模型设计的数据是成对的集合($\boldsymbol{x}_k$，target_k)，$k=1$，2，…，N。

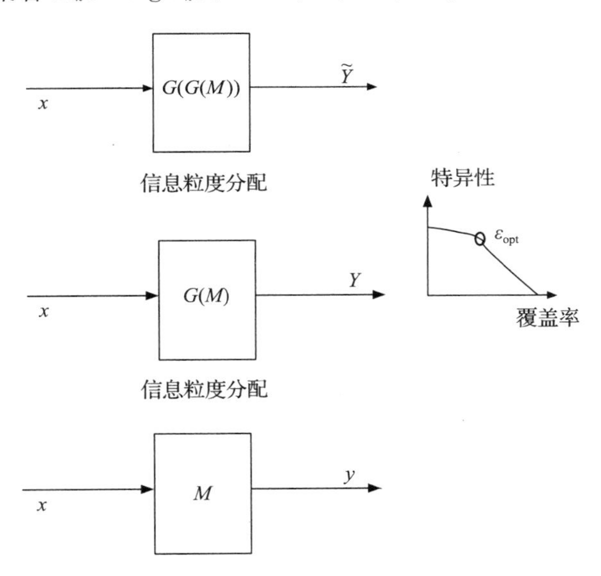

图 7-14　形成更高级类型的粒模型

初始模型 M 是数字型的，也就是说，根据所使用的术语，这里是一个 0 型的粒模型。通过对信息粒度的优化分配，将前一个模型的数值参数粒化，形成了一个 1 型粒模型。形成粒模型 $G(M)$时使用的信息粒度级别是基于模型的覆盖率-特异性特征而选择的。如图 7-14 所示，信息粒度级别的最优值出现在覆盖率值大幅增加，但仍保留特异性值或最终接受其相当有限的下降时。

在根据覆盖率评估粒模型的性能时，一个模型的信息粒度可能仍然有许多没有被 1 型模型“覆盖”的数据。更正式地说，外点集 $\boldsymbol{O}_1$ 的集合形式如下：

$$\boldsymbol{O}_1 = \{(\boldsymbol{x}_k, \text{target}_k) \mid \text{target}_k \notin GM(\boldsymbol{x}_k)\} \tag{7.20}$$

这些数据可以被视为 1 型粒异常值(outlier)。为了提高粒模型的覆盖率，一种方法是通过使信息粒成为 2 型信息粒来提高信息粒的类型水平，从而产生 2 型粒模型，即 $G(G(M))$。例如，当参数为区间时，2 型信息粒成为粒区间(即，其界限是信息粒而不是单个数值的区间)。从模糊集的角度来考虑参数，该参数为 2 型模糊集。同样，通过调用一个信息粒度的最优分配，并确定 $\boldsymbol{O}_1$ 的覆盖标准，一些异常值被 $G(G(M))$生成的结果所覆盖。剩下的形成 $\boldsymbol{O}_2$：

$$\boldsymbol{O}_2 = \{(\boldsymbol{x}_k, \text{target}_k) \in \boldsymbol{O}_1 \mid \text{target}_k \notin G(G(M))(\boldsymbol{x}_k)\} \tag{7.21}$$

这些数据可以被认为是 2 型粒异常值。

更高级类型的粒模型的形成提供了向更高级类型的粒参数移动的一般方法。在下面的内容中，我们通过关注基于规则的模型来了解更多细节。考虑以下形式中描述的一组模糊规则：

$$\text{若 } x \text{ 为 } B_i, \quad \text{则 } y = a_{i0} + \boldsymbol{a}_i^{\mathrm{T}}(\boldsymbol{x} - \boldsymbol{v}_i) \tag{7.22}$$

其中 $\boldsymbol{v}_i$ 是输入空间中构建的模糊集 B_i 的模态值。结论部分的参数描述了以 $\boldsymbol{v}_i$ 为中心的局部线性模型。请注意，式(7.22)中的线性函数描述了围绕原型 $\boldsymbol{v}_i$ 旋转的超平面。对于任何输入 $\boldsymbol{x}$，规则都在某些隶属函数 $B_i(\boldsymbol{x})$中被调用，相应的输出是加权和：

$$\hat{y} = \sum_{i=1}^{c} B_i(\boldsymbol{x})[a_{i0} + \boldsymbol{a}_i^{\mathrm{T}}(\boldsymbol{x} - \boldsymbol{v}_i)] \tag{7.23}$$

通过对局部模型的参数进行优化，构造了模型的粒参数空间。具体规则的形式如下：

$$\hat{Y} = \sum_{i=1}^{c} B_i(\boldsymbol{x}) \otimes [A_{i0} \oplus \boldsymbol{A}_i^{\mathrm{T}} \otimes (\boldsymbol{x} - \boldsymbol{v}_i)] \tag{7.24}$$

其中 A_{i0} 和 $\boldsymbol{A}_i$ 是围绕这些参数的原始数值范围的粒参数。

一个说明性的例子提供了对构造性质的详细见解；这里我们把自己限制在一维输入空间中，其中 $X=[-3, 4]$。模型有四条规则($c=4$)。由于模糊集 B_i 是用 FCM 算法构造的，因此它们的隶属函数是众所周知的形式：

$$B_i(\boldsymbol{x}) = \frac{1}{\sum_{j=1}^{4}(\|\boldsymbol{x} - \boldsymbol{v}_i\| / \|\boldsymbol{x} - \boldsymbol{v}_j\|)^2} \tag{7.25}$$

规则的部分条件中的模糊集原型假定以下值：$v_1=-1.5$，$v_2=-0.3$，$v_3=1.1$ 和 $v_4=-2.3$。区间值输出的界限计算如下：

下限：

$$y^- = \sum_{i=1}^{4} B_i(x)[a_{i0}^- + \min(a_i^- z_i, a_i^+ z_i)] \tag{7.26}$$

上限：

$$y^{+}=\sum_{i=1}^{4} B_i(x)[a_{i0}^{+}+\max(a_i^{-}z_i, a_i^{+}z_i)] \tag{7.27}$$

其中 $z_i = x - v_i$。本地模型参数的数值如下：$a_{10}=3.0$，$a_{20}=-1.3$，$a_{30}=0.5$，$a_{40}=1.9$，$a_1=-1.5$，$a_1=0.8$，$a_1=2.1$，$a_1=-0.9$。

以下给出的是局部模型的区间值参数：

$A_{10}=[2.0, 3.1]$，$A_{20}=[-1.5, -1.0]$，$A_{30}=[0.45, 0.5]$，$A_{40}=[1.7, 2.1]$

$A_1=[-1.7, -1.3]$，$A_2=[0.4, 0.9]$，$A_3=[2.0, 2.1]$，$A_4=[-1.2, -0.6]$

模型的区间值输出图如图 7-15 所示。所有超出下限和上限的数据都被视为 2 型异常值。

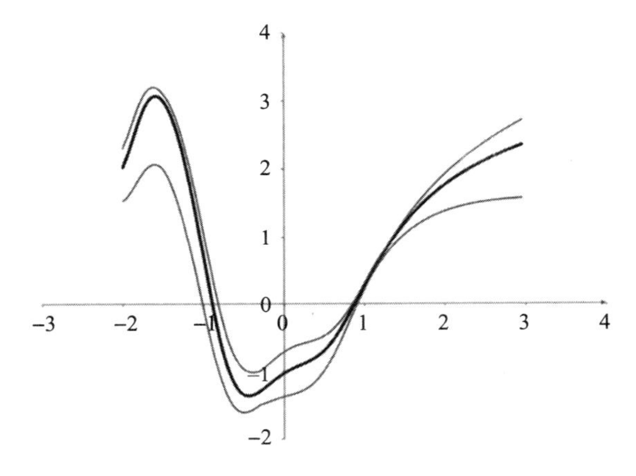

图 7-15　基于规则的模糊模型的区间值输出；灰色线表示区间的界限

如果线性模型中常量的值保持不变(无区间)，则获得的参数区间值按如下形式给出：

$A_1=[-2.0, -1.0]$，$A_2=[0.2, 1.5]$，$A_3=[1.0, 3.0]$，$A_4=[-3.0, 0.5]$

然后，基于规则的模型的特性如图 7-16 所示。

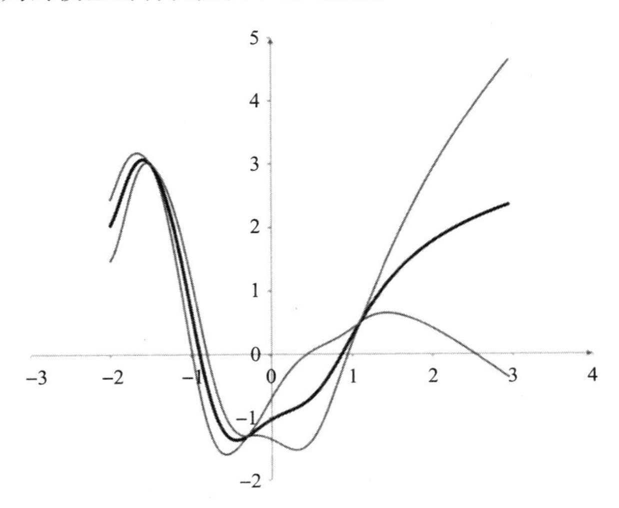

图 7-16　基于规则的模糊模型的区间值输出：区间的界限 y^{-} 和 y^{+} 以灰色显示

值得注意的是，对于输入值与原型一致的情况，输出假定为一个单数值。这很符合直觉，因为对于这样的输入值，只有一个局部模型被激活，常数是一个数值。考虑到本地模型的区间值常量，在前一种情况下不会发生这种效果。

考虑在应用相同的模型扩展过程以处理1型粒异常值时，区间系数的参数被提升为粒区间，粒区间的界限是区间本身。比如，1型粒参数 $A_i=[a_i^- a_i^+]$ 被提升为2型信息粒 $A_i^{\sim}$（粒区间），其粒度界限表达为：

$$A_i^{\sim} = [\underbrace{[a_i^{--}, a_i^{-+}]}_{\text{粒度下限}}\ \underbrace{[a_i^{+-}, a_i^{++}]}_{\text{粒度上限}}] \tag{7.28}$$

让我们考虑优化粒区间，并以如下形式给出：

$$A_i^{\sim} = [[-2.5, -1.5], [-1.2, 0.0], A_2^{\sim} = [0.1, 0.5], [0.9, 1.7],$$
$$A_3^{\sim} = [0.7, 1.1], [2.7, 3.1], A_4^{\sim} = [[-3.1, -1.7], [0.5, 1.4]]$$

界限的计算涉及界限的所有组合，并得出以下表达式：

$$y^- = \sum_{i=1}^{4} B_i(x)[a_{i0}^- + \min(a_i^{--}z_i, a_i^{-+}z_i, a_i^{+-}z_i, a_i^{++}z_i)]$$
$$y^- = \sum_{i=1}^{4} B_i(x)[a_{i0}^+ + \max(a_i^{--}z_i, a_i^{-+}z_i, a_i^{+-}z_i, a_i^{++}z_i)] \tag{7.29}$$

界限图如图7-17所示。位于界限(虚线)之外的数据是2型异常值。

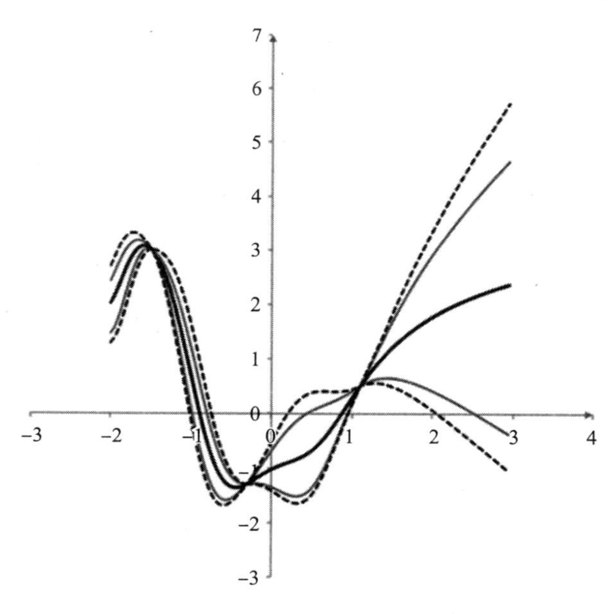

图 7-17　基于规则的2型粒模型的特征；虚线显示2型(粒)区间产生的界限

7.5　粒样本的分类

在本章中，我们考虑对现有映射和模式分类器进行扩展，以处理粒数据。总的来说，在这种情况下，样本由信息粒来描述，比如模糊集、粗糙集或概率函数。最后的问题是如何在分类器的构造中使用这些数据以及如何解释分类结果。现实世界中没有粒数据，因此它们必须在现有数值数据的基础上形成(抽象)。在这方面，必须确定和量化在分类器设计中使用粒数据的优势。

7.5.1　分类问题的公式化

我们回顾一下，c 类分类问题通常可以按如下方式公式化(Duda 等，2001)：

给定 n 维特征空间 $X\subset\mathbf{R}^n$ 中的一组样本 x_1，x_2，…，x_N，构造从特征空间到标签空间的映射(分类器)ω_1，ω_2，…，ω_c，也即是，$\{0，1\}^c$ 或$[0，1]^c$：

$$F:X\rightarrow\{0,1\}^c \tag{7.30}$$

(二元类赋值的二元分类)或：

$$F:X\rightarrow[0,1]^c \tag{7.31}$$

(模糊分类的隶属度等级)。

分类器设计的本质是开发(优化)一个最小化分类误差的映射。

值得注意的是，尽管线性分类器或非线性分类器存在多样性，但在我们遇到特征值($X\subset\mathbf{R}^n$)的意义上，它们都是数值的。

粒分类器是(数值)分类器的推广，其中考虑了粒特征空间。现在映射 GF 可实现如下：

$$GF:G(X)\rightarrow[0,1]^c \tag{7.32}$$

其中 GF 代表粒分类器，$G(.)$表示粒特征空间。这个空间中的样本是信息粒。

在出现粒数据之后，有一些概念上和计算上具有吸引力的激励因素。首先，单个数值数据受噪声影响。其次，它们的可用率(例如，以数据流的形式)很高，考虑某种减少(压缩)的方法会变得更有利。如果这些数据是在更高的抽象级别上描述的，从而形成了一个粒数据的集合，那么它们可能更易于管理且更有意义。分类中要使用的样本数量会大大减少，这有助于分类器的设计。第三，粒数据反映了原始数据的质量。这里有两个方面值得强调：①信息粒度是数据填补(data imputation)的结果，这样有助于区分完整的数据和已填补的数据；②粒样本是为了去平衡那些不平衡数据的结果。

7.5.2　从数值数据到粒数据

信息粒是建立在通过聚类或模糊聚类产生的数字代表(原型)的基础上的(Kaufmann 和 Rousseeuw，1990；Gacek 和 Pedrycz，2015)。它们也可以被随机选取，用 v_1，v_2，…，v_c 来进行表示。根据可用数据的性质，考虑两种一般设计方案。

未标记数据

这些样本位于实数的 n 维空间中。一些初步处理是通过选择数据子集(比如通过集群或某种随机机制)，并在其周围建立信息粒来完成的。这些信息粒可以是区间或基于集合的构造或概率(概率密度函数的估计)。合理粒度原则在这里作为一个可行的替代方案出现。

标记数据

针对这种场景，和前面讨论的合理粒度原则一样，在粒的构造中调用一种监督机制。所得到的粒具有由属于不同类别的样本数描述的内容。

无监督模式下信息粒的形成，使用了合理粒度原则，我们构建信息粒 V_1，V_2，…，V_M，其进一步被视为粒数据。和往常一样，这里考虑的是粒的两个特征。

我们按如下方式确定覆盖率：

$$\text{cov}(V_i) = \{x_k \mid \|x_k - v_i\| \leqslant \rho_i\} \tag{7.33}$$

其中 $\rho_i \in [0, 1]$是信息粒的尺寸(直径)。粒的特异性表现为：

$$\text{Sp}(V_i) = 1 - \rho_i \tag{7.34}$$

从细节上讲，覆盖率包括距离$\|.\|$，其可由多种途径进行明确。这里我们回顾两个常见的例子，如欧式距离和切比雪夫距离。这就推导出了覆盖率的详细公式：

$$\text{cov}(V_i) = \left\{x_k \mid \frac{1}{n}\sum_{j=1}^{n}\frac{(x_{kj} - v_{ij})^2}{\sigma_j^2} \leqslant n\rho_i^2\right\} \tag{7.35}$$

$$\text{cov}(V_i) = \{x_k \mid \max_{j=1,2,\cdots,n} |x_{kj} - v_{ij}| \leqslant \rho_i\} \tag{7.36}$$

信息粒 ρ_i 的大小通过最大化覆盖率和特异性的乘积来优化，从而产生粒的最佳大小：

$$\rho_i = \arg \text{Max}_{\rho\in[0,1]}[\text{Cov}(V_i) * \text{Sp}(V_i)] \tag{7.37}$$

特异性标准的影响可通过引入非零权重系数 β 进行加权：

$$\rho_i = \arg \text{Max}_{\rho\in[0,1]}[\text{Cov}(V_i) * \text{Sp}^{\beta}(V_i)] \tag{7.38}$$

β 值越高，特异性对所构建的信息粒的影响越明显。

总之，我们形成了以原型和相应尺寸为特征的 M 信息粒，也就是，$V_1=(v_1, \rho_1)$，$V_2=(v_2, \rho_2)$，…，$V_M=(v_M, \rho_M)$。注意，以这种方式形成的粒数据可以进一步聚集，如第 8 章所讨论的。

在信息粒发展的监督模式中，必须考虑类信息。很可能信息粒领域内的样本属于不同的类别。信息粒的类内容可以看作是一个概率向量 $\boldsymbol{p}$，其每一项计算为：

$$[p_1 p_2 \cdots p_c] = \left[\frac{n_1}{n_1+n_2+\cdots+n_c} \frac{n_2}{n_1+n_2+\cdots+n_c} \cdots \frac{n_c}{n_1+n_2+\cdots+n_c}\right]$$

这里 n_1，n_2，…，n_c 是信息粒所包含的属于各类样本的数量。或者，可以将类成员向量看作是 $\boldsymbol{p}$ 的规范化版本，其中所有坐标都除以该向量的最高项，得到$[p_1/\max(p_1, p_2, \cdots, p_c) p_2/\max(p_1, p_2, \cdots, p_c) \cdots p_c/\max(p_1, p_2, \cdots, p_c)]$。

类内容在信息粒描述中起着不可分割的作用。在这方面，信息粒异质性(heterogeneity)的整体标量表征是以熵的形式出现的(Duda 等，2001)：

$$H(\boldsymbol{p}) = -\frac{1}{c}\sum_{i=1}^{c} p_i \log_2 p_i \tag{7.39}$$

在构建信息粒时，熵分量对优化准则进行了扩充，并将熵分量加入到已有的覆盖率和特异性乘积中，即

$$\rho_i = \arg \text{Max}_{\rho\in[0,1]}[\text{cov}(V_i) * \text{Sp}(V_i) * H(p)] \tag{7.40}$$

注意，如果信息粒的形成涉及属于同一类的数值样本，那么熵分量等于 1，且不影响整体性能指数。

由于使用了如前所示修改的合理粒度原则，因此我们得到了 M 个粒数据，通过以下用数值原型描述的三元形式(v_i，ρ_i，$\boldsymbol{p}_i$)，$i=1$，2，…，M 来呈现，其中 ρ_i 为尺寸，类内容为 $\boldsymbol{p}_i$。相同信息粒的布尔表现形式与(v_i，ρ_i，$\boldsymbol{I}_i$)相同，其中 $\boldsymbol{I}_i$ 是布尔向量=[00…0 1 0…0]，且其中一个非零项的坐标(类索引)对应于 $\boldsymbol{p}_i$ 项最高的类的索引。

7.5.3　粒分类器：增强问题

用于处理数值数据的分类器需要进行增强以便能处理具有粒度本质的样本。其本质是构建一个新的特征空间，以能容纳构造出的信息粒的参数。连续的步骤是实现对粒样本的分类器映射(如图 7-18 所示)。

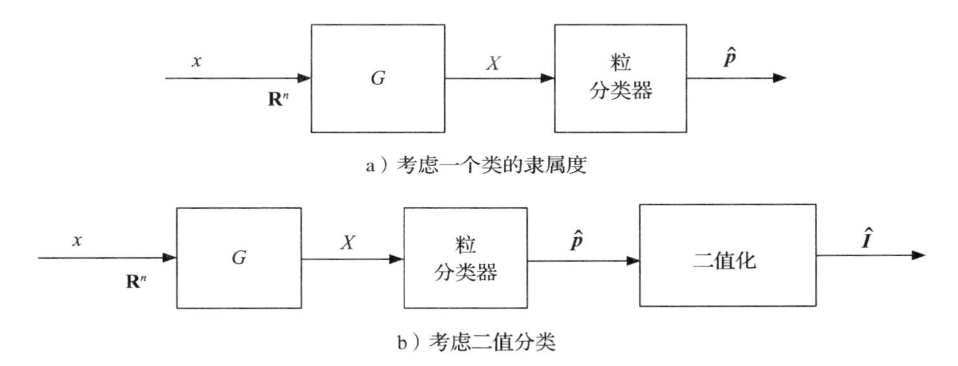

图 7-18　粒分类器设计综述；注意，预处理模块的功能形成了一个粒特征空间(性能评估有两个模式)

由于粒样本的多标签特性，通过返回类成员的向量 $\boldsymbol{p}$，分类器的输出是 c 维的。分类误差的表示和随后的优化有两种不同的方式：

1. 通过考虑粒样本的概率信息。针对属于训练集的模式 x_1、x_2、…、x_m，分类器产生的 $\boldsymbol{p}_k$ 和 $\hat{\boldsymbol{p}}_k$ 之间的距离被最小化：

$$Q=\frac{1}{M'}\sum_{k=1}^{M'}\|\boldsymbol{p}_k-\hat{\boldsymbol{p}}_k\|^2 \tag{7.41}$$

2. 考虑到粒样本的布尔表现形式，也就是说，通过考虑向量间 $\boldsymbol{I}_k$ 和 $\hat{\boldsymbol{I}}_k$ 差异所表示的错误分类计数，有

$$Q=\frac{1}{M'}\sum_{k=1}^{M'}\sum_{j=1}^{n}|\boldsymbol{I}_{kj}-\hat{\boldsymbol{I}}_{kj}|^2 \tag{7.42}$$

对训练和测试数据集的分类器性能进行了评估。没有遇到过拟合，因为样本集比数值数据小得多，因此在这方面没有采取具体的预防措施。

7.6　结论

在本章中，我们重点讨论了信息粒的概念和算法发展。合理粒度原则提供了构建信

息粒的一般概念和算法设置。强调两个具有深远影响的关键特性是很重要的。第一，根据这些实体的本质，即实验论证和语义内容，该原则可以激励信息粒的构建。第二，它适用于各种形式的信息粒。本文的讨论根据其来源和发展，在原始设置中投射出常见的2 型模糊集(尤其是区间值模糊集)，强调它们的出现与各种数据源(知识)需要某类聚合的所有实际情况相关联。因此，更高类型的信息粒作为一种真实和完全合法化的必要性出现，以捕获和量化聚合过程中所涉及的多种信息粒。

通过扩展数值映射(位于分类器和预测器构造的中心)和增强最初可用的数值结果，粒映射的概念是粒度计算的基础。同样，在合理粒度原则的情况下，对信息粒的质量进行了评估，并针对实验数据的覆盖率及其特异性进行了优化。

参考文献

A. Bargiela and W. Pedrycz, *Granular Computing: An Introduction*, Dordrecht, Kluwer Academic Publishers, 2003.

A. Bargiela and W. Pedrycz, Granular mappings, *IEEE Transactions on Systems, Man, and Cybernetics-Part A*, 35(2), 2005, 292–297.

R. O. Duda, P. E. Hart, and D. G. Stork, *Pattern Classification*, 2nd ed., New York, John Wiley & Sons, Inc., 2001.

A. Gacek and W. Pedrycz, Clustering granular data and their characterization with information granules of higher type, *IEEE Transactions on Fuzzy Systems*, 23, 4, 2015, 850–860.

L. Kaufmann and P. J. Rousseeuw, *Finding Groups in Data: An Introduction to Cluster Analysis*, New York, John Wiley & Sons, Inc., 1990.

W. Lu, W. Pedrycz, X. Liu, J. Yang, and P. Li, The modeling of time series based on fuzzy information granules, *Expert Systems with Applications*, 41(8), 2014, 3799–3808.

R. Moore, *Interval Analysis*, Englewood Cliffs, NJ, Prentice Hall, 1966.

R. Moore, R. B. Kearfott, and M. J. Cloud, *Introduction to Interval Analysis*, Philadelphia, PA, SIAM, 2009.

W. Pedrycz, *Granular Computing*, Boca Raton, FL, CRC Press, 2013.

W. Pedrycz and A. Bargiela, Granular clustering: A granular signature of data, *IEEE Transactions on Systems, Man and Cybernetics*, 32, 2002, 212–224.

W. Pedrycz and W. Homenda, Building the fundamentals of granular computing: A principle of justifiable granularity, *Applied Soft Computing*, 13, 2013, 4209–4218.

W. Pedrycz, A. Jastrzebska, and W. Homenda, Design of fuzzy cognitive maps for modeling time series, *IEEE Transactions on Fuzzy Systems*, 24(1), 2016, 120–130.

W. Pedrycz and X. Wang, Designing fuzzy sets with the use of the parametric principle of justifiable granularity, *IEEE Transactions on Fuzzy Systems*, 24(2), 2016, 489–496.

聚　　类

聚类(Jain 和 Dubes，1988；Duda 等，2001；Jain，2010)主要是发现和描述样本(数据)集合中的结构。它是以一种无监督的方式实现的，通常被视为“无教师学习”(无监督学习)的同义词。在模式识别的背景下，聚类是其中占主导地位且轮廓分明的领域之一，有其自身的发展历程，对后续的处理方案(特别是分类器和预测器)有着重要的作用。

有许多不同的聚类方法是由不同的目标驱动的，并且还会生成截然不同的数据格式。在本章中，我们将重点介绍两个具有代表性的例子，它们分别代表了基于目标函数的聚类和层次聚类。我们详细阐述所讨论算法的本质以及计算细节，讨论聚类技术的一些改进方案。聚类结果的质量以各种方式进行量化，在这里，我们通过识别所谓的外部和内部指标来提供性能指标的分类。

聚类和集群与信息粒密切相关。后续我们会指出信息粒的作用，并强调集群是构建粒的载体这一事实。此外，可以看到，粒度聚类还涉及基于以信息粒形式提供的数据来构建集群的方法。我们还演示了合理的信息粒度原则如何有助于在聚类结果的基础上对信息粒进行简洁的描述。

8.1 模糊 c 均值聚类方法

我们简单回顾一下模糊 c 均值(FCM)算法的公式(Dunn，1974；Bezdek，1981)，开发该算法，并突出显示模糊聚类的主要特性。给定一组位于 $\mathbf{R}^n$ 的 n 维数据集，$X=\{x_k\}$，$k=1$，2，…，N，确定其结构的任务——集群 c 的集合表示为以下目标函数的最小化(性能指数)，Q 被认为是距离平方之和：

$$Q=\sum_{i=1}^{c}\sum_{k=1}^{N}u_{ik}^{m}\|x_k-v_i\|^2 \tag{8.1}$$

其中 v_1，v_2，…，v_c 是 n 维集群原型，而 $\boldsymbol{U}=[u_{ik}]$代表一种表示数据分配到相应集群的分块矩阵(partition matrix)。u_{ik}是第 i 个集群中数据 x_k 的隶属度。u_{ik} 的值排列在一个分块矩阵 $\boldsymbol{U}$ 中。数据 x_k 和原型 v_i 之间的距离用$\|.\|$表示。假设模糊化系数(fuzzification coefficient)m 的值大于 1，则表示隶属度对单个集群的影响，并生成信息粒的某些几何图形。

分块矩阵满足两个重要且直观的属性：

$$0<\sum_{k=1}^{N}u_{ik}<N,\quad i=1,2,\cdots,c \tag{8.2}$$

$$\sum_{i=1}^{c} u_{ik} = 1, \quad k = 1,2,\cdots,N \tag{8.3}$$

第一个要求指出每个集群必须是非空的，并且不同于整个集群。第二个要求指出，隶属度的总和应限制为 1。我们用 $\mathcal{U}$ 表示满足这两个要求的分块矩阵族。

针对 $\boldsymbol{U}\in\mathcal{U}$ 和集群 $V=\{v_1, v_2, \cdots, v_c\}$ 的原型 v_i，最小化 Q。更明确地说，我们将优化问题写为如下形式：

$$\min Q, \quad 对于\ \boldsymbol{U} \in \mathcal{U}, v_1, v_2, \cdots, v_c \in \mathbf{R}^n \tag{8.4}$$

最小化目标函数是数据空间($k=1, 2, \cdots, n$)和集群($i=1, 2, \cdots, c$)上加权距离的两倍和，它有一个简单的解释。用聚类方法揭示的以分块矩阵和原型为特征的结构是距离和最小的结构。例如，如果 x_k 与第 i 个集群关联，则相应的距离 $\|x_k-v_i\|$ 很小，并且隶属度 u_{ik} 达到接近 1 的值。另外，如果 x_k 距离原型很远（距离相当大），那么通过使第 i 个集群的相应隶属度接近 0($u_{ik}=0$)，可以在整个求和结果中减小这个值，从而大大减少了其对累加总和的贡献。

从优化的角度来看，对于分块矩阵和原型，有两个单独的优化任务要分别执行。第一个是最小化式(8.2)和式(8.3)这两个要求所给出的约束条件，式(8.2)和式(8.3)适用于每个数据点 x_k。拉格朗日乘子的使用将问题转化为其无约束优化版本。每个数据点的增强目标函数 V($k=1, 2, \cdots, N$)可表示为

$$V = \sum_{i=1}^{c} u_{ik}^m d_{ik}^2 + \lambda\left(\sum_{i=1}^{c} u_{ik} - 1\right) \tag{8.5}$$

其中我们使用了一个缩写的形式 $d_{ik}^2=\|x_k-v_i\|^2$。对于 $k=1, 2, \cdots, N$，求取 V 最小值的必要条件为：

$$\frac{\partial V}{\partial u_{st}} = 0 \qquad \frac{\partial V}{\partial \lambda} = 0 \tag{8.6}$$

其中 $s=1, 2, \cdots, c$，$t=1, 2, \cdots, N$。现在我们针对分块矩阵元素用下面的方法来计算 V 的导数：

$$\frac{\partial V}{\partial u_{st}} = m u_{st}^{m-1} d_{st}^2 + \lambda \tag{8.7}$$

将式(8.7)置为零，再使用归一化条件式(8.3)，计算的隶属度 u_{st} 为

$$u_{st} = -\left(\frac{\lambda}{m}\right)^{\frac{1}{m-1}} d_{st}^{\frac{2}{m-1}} \tag{8.8}$$

我们通过分离包括拉格朗日乘子在内的项来完成对之前表达式的一些重新排列：

$$-\left(\frac{\lambda}{m}\right)^{\frac{1}{m-1}} = \frac{1}{\sum_{j=1}^{c} d_{jt}^{\frac{2}{m-1}}} \tag{8.9}$$

将这个式子代入式(8.8)中，得到分块矩阵的连续项：

$$u_{st} = \frac{1}{\sum_{j=1}^{c}\left(\frac{d_{st}^2}{d_{jt}^2}\right)^{\frac{1}{m-1}}} \tag{8.10}$$

基于假设数据和原型之间的欧氏距离来对原型 v_i 进行优化：$\|x_k - v_i\|^2 = \sum_{j=1}^{n}(x_{kj} - v_{ij})^2$，目标函数为 $Q = \sum_{i=1}^{c}\sum_{k=1}^{N}u_{ik}^m\sum_{j=1}^{n}(x_{kj}-v_{ij})^2$，其对 v_i 的梯度为 $\nabla_{v_i}Q$，使梯度结果等于 0 将得到线性方程组：

$$\sum_{k=1}^{N}u_{ik}^m(x_{kt} - v_{st}) = 0, s = 1,2,\cdots,c; t = 1,2,\cdots,n \tag{8.11}$$

因此，

$$v_{st} = \frac{\sum_{k=1}^{N}u_{ik}^m x_{kt}}{\sum_{k=1}^{N}u_{ik}^m} \tag{8.12}$$

应该强调的是，使用与欧式距离函数和欧式距离族不同的其他距离函数会带来一些计算复杂性，原型的公式不能像前面给出的那样简洁呈现。

通常情况下，由于数据是多变量的，并且单个坐标(变量)显示不同的范围，因此可以将变量归一化或考虑加权欧式距离(包括单个变量的方差)：

$$\|x_k - v_i\|^2 = \sum_{j=1}^{n}\frac{(x_{kj}-v_{ij})^2}{\sigma_j^2} \tag{8.13}$$

应该指出，目标函数(8.1)中使用的距离函数直接涉及所生成的集群的几何图形。另外两个常见的距离示例是汉明(Hamming)距离和切比雪夫(Chebyshev)距离。

汉明(城市街区)距离

$$\|x_k - v_i\|^2 = \sum_{j=1}^{n}|x_{kj} - v_{ij}| \tag{8.14}$$

切比雪夫距离

$$\|x_k - v_i\| = \max_{j=1,2,\cdots,n}|x_{kj} - v_{ij}| \tag{8.15}$$

它们所产生的集群的几何结构类似于菱形和超盒形(如图 8-1 所示)。为了展示这一点，我们研究点 x 的分布，其距原点的距离被设置为某个常数 ρ，即 $\{x \mid \|x-0\| \leqslant \rho\}$，并描述这些点的位置。在二维情况下有详细的表达式，其中包含以下内容：

- 汉明距离 $\{(x_1, x_2) \mid |x_1| + |x_2| \leqslant \rho\}$
- 欧氏距离 $\{(x_1, x_2) \mid x_1^2 + x_2^2 \leqslant \rho^2\}$
- 切比雪夫距离 $\{(x_1, x_2) \mid \max(|x_1|, |x_2|) \leqslant \rho\}$

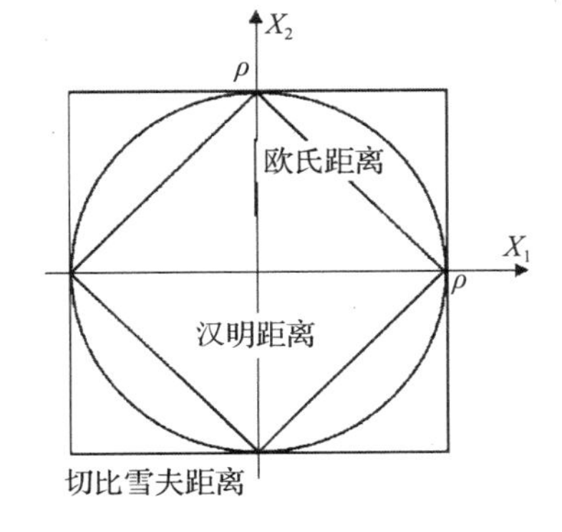

图 8-1　距原点某个恒定距离 ρ 的数据分布的几何图形

针对欧式距离的情况，可以考虑汉明距离和切比雪夫距离的加权版本。值得强调的是，距离的类型直接暗示了该方法生成的集群的几何结构。换句话说，通过设置一个特定的距离，我们可以根据

FCM 所揭示的信息直接得出集群的几何结构。除了这些几何基础之外，任何距离函数都需要一些优化方案要求。在这方面，我们注意到原型的计算直接取决于距离的选择。再次强调，闭式公式(8.12)仅在欧式距离的情况下有效，而其他距离的计算则更为复杂。

总的来说，FCM 集群是通过一系列迭代完成的，我们从一些随机的数据(一个随机初始化的分块矩阵)分配开始，通过依次调整分块矩阵和原型的值来执行以下更新。重复迭代过程，直到满足某个终止标准。通常，终止条件是通过观察连续分块矩阵隶属度值的变化来量化的。用 $\boldsymbol{U}(\text{iter})$ 和 $\boldsymbol{U}(\text{iter}+1)$ 表示在算法的两个连续迭代中产生的两个分块矩阵。如果距离 $\|\boldsymbol{U}(\text{iter}+1)-\boldsymbol{U}(\text{iter})\|$ 小于某一个预设的阈值 ε，那么我们终止该算法。通常，考虑分块矩阵之间的切比雪夫距离，这意味着终止标准如下：

$$\max_{i,k}|u_{ik}(\text{iter}+1)-u_{ik}(\text{iter})|\leqslant\varepsilon \tag{8.16}$$

模糊化系数对由算法生成的模糊集的几何性质有直接影响。典型地，假设 m 的值等于 2.0。较低的 m(接近于 1)产生类似于集合特征函数的隶属函数；大多数隶属度值都位于 1 或 0 附近。模糊化系数($m=3$、4 等)的增加产生了“尖峰”(spiky)隶属函数，其在原型中的隶属度等于 1，而在远离原型时，其值快速下降。

当 m 接近 1 的时候，分块矩阵带有等于 0 或 1 的项，因此，结果以布尔分块矩阵的形式出现。该算法就是著名的 k 均值聚类算法。

从由聚类和模糊聚类来构建信息粒的角度，我们注意到，分块矩阵 $\boldsymbol{U}$ 可以作为占据矩阵连续行的信息粒的隶属函数的集合。换句话说，对于模糊集 A_1，A_2，…，A_c，其隶属度值假设为 x_1，x_2，…，x_N，形成了 $\boldsymbol{U}$ 中相应的行：

$$\boldsymbol{U}=\begin{bmatrix}A_1\\A_2\\\vdots\\A_c\end{bmatrix}=\begin{bmatrix}\boldsymbol{u}_1\\\boldsymbol{u}_2\\\vdots\\\boldsymbol{u}_c\end{bmatrix}$$

其中 $A_i(x_k)=u_{ik}$，$\boldsymbol{u}_i$ 表示第 i 个集群中数据的隶属度向量。

构造出的分块矩阵还提供了另一种洞察成对数据层中显示结构的方法，生成一个所谓的相似矩阵和一个集群的连接矩阵。

相似矩阵

相似矩阵 $\boldsymbol{P}=[p_{kl}]$(k，$l=1$，2，…，N)意味着分块矩阵和项目按如下形式定义：

$$p_{kj}=\sum_{i=1}^{c}\min(p_{ik},p_{ij}) \tag{8.17}$$

其中 p_{kj} 表示一对单独数据之间的密切程度。根据前面的公式，某些数据对(k，j)的相似度等于 1，当且仅当这两个点相同。如果这些点的隶属度彼此更接近，则相似矩阵的对应项也将获得更高的值(Loia 等，2007)。注意，p_{kj} 可以作为某个核函数 K 在对应点对上的值的近似值，$p_{kj}\approx K(x_k,x_j)$。

连接矩阵

$c*c$ 维连接矩阵 $\boldsymbol{L}=[l_{ij}]$ 提供了两个集群 i 和 j 之间关联的全局特征，由所有数据确定(求平均)：

$$l_{ij}=1-\frac{1}{N}\sum_{k=1}^{N}|u_{ik}\equiv u_{jk}| \tag{8.18}$$

其中，前面的表达式使用分块矩阵相应行之间的汉明距离。考虑到这一点，公式如下：

$$l_{ij}=1-\frac{1}{N}\|\boldsymbol{u}_i-\boldsymbol{u}_j\| \tag{8.19}$$

如果分块矩阵的两个对应行(i 和 j)彼此接近，那么集群(信息粒)将变为强链接(关联)。

8.2　*k* 均值聚类算法

k 均值聚类算法是一种常用的聚类方法(Jain 和 Dubes，1988)。我们注意到，它是模糊系数极限情况下的一种 FCM 特殊情况，我们可以从最小化目标函数开始得到它。它采用式(8.1)给出的相同形式，分块矩阵采用来自二元素集{0，1}的二进制值。由于分块矩阵的优化是独立于数据实现的，因此 Q 是 u_{ik} 的线性函数。这直接意味着表达式的最小值 $\sum_{i=1}^{c}u_{ik}\|x_k-v_i\|^2$ 按如下形式表示：

$$u_{ik}=\begin{cases}1 & 若\ i=\arg\min_{l=1,2,\cdots,c}\|x_k-v_l\|\\ 0 & 否则\end{cases} \tag{8.20}$$

原型的计算方法与 FCM 的计算方法相同，即

$$v_i=\sum_{k=1}^{N}u_{ik}x_k\Big/\sum_{k=1}^{N}u_{ik} \tag{8.21}$$

显然，在这里模糊系数 m 不起任何作用，因为 u_{ik} 是 0 或 1。

8.3　带有聚类和变量加权的增强模糊聚类

将一些参数引入到优化的目标函数中，可以提高通用聚类算法的灵活性。增强有两种方式：①通过单个集群加权；②通过变量加权。对聚类进行加权的方法，即表示单个组的相关性，通过坐标为[0，1]中值的 c 维权重向量 $\boldsymbol{w}$ 进行量化。权重值越低，对应的聚类影响越小。个体特征(变量)的影响根据 n 维特征权重向量 $\boldsymbol{f}$ 进行量化，其中 $\boldsymbol{f}$ 的坐标值越高，对应特征(变量)的相关性越高。通过这种方式，一些特征变得更加重要，并且可以通过识别(和删除)那些权重值非常低的特征来减少特征空间。

处理前述目标函数，我们有：

$$Q=\sum_{i=1}^{c}\sum_{k=1}^{N}u_{ik}^{m}w_i^2\|x_k-v_i\|_f^2 \tag{8.22}$$

在距离计算中包含了权重向量 $\boldsymbol{f}$。换言之：

$$\|x_k - v_i\|_f^2 = \sum_{j=1}^{n} (x_{kj} - v_{ij})^2 f_j^2 \tag{8.23}$$

在加权欧式距离的情况下，我们有：

$$\|x_k - v_i\|_f^2 = \sum_{j=1}^{n} \frac{(x_{kj} - v_{ij})^2}{\sigma_j^2} f_j^2 \tag{8.24}$$

其中 σ_j^2 代表第 j 个特征的标准差。

权重向量 $\boldsymbol{w}$ 和 $\boldsymbol{f}$ 满足以下约束条件：

$$\begin{aligned} & w_i \in [0,1] \\ & \sum_{i=1}^{c} w_i = 1 \\ & f_j \in [0,1] \\ & \sum_{j=1}^{n} f_j = 1 \end{aligned} \tag{8.25}$$

正式地说，Q 的优化(最小化)实现如下：

$$\min_{U,V,\boldsymbol{w},\boldsymbol{f}} Q(U, v_1, v_2, \cdots, v_c, \boldsymbol{w}, \boldsymbol{f}) \tag{8.26}$$

其中 $V=\{v_1,\ v_2,\ \cdots,\ v_c\}$。基于这个约束条件，详细的优化问题被构造为一个带约束条件的优化问题，其涉及拉格朗日乘子。

8.4 基于知识的聚类

与监督学习相比，集群是一种典型的无监督学习机制。很多场景中都有一些附加信息的来源，在学习过程中需要考虑这些来源。这些技术可以称为基于知识的集群(Pedrycz，2005)。例如，可能会遇到有限数量的数据点，这些数据点被标记，它们的可用类隶属度等级被组织在一个特定的分块矩阵中(布尔或模糊)。这种情况可以称为部分集群监督(Pedrycz 和 Waletzky，1997；Pedrycz，2005)。考虑到一个大小为 M 的 X 数据子集，称之为 X_0，它由带有分块矩阵 $\boldsymbol{F}$ 的标记数据组成。原始目标函数通过包括表示由分区矩阵 $\boldsymbol{U}$ 传递的结构与由 $\boldsymbol{F}$ 传递的结构信息紧密性的附加分量来展开：

$$Q = \sum_{i=1}^{c} \sum_{k=1}^{N} u_{ik}^2 \|x_k - v_i\|^2 + \kappa \sum_{i=1}^{c} \sum_{\substack{k=1 \\ x_k \in X_0}}^{N} (u_{ik} - f_{ik})^2 \|x_k - v_i\|^2 \tag{8.27}$$

式(8.27)中的第二个术语量化了在标记数据中获得的 $\boldsymbol{U}$ 和 $\boldsymbol{F}$ 的一致性水平。比例系数 κ 有助于在 X 上完成的从聚类结果上发现的结构特征与通过 $\boldsymbol{F}$ 的项获得的结构信息保持平衡。如果 $k=0$，则该方法简化为标准的 FCM 算法。另一种从不同来源获得知识的方法是以协作集群的形式(Pedrycz 和 Rai，2009)。

8.5 聚类结果的质量

在评价聚类结果的质量时，主要有两类质量指标，即内部指标和外部指标。内部指标包含大量备选方案，称为集群有效性指数。在某种程度上，它们倾向于反映构建集群的一般性质，包括它们的紧凑性和分离能力。外部质量度量用于评估获得的集群相对于集群处理数据固有特征的能力。所得到的聚类被评估为代表数据本身的能力或者聚类在预测器或分类器构造中的潜力。

集群有效性指数

有大量的指数集合用于量化获得的集群的性能（所谓的集群有效性指数）（Milligan 和 Cooper，1985；Rousseeuw，1987；Krzanowski 和 Lai，1988；Vendramin 等，2010；Arbelaitz 等，2013）。有效性指数所使用的主要标准涉及以结果信息粒的紧密性和分离度来表示的集群的质量（Davies 和 Bouldin，1979）。紧密性可以通过属于同一个集群的数据之间的距离之和来量化，而分离度则通过确定集群原型之间的距离之和来表示。紧密性度量中距离之和越低，原型之间的差异越大，解决方案越好。例如，谢贝尼(XB)指数反映了这些特性的特征，它考虑了以下比率：

$$V=\frac{\sum_{i=1}^{c}\sum_{k=1}^{N}u_{ik}^{m}\|x_k-v_i\|^2}{N\min_{\substack{i,j\\ i\neq j}}\|v_i-v_j\|} \tag{8.28}$$

注意，分子描述紧密性，而分母则描述分离度方面。V 值越低，集群的质量越好。后面显示的索引是沿着相同的思路计算的，但在分子项中，原型与整个数据集的总平均值 $\widetilde{v}$ 之间的距离例外：

$$V=\frac{\sum_{i=1}^{c}\sum_{k=1}^{N}u_{ik}^{m}\|x_k-v_i\|^2+\frac{1}{c}\sum_{i=1}^{c}\|v_i-\widetilde{v}\|^2}{N\min_{\substack{i,j\\ i\neq j}}\|v_i-v_j\|} \tag{8.29}$$

其他一些备选方案的表达形式如下：

$$V=\sum_{i=1}^{c}\sum_{k=1}^{N}u_{ik}^{m}\|x_k-v_i\|^2+\frac{1}{c}\sum_{i=1}^{c}\|v_i-\widetilde{v}\|^2 \tag{8.30}$$

如前所述，还有许多其他的选择；但是它们以不同的方式量化了紧密性和分离度的标准。

分类误差

在这方面，分类误差是一个明显的替代方法：我们希望集群对于样本类是同质的。在理想情况下，一个集群应该由只属于单个类的样本组成。集群的异质性越大，以分类误差标准为依据的话，其分类质量就越低。集群的数目越大，它们同质的概率就越高。显然，这意味着集群的数量不应低于类的数量。如果构成单个类的数据的拓扑结构更复杂，那么我们设想与类的几何结构非常简单的情况相比，保持类同质性所需的类的数量必须更多（通常情况是，高度不相交类的球面几何，其通过欧氏距离函数很容易被捕捉到）。

重建误差

集群倾向于揭示数据中固有的结构。为在集群和聚类质量之间建立起联系，我们要确定集群的重建能力。给定由原型 v_1，v_2，…，v_c 的集合描述的数据中的结构，我们首先在其帮助下表示任何数据 x。对于 k 均值，这表示返回一个布尔向量[00…10…0]，其中向量的非零项表示最接近 x 的原型。对于 FCM，x 的表征用隶属度向量 $\boldsymbol{u}(x)=[u_1\ u_2 \cdots\ u_c]$按照常规方法计算表示。这一步被称为粒化(granulation)，即用信息粒(集群)表示 x 的过程。在后续步骤中，脱粒(degranulation)阶段返回一个重建的数据 x，表示为

$$\hat{x}=\frac{\sum_{i=1}^{c} u_i^m(x) v_i}{\sum_{i=1}^{c} u_i^m(x)} \tag{8.31}$$

前面的公式可根据以下性能指标的最小值和最初在 FCM 算法中使用的加权欧氏距离以及对重构数据的最小化而直接得到，重建误差则表示为以下总和：

$$V=\sum_{k=1}^{N}\|x_k-\hat{x}_k\|^2 \tag{8.32}$$

其中，$\|.\|^2$ 表示与聚类算法中使用的相同的加权欧式距离。

8.6 信息粒与聚类结果解释

8.6.1 数字原型的粒度描述符的形成

由 FCM 和 k 均值生成的数字原型是数据的初始描述符。令人惊讶的是，预测单个数字向量(原型)可以完全描述数字数据集合。为了使这一描述更全面、更能反映数据的多样性，我们利用合理粒度原则形成了粒度原型。从现有数值型原型 v_i 开始，我们先确定覆盖率以及特异性，然后通过计算这两者乘积的最大值来形成粒度原型 V_i。继续处理更多细节，覆盖率通常可用以下方式表示。

对于 k 均值聚类，我们有：

$$\operatorname{cov}(V_i,\rho_i)=\frac{1}{N_i}\operatorname{card}\{x_k\in X_i \mid \|x_k-v_i\|^2\leqslant\rho_i^2\} \tag{8.33}$$

其中 X_i 是一组属于第 i 个集群的数据，而 N_i 代表 X_i 中的数据数量。

对于 FCM 算法，在计算覆盖率而不是计数时，我们进行隶属度的累积计算：

$$\operatorname{cov}(V_i,\rho_i)=\frac{\sum_{x_k:\|x_k-v_i\|^2\leqslant\rho_i^2} u_{ik}}{\sum_{k=1}^{N} u_{ik}} \tag{8.34}$$

在前面显示的两个表达式中，所用的距离表示所开发信息粒的几何结构。例如，在欧氏距离的情况下，粒的形状是超椭球形，如以下形式所示：

$$\frac{(x_1-v_{i1})^2}{\sigma_1^2}+\frac{(x_2-v_{i2})^2}{\sigma_2^2}+\cdots+\frac{(x_n-v_{in})^2}{\sigma_n^2}\leqslant\rho_i^2 \tag{8.35}$$

在切比雪夫距离情况下，粒是矩形的：

$$\max\left[\frac{|x_1-v_{i1}|}{\sigma_1},\frac{|x_2-v_{i2}|}{\sigma_2},\cdots,\frac{|x_n-v_{in}|}{\sigma_n}\right]\leqslant\rho_i \tag{8.36}$$

特异性可以表示为 ρ_i 的一个单调递减函数 $\mathrm{sp}(V_i,\ \rho_i)=1-\rho_i$，假设 ρ_i 值处于单位区间内。通过最大化覆盖率和特异性的乘积来确定最佳颗粒原型 V_i：

$$\rho_{i,\max}=\arg\ \mathrm{Max}_{\rho_i\in[0,1]}[\mathrm{cov}(V_i,\rho_i)\cdot\mathrm{sp}(V_i,\rho_i)] \tag{8.37}$$

在信息粒的形成和兴奋性数据的结合中(也就是说，属于感兴趣的集群)，我们同样包含了抑制性数据(那些属于非感兴趣的集群)。我们介绍了由属于感兴趣的集群的数据和不属于该集群的其他数据所隐含的覆盖范围。

从 k 均值出发，我们计算出以下表达式：

$$\begin{aligned}\mathrm{cov}(V_i,\rho_i)^+&=\frac{1}{N_i}\mathrm{card}\{x_k\in X_i\mid\|x_k-v_i\|^2\leqslant\rho_i^2\}\\\mathrm{cov}(V_i,\rho_i)^-&=\frac{1}{N_i}\mathrm{card}\{x_k\notin X_i\mid\|x_k-v_i\|^2\leqslant\rho_i^2\}\end{aligned} \tag{8.38}$$

覆盖率的表达式涉及兴奋性和抑制性数据，表达如下：

$$\mathrm{cov}(V_i,\rho_i)=\max[0,\mathrm{cov}(V_i,\rho_i)^+-\mathrm{cov}(V_i,\rho_i)^-] \tag{8.39}$$

根据合理粒度原则，通过覆盖率和特异性乘积的最大化来确定最优信息粒。

一种相关的方法涉及以所谓的阴影集形式对信息粒进行简明描述(Pedrycz，2009)。

8.6.2 数据粒度及其在 FCM 算法中的融合

目前讨论的 FCM 算法处理数值数据。一组有趣且实际可行的应用程序涉及粒度数据(信息粒)。聚类信息粒在聚类领域开辟了一条新的途径。有趣的是，我们目前讨论的聚类算法在这里是适用的。关键问题是将信息粒定位到一个新的特征空间中，以便捕获信息粒的性质。一般来说，由于信息粒比数值实体更先进，因此很明显它们需要更多的参数来表征颗粒。这就要求描述信息粒的特征空间具有更高的维度。显然，有很多方法可以形成特征空间。在这方面，主要考虑两类信息粒的形成：

- **参数化**。这里假设要聚集的信息粒是以某种参数格式表示的，例如，它们是用三角模糊集、区间、高斯隶属函数等来描述的。在每种情况下，都有几个与隶属函数相关的参数，并且集群是在参数空间中进行的(Hathaway 等，1996)。然后，所得到的原型也被描述为与被聚集的信息粒具有相同参数形式的信息粒。显然，发生聚类的参数空间的维度通常高于原始空间。比如，对于三角形隶属函数而言，新的空间是 R^{3n}(而原始空间是 R^n)。
- **非参数化**。信息粒没有特定的形式，因此形成了一些用于捕获这些颗粒性质以及用于进行聚类的信息粒特征描述符(Pedrycz 等，1998)。

8.7 层次聚类

与 FCM 和 k 均值聚类不同的是(在 FCM 和 k 均值聚类中，一些预定数量的聚类显示出一种结构)，层次聚类是以迭代的方式来构建集群。

层次聚类的目的是通过将单个数据连续地合并到集群中或将数据集合连续地拆分为较小的组(子集)来以分层方式构建集群。在第一种情况下，首先将集群数设置为数据数量，然后逐步实现最近数据点的合并。在连续的划分中，起始点是一个集群(整个数据集 X)，然后将其依次拆分为较小的集群。聚类结果以树形图的形式显示。图 8-2 展示了一个说明性的树形图。

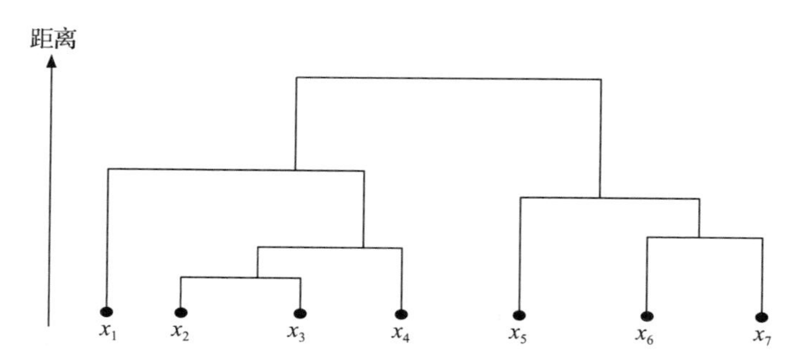

图 8-2　通过层次聚类形成的树形图示例；对于聚集自下而上的集群，从集群的数量等于 X 中的数据数量开始，通过聚合彼此最接近的两个集群来形成更大的组

在图 8-2 所示的垂直尺度上，是连续形成的集群之间的距离值。如前所述，在集群的形成过程中，集群之间的距离起着关键作用。聚集方法的工作原理如下。第一步，我们从单个数据开始(每个数据点形成一个单独的集群)。在这里，通过调用前面讨论过的任何距离(例如欧氏距离)，可以直接计算集群之间的距离。这里 x_2 和 x_3 之间的距离是最小的，这两个数据就融为一个数据，形成一个集群$\{x_2, x_3\}$。接着，计算两两数据间的距离 x_1，x_4，x_5，…，x_7 和$\{x_2, x_3\}$。其中 x_4 和$\{x_2, x_3\}$之间的距离最小，鉴于此，我们构造一个三元素的集群$\{x_2, x_3, x_4\}$。然后，合并 x_6 和 x_7，以形成一个集群。到此为止，我们得到了三个集群：$\{x_2, x_3, x_4\}$、$\{x_1\}$和$\{x_5, x_6, x_7\}$。最终，合并两个集群$\{x_1, x_2, x_3, x_4\}$和$\{x_5, x_6, x_7\}$。

当形成集群时，显然距离的概念需要进一步澄清，因为它现在适用于单个数据和数据集合。这里的构造不是唯一的，可以使用几个替代方案。特别是，通常会考虑以下三个选项。根据它们所得到的集群被称为单个链接、完整链接和平均链接。考虑两个已经构建好的集群，比如 X_i 和 X_j。我们有以下方法来确定集群之间的距离(Duda 等，2001)。

单个链接层次聚类使用的距离表示为属于 X_i 和 X_j 的数据对之间的最小距离：

$$\|X_i - X_j\| = \min_{\substack{x\in X_i \\ y\in X_j}} \|x-y\| \tag{8.40}$$

这种方法也被称为最近邻算法或最小算法。

完整链接层次聚类使用的距离表示为属于 X_1 和 X_2 的数据之间的最大距离(考虑最远的点)：

$$\|X_i - X_j\| = \max_{\substack{x\in X_i \\ y\in X_j}} \|x-y\| \tag{8.41}$$

该方法也称为最远邻法或最大算法。

平均链接层次聚类使用的距离表示为 X_1 和 X_2 中单个数据之间确定的距离平均值：

$$\|X_i - X_j\| = \frac{1}{\text{card}(X_i)\text{card}(X_j)} \sum_{x \in X_i} \sum_{y \in X_j} \|x - y\| \tag{8.42}$$

这三个可选方案如图 8-3 所示。

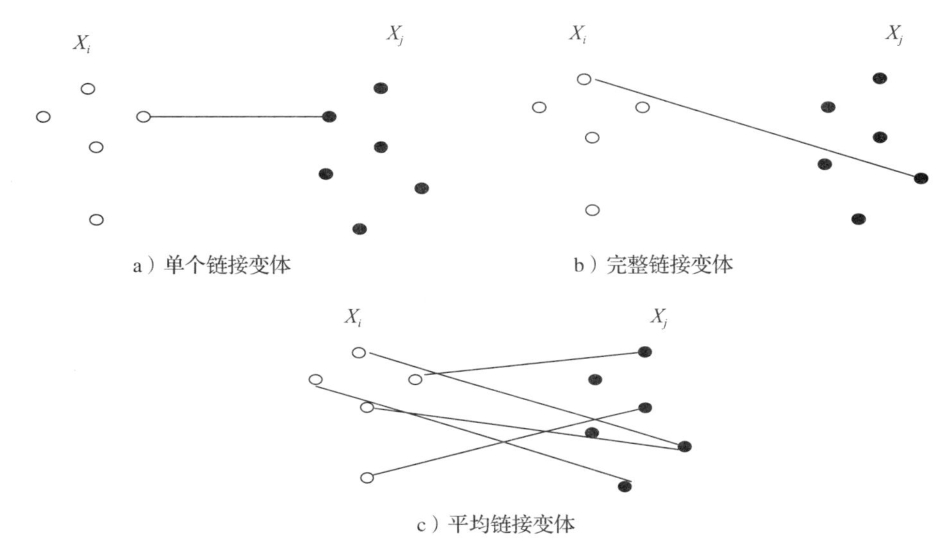

a）单个链接变体　　b）完整链接变体

c）平均链接变体

图 8-3　计算层次聚类变体中的距离

集群数量的选择可以通过观察树形图，以被“切割”的明显且令人信服的程度来确定，也就是，从 c 移动到 $c+1$ 个集群时，集群之间的距离会发生显著变化。例如(见图 8-2)，由于移动到 2 个集群时距离值显著增加，集群的可见数量为 3(这一要求涉及用于已实现的集群聚集的相当大的距离)。

通过对包含 X_i 的元素应用合理粒度原则，每个集群都可以进一步以单个信息粒的形式表征。在更深入的数据分析方面，有两点受这种基于信息粒度追求的支持。

第一，可以通过优化性能指标的总体总和来确定集群的数量，该指标使用在了合理粒度原则中，该原则应用于特定等级单个集群的树形图切割。考虑我们选择了 c 个集群。运行合理粒度原则(其值已最大化)，我们得到 Q_1，Q_2，…，Q_c。与这个集群系列相关联的总体性能指数被确定为平均值$(Q_1+Q_2+\cdots+Q_c)/c$。第二，合理粒度原则有助于识别潜在的粒度异常值，即不属于信息粒度联合范围的数据。

前面所强调的任务的结果有助于识别语义健全的信息粒，从而支持进一步处理，重点是分类或预测。

信息粒聚类结果描述

在这里，我们通过增强数字原型的表示能力来运用合理粒度原则，在没有明确构建原型的情况下，构建或形成颗粒原型(例如在层次聚类中)。

基于层次聚类的颗粒原型的形成

层次聚类不返回原型(如在 FCM 算法中)，然而，在数据落下并形成一个集群的基础上，可以构造一个数值代表及其粒度对应物。

8.8 隐私问题中的信息粒：微聚集的概念

数据隐私(data privacy)涉及隐藏完整数据的有效方法，即避免数据泄露。在现有的方法中，微聚集是指形成小的数据集群，目的是不公开单个数据。数据被集群的原型取代，这意味着数据不会公开。对于数量较少的集群，可以实现更高的隐私级别。较高的信息损失(导致较高的重建误差值)伴随着较小的集群数。有必要制定一个合理的折中方案。

聚类结果是信息粒，颗粒(集群)提供了所需的抽象级别，通过该级别可以避免数据被公开。Torra(2017)提出的方法是一个直接使用 FCM 聚类的例子。它包括以下主要步骤：

1. 针对给定的集群数(c)和特定模糊系数值 m_1(>1)来运行 FCM 算法。

2. 对于感兴趣的数据集 X 中的每个基准 x，使用大家熟知的公式通过计算分块矩阵项的一些其他模糊系数值 m_2(>1)来确定隶属度值，即

$$u_i(x) = \frac{1}{\sum_{j=1}^{c}\left(\frac{\|x-v_i\|}{\|x-v_j\|}\right)^{2/(m_2-1)}} \tag{8.43}$$

3. 对于每个 x，从单位区间内的均匀分布中生成一个随机数 ξ，并选择集群 i_0(原型)，以满足以下关系：

$$\sum_{i=1}^{i_0} u_i(x) < \xi < \sum_{i=i_0}^{c} u_i(x) \tag{8.44}$$

通常，集群数量的选择方式是每个集群至少应包含 k 个数据；k 和 c 之间的依赖关系表示为以下形式：

$$k < \mathrm{card}(X)/c < 2k \tag{8.45}$$

8.9 更高类型信息粒的开发

当处理数据随时间和空间分布的情况时，应用程序类中会出现更高类型的信息粒。这一领域的一个典型例子属于热点识别和描述的范畴。图 8-4 说明了一种情况，即当开始收集单个数据(形成所谓的数据层)D_1，D_2，…，D_s 时，我们实现了聚类(FCM)，然后在它们的基础上构建所讨论的信息粒，通过最大化式(8.34)来为每个数据集生成一组颗粒热点(较低 IG 级别)。在后续中，针对因聚集而形成的信息粒集合(较高 IG 级别)，由于抽象水平的提高，这些自然会成为更高类型的信息粒。更详细地说，实现了以下处

理阶段：

- **数据层**。出现在每个数据站点 $x_k(I)$，$I=1, 2, \cdots, s$ 的数据集都分别被处理。应用于每个数据集的 FCM 算法返回原型 $v_i(I)$和分块矩阵 $\boldsymbol{U}(I)$。
- **较低级别的信息粒**。数值原型由来自分块矩阵的结构信息进行扩充，生成颗粒原型作为数据中结构的综合描述符。它们是通过应用合理粒度原则形成的，这样围绕数字原型构建的颗粒半径就可以用以下形式表示出来：$\rho_i(I)=\arg\max_\rho[\text{cov}*\text{sp}]$。由此得出的信息粒表达为下式：$V_i(I)=(v_i(I), \rho_i(I))$，$\mu_i(I)$，其中$\mu_i(I)$代表合理粒度原则中使用的标准的相关优化值。
- **较高级别的信息粒**。在这里，较低级别形成的信息粒是聚集的，并且正在形成代表性集合。首先要注意，可用信息粒在原型 $v_i(I)$(两个变量)坐标和颗粒半径 $\rho_i(I)$长度的三维空间中表示。一旦集群完成，结果将以一系列原型和半径的形式返回，即$\tilde{v}_j$，$\tilde{p}_j$，$j=1, 2, \cdots, c$。应用合理粒度原则，将其转化为 2 型信息粒，其中原型为信息粒$\tilde{v}_j$(而不是单个数值实体)。此外，还开发了颗粒半径$\tilde{R}_j$。这两个描述符都是跨越已构造的$\tilde{v}_j$，$\tilde{p}_j$。

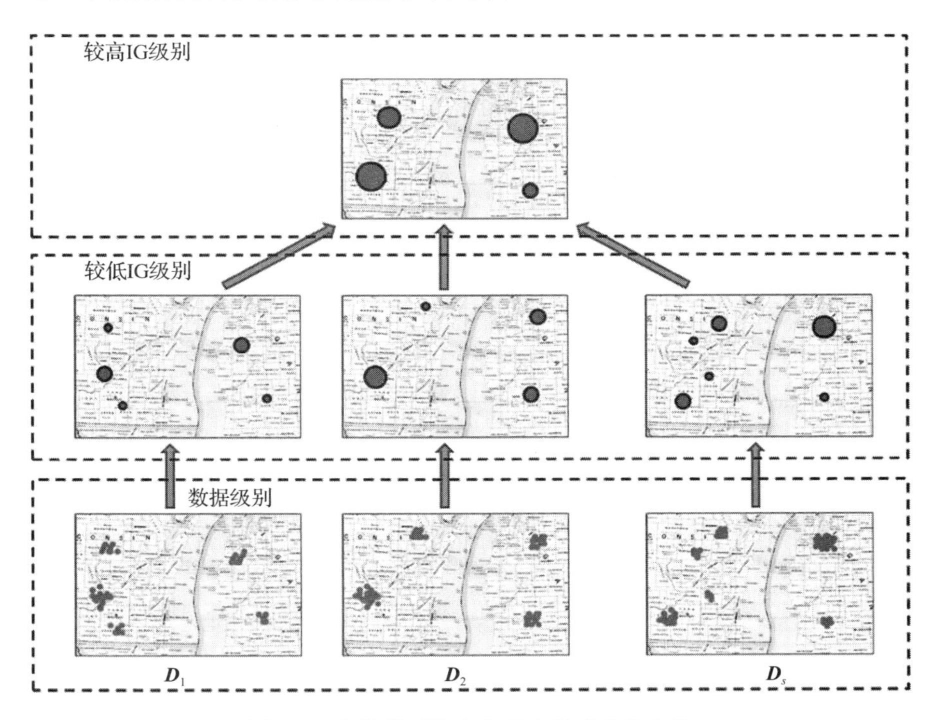

图 8-4 从数据到热点和更高类型的信息粒

8.10 实验研究

在本节中，我们提供了一些示例来说明聚类方法的性能，并对所获得的结果进行了解释。

我们考虑收集二维合成数据，形成五个正态(高斯)分布的混合样本，每个分布中有 200 个数据。单个正态分布的参数(平均向量 $\boldsymbol{v}$ 和协方差矩阵 $\boldsymbol{\Sigma}$)如下所示(另请参见图 8-5)：

$$\boldsymbol{v}_1=[2\quad 5],\boldsymbol{\Sigma}_1=\begin{bmatrix}0.2 & 0.0\\ 0.0 & 0.6\end{bmatrix}\qquad \boldsymbol{v}_2=[2\quad 5],\boldsymbol{\Sigma}_2=\begin{bmatrix}1.0 & 0.5\\ 0.5 & 2.0\end{bmatrix}$$

$$\boldsymbol{v}_3=[-3\quad -3],\boldsymbol{\Sigma}_1=\begin{bmatrix}0.6 & 0.0\\ 0.0 & 0.7\end{bmatrix}\qquad \boldsymbol{v}_4=[2\quad 5],\boldsymbol{\Sigma}_4=\begin{bmatrix}1.0 & 0.0\\ 0.0 & 0.2\end{bmatrix}$$

$$\boldsymbol{v}_5=[2\quad 5],\boldsymbol{\Sigma}_5=\begin{bmatrix}0.2 & 1.0\\ 1.0 & 1.0\end{bmatrix}$$

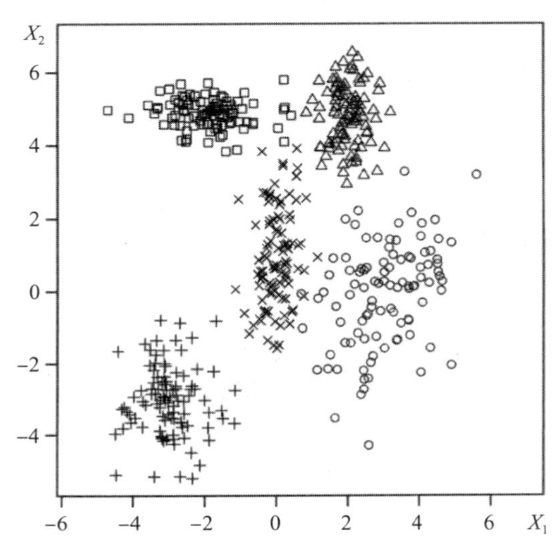

图 8-5　合成数据是正态分布的混合物；各种符号表示来自各个分布的数据

我们使用模糊系数 $m=2$ 来运行 FCM，并将集群数 c 从 2 变为 7。图 8-6 显示了所获原型的结果。不同的符号用于表示属于相应集群的数据(对集群的分配是根据最大隶属度等级进行的)。

根据获得的重建标准 V(参见式(8.30))，对聚类法揭示的结构质量进行量化；表 8-1 收集了为相应集群生成的值。此外，通过向 c 的更高值移动，我们实现了重建误差值的减小，但是一旦移动到 $c=5$ 以上，改进就不可见了(当比值达到接近 1 的值时，V 值不会随着 c 值的增加而下降)。这与数据中混合了五个高斯概率函数的原始结构一致。

表 8-1　选定值 c 得到的重建标准值 V

c	V	$V(c+1)/V(c)$
2	1065.29	
3	541.80	**0.51**
4	264.95	**0.49**
5	150.47	**0.57**
6	144.37	0.96
7	129.54	0.90

注：重建误差减小的最高值用黑体表示。

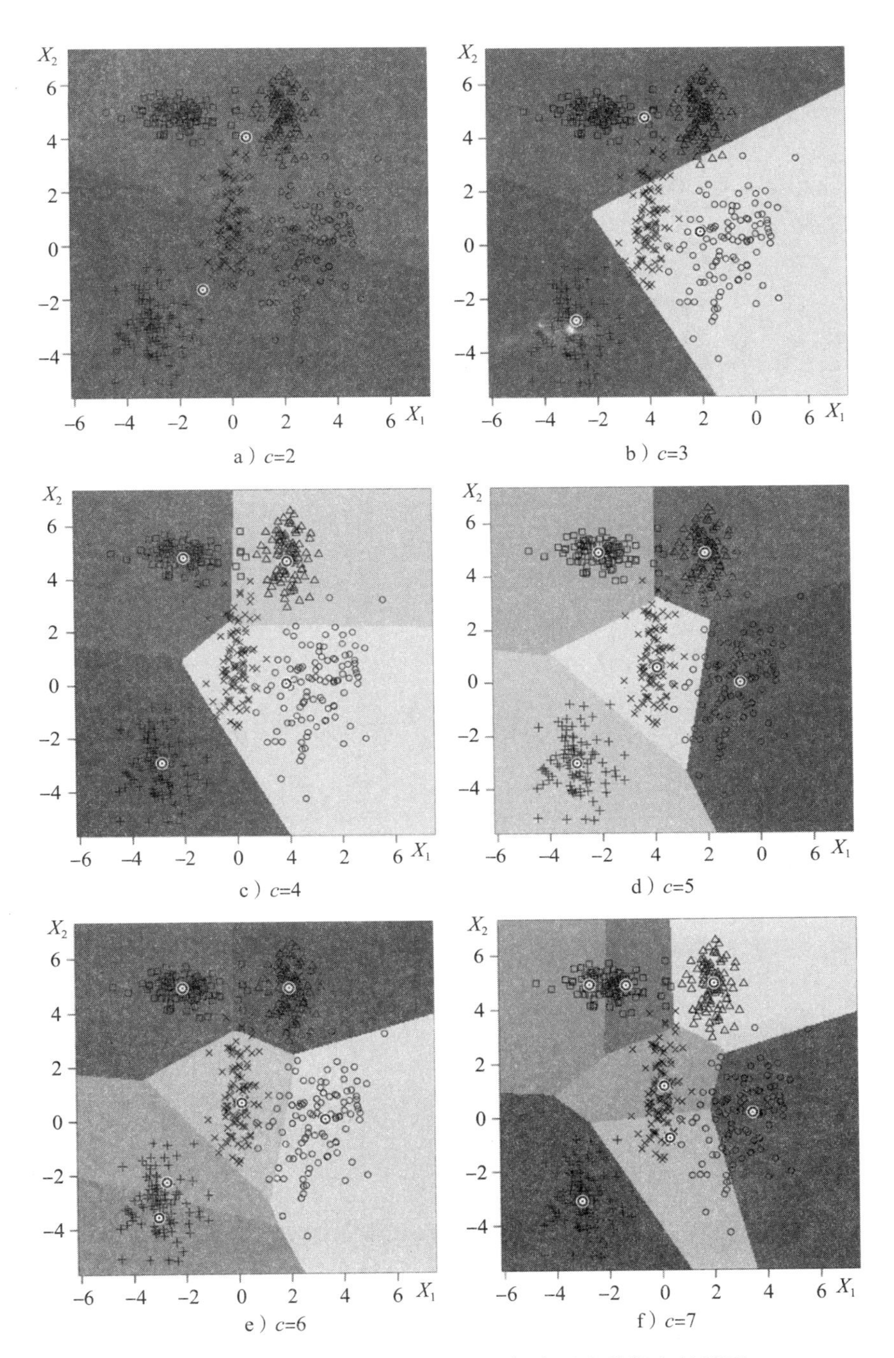

a）c=2　b）c=3　c）c=4　d）c=5　e）c=6　f）c=7

图 8-6　模糊聚类的结果；包括叠加在现有数据上的原型

正如所预期的，c 值的增加导致重建误差值的减小；但是，对于较低的 c 值，能观察到主要变化（误差减小）。如表中最后一列所示，c 值超过 5 的误差减小变得非常有限，显示了重建误差 $V(c+1)/V(c)$ 的比率。在相同的数据上运行 k 均值聚类，结果按之前的方式给出（如图 8-7 和表 8-2 所示）。

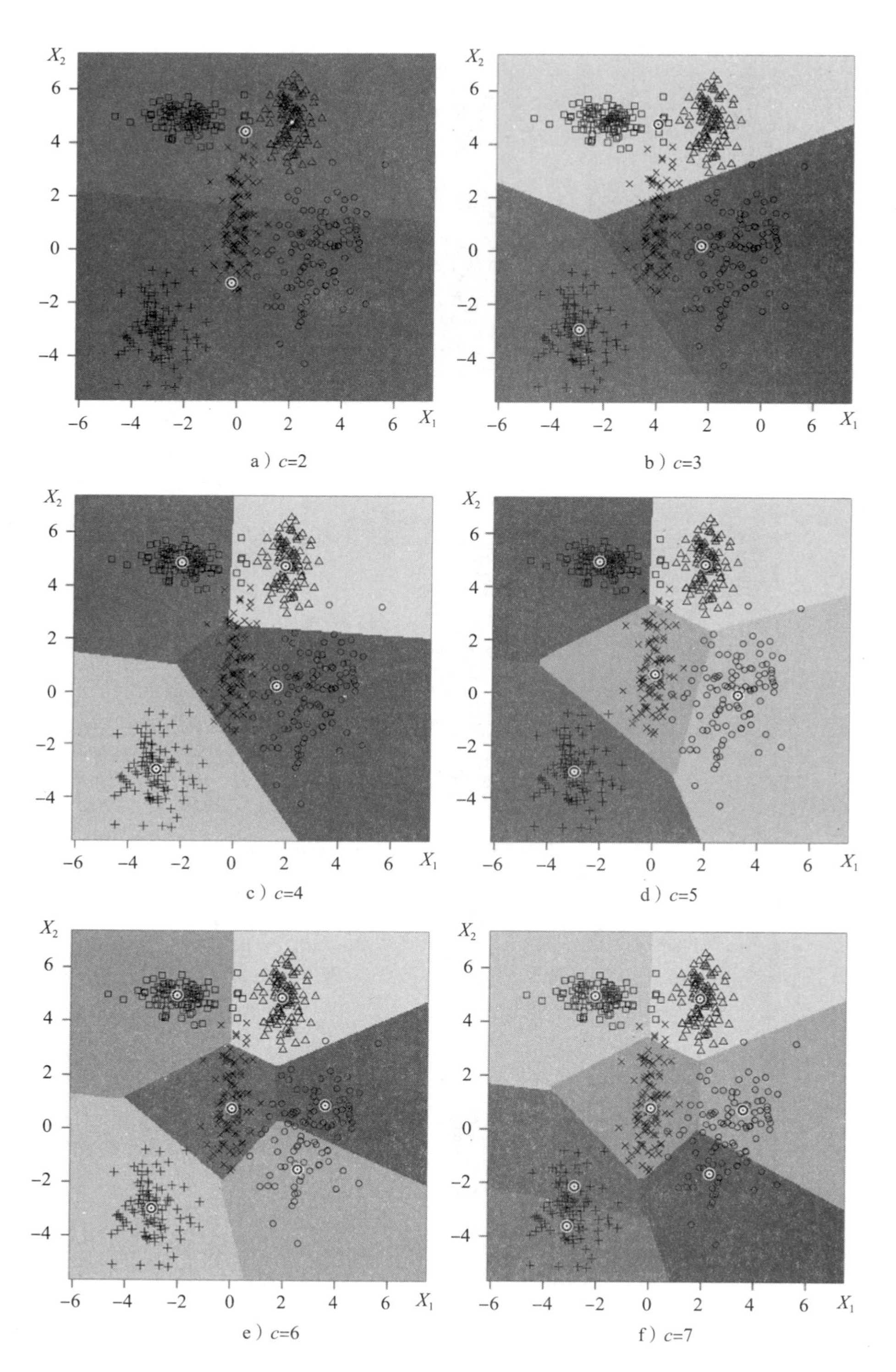

a）c=2　　b）c=3

c）c=4　　d）c=5

e）c=6　　f）c=7

图 8-7　k 均值聚类的重建结果；这些图包括叠加在数据上的所获得的原型

表 8-2　对于选定的集群数 c 得到的重建标准 V 的值，$V(c)$值的下降包含在最后一列中，以黑体标记较高的下降值

c	V	$V(c+1)/V(c)$
2	1208.07	
3	629.04	**0.52**
4	361.53	**0.57**
5	198.66	**0.55**
6	187.79	0.94
7	149.26	0.80

现在，我们通过最大化覆盖率和特异性的乘积，以形成在数值对应物周围构建的粒度原型。对于 FCM，在计算覆盖率时，我们积累隶属度等级，而对于 k 均值算法，我们计算属于单个集群的数据。这里的另一种选择是通过观察分配给其他集群的数据产生的负面影响来合并抑制性信息(inhibitory information)。

考虑到这些备选方案，结果原型在图 8-8 所示的一系列图中可视化。基于 FCM 和 k 均值聚类结果生成的颗粒原型分别显示在图 8-9 和图 8-10 中。

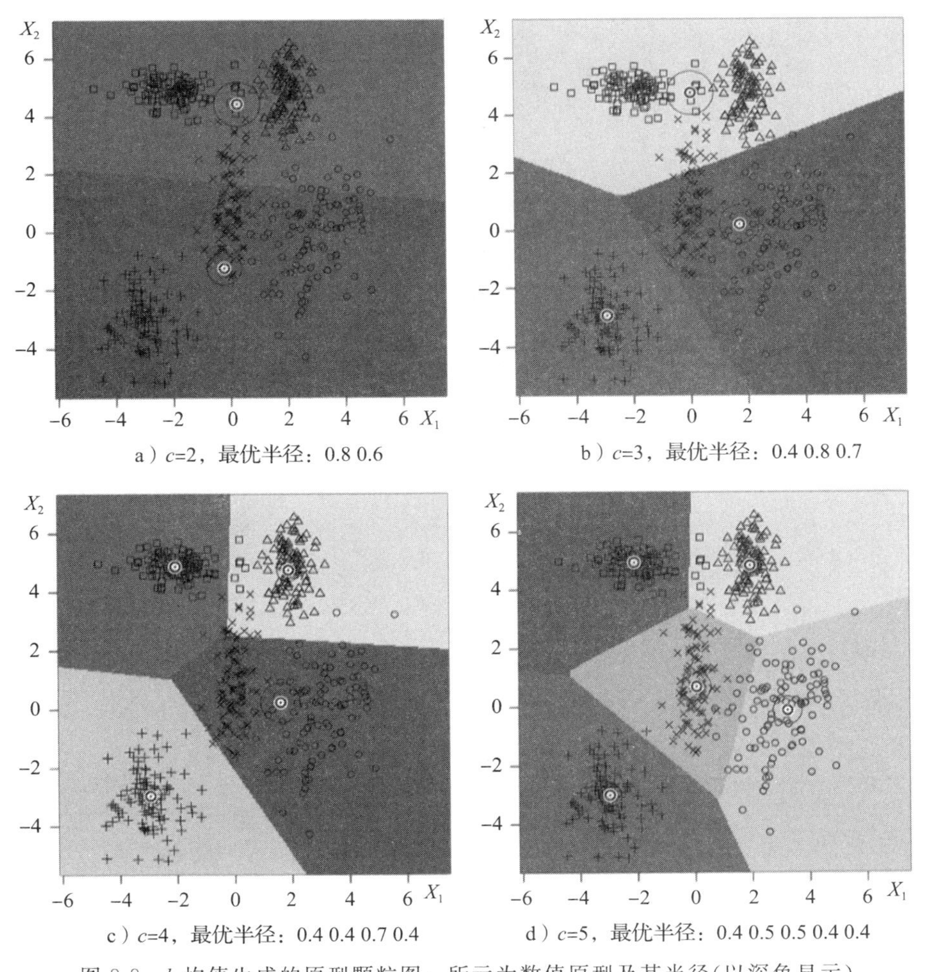

a) c=2，最优半径：0.8 0.6

b) c=3，最优半径：0.4 0.8 0.7

c) c=4，最优半径：0.4 0.4 0.7 0.4

d) c=5，最优半径：0.4 0.5 0.5 0.4 0.4

图 8-8　k 均值生成的原型颗粒图；所示为数值原型及其半径(以深色显示)

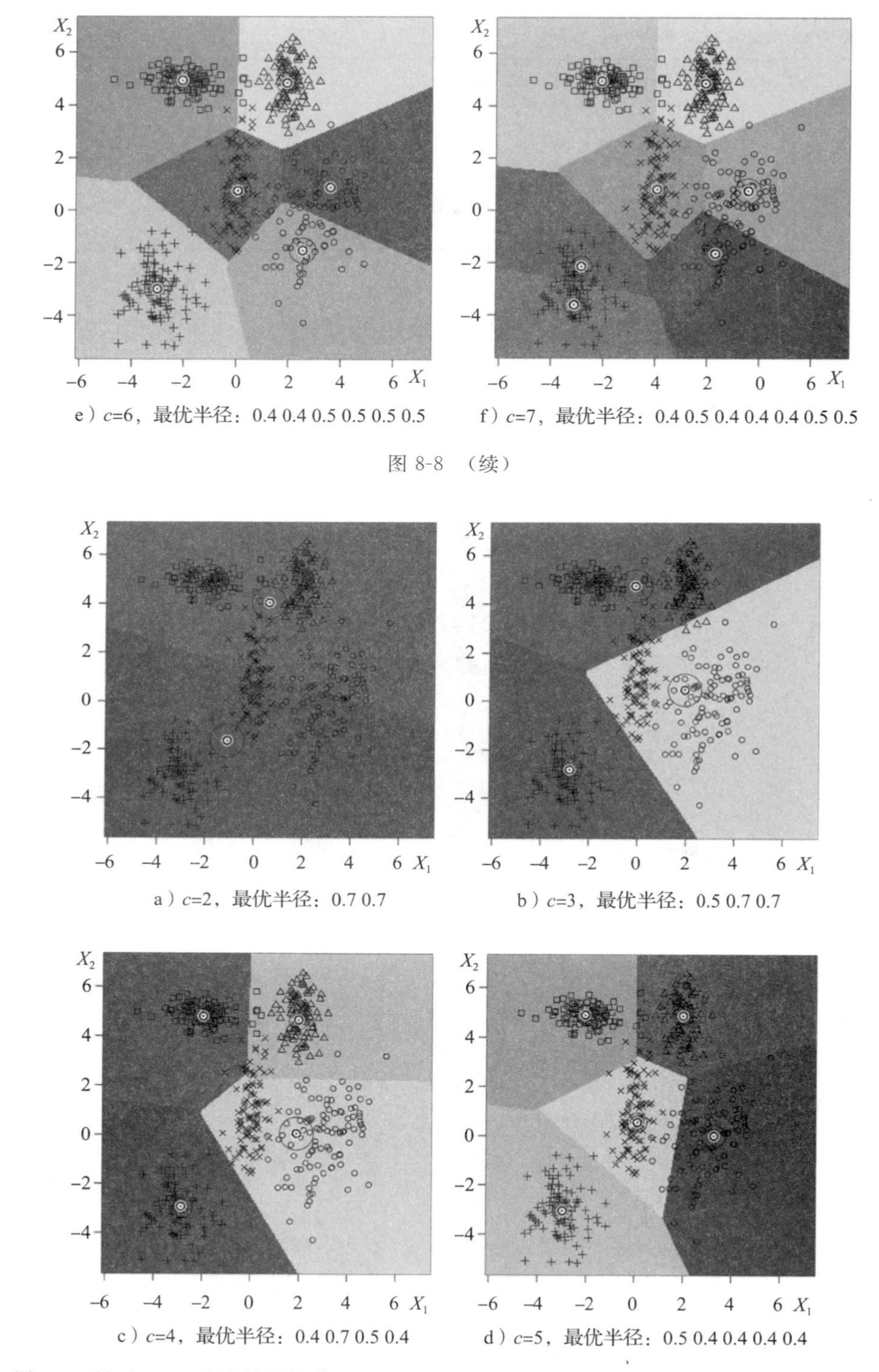

e）c=6，最优半径：0.4 0.4 0.5 0.5 0.5 0.5

f）c=7，最优半径：0.4 0.5 0.4 0.4 0.4 0.5 0.5

图 8-8 （续）

a）c=2，最优半径：0.7 0.7

b）c=3，最优半径：0.5 0.7 0.7

c）c=4，最优半径：0.4 0.7 0.5 0.4

d）c=5，最优半径：0.5 0.4 0.4 0.4 0.4

图 8-9　针对 FCM 聚类结果构建的颗粒原型；显示的是数值中心及其半径(以深色显示)

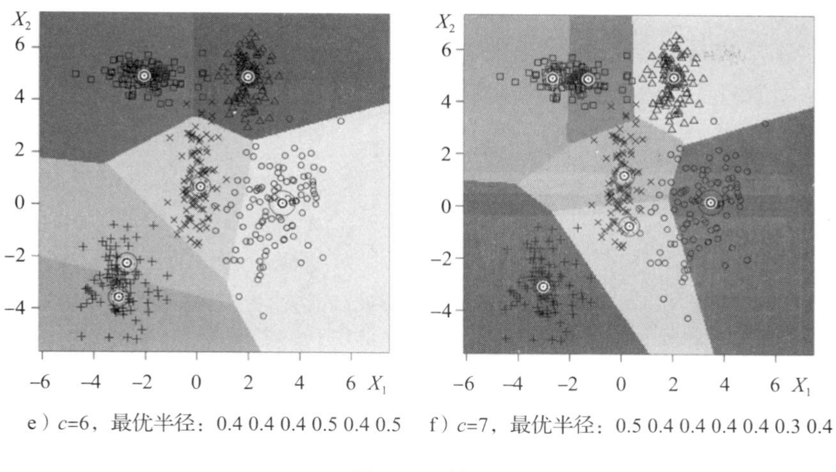

e）c=6，最优半径：0.4 0.4 0.4 0.5 0.4 0.5　　f）c=7，最优半径：0.5 0.4 0.4 0.4 0.4 0.3 0.4

图 8-9 （续）

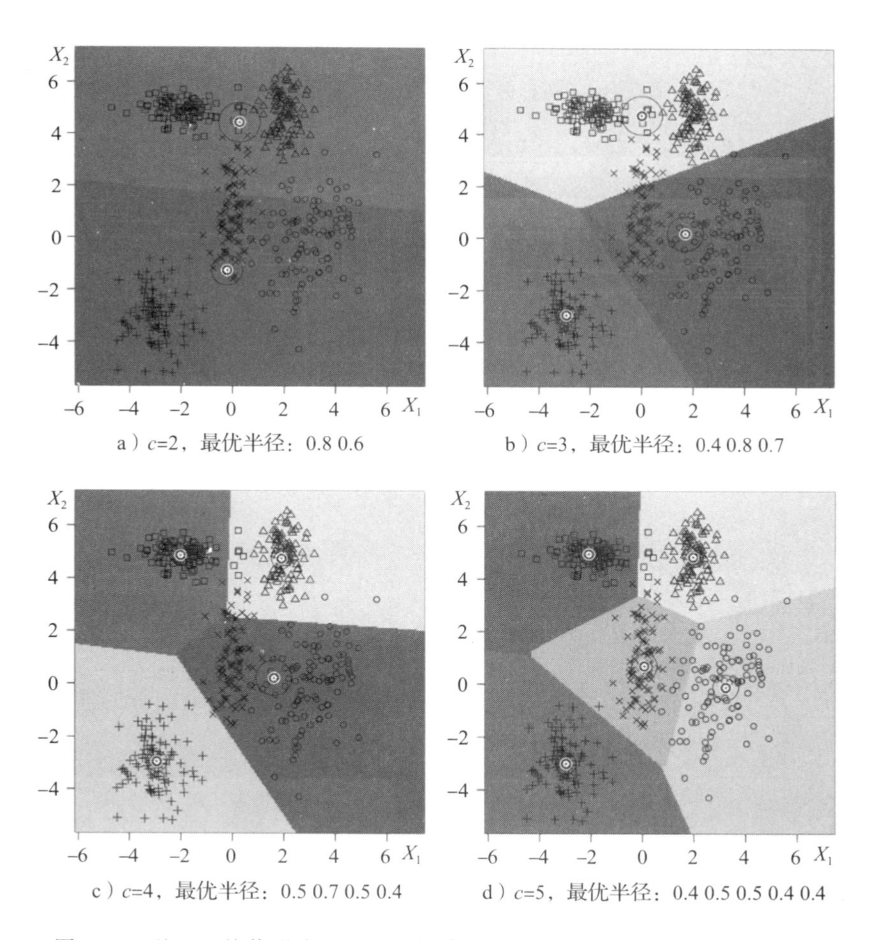

a）c=2，最优半径：0.8 0.6　　b）c=3，最优半径：0.4 0.8 0.7

c）c=4，最优半径：0.5 0.7 0.5 0.4　　d）c=5，最优半径：0.4 0.5 0.5 0.4 0.4

图 8-10　基于 k 均值形成的原型所构建的颗粒原型。抑制性信息包括形成信息粒时，中心和半径显示为深色

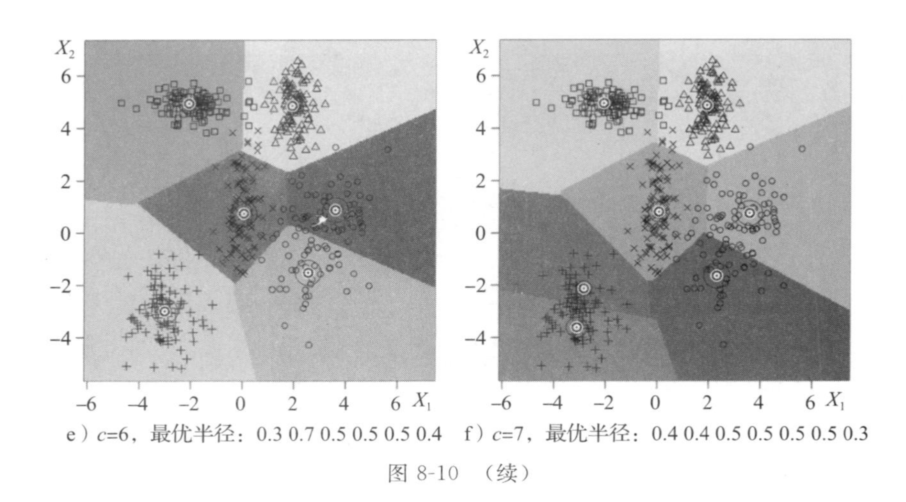

e）c=6，最优半径：0.3 0.7 0.5 0.5 0.5 0.4 f）c=7，最优半径：0.4 0.4 0.5 0.5 0.5 0.5 0.3

图 8-10 （续）

我们给出了层次聚类产生的结果。应用层次聚类方法，考虑了三种聚类模式(单个链、完整链和平均链)。选择树形图上 2 个、5 个和 8 个集群的分割，所得的组如图 8-11 所示。

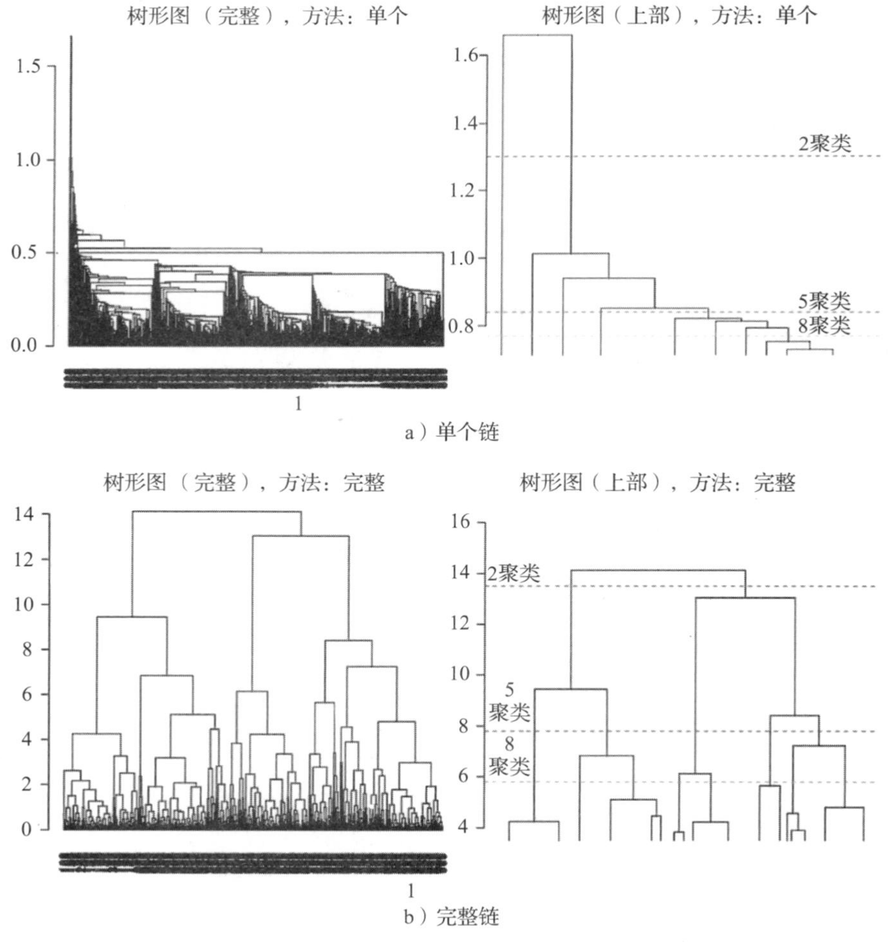

a）单个链

b）完整链

图 8-11 针对 $c=2$、5 和 8 的层次聚类所得到的树形图

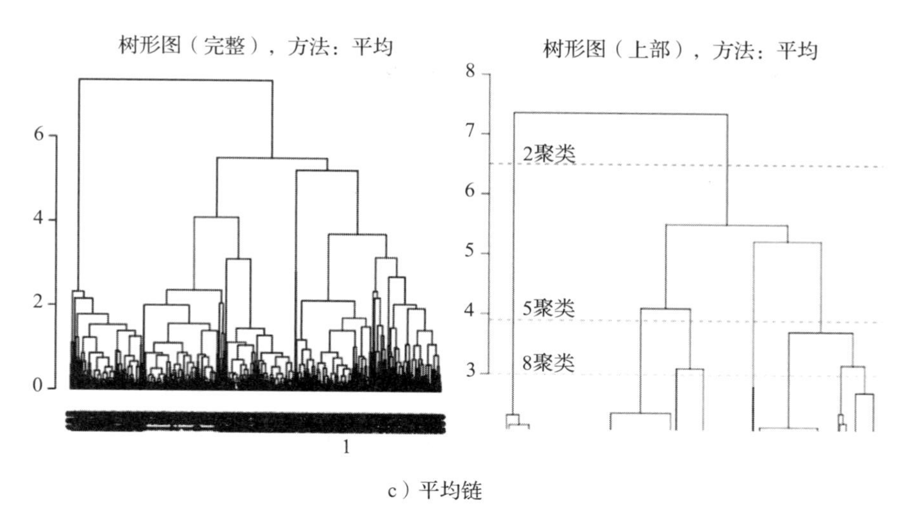

c）平均链

图 8-11 （续）

重建误差的相关值如表 8-3 所示。不同的链接策略产生不同的性能。在所研究的三种技术中，平均链效果最好，而单个链效果最差，随着集群数的增加，重建误差没有明显减小。

表 8-3 在选定的 c 值下，单个链、完整链和平均链的重建误差值 V

c	V		
	单个	完整	平均
2	1989.79	1224.99	1128.50
5	1961.32	280.28	363.28
8	1938.35	216.48	166.07

8.11 结论

本章全面介绍了作为数据分析基本工具的聚类领域的知识，以及设计信息粒的算法工具；强调了聚类技术的多样性，并阐述了一种评价聚类质量的方法。集群和合理粒度原则是并驾齐驱的，本章强调了这两种基本方法之间的本质联系。一方面，集群为构建信息粒提供了一个起点（数字构造），讨论了与这个起点相关的信息粒。通过这种方式，合理粒度原则可以丰富集群的数值结果。另一方面，合理粒度原则导致了信息粒的形成，进一步归属于聚类。通常聚类是被考虑来用于处理数值对象，而本章给出了一种将聚类方法应用于聚类信息粒的方式。重建标准是量化信息粒重建能力的有效方法。

参考文献

O. Arbelaitz, O. Arbelaitz, I. Gurrutxaga, J. Muguerza, J. M. Pérez, and I. Perona, An extensive comparative study of cluster validity indices, *Pattern Recognition* 46(1), 2013, 243–256.

J. Bezdek, *Pattern Recognition with Fuzzy Objective Function Algorithms*, New York, Plenum Press, 1981.

D. L. Davies and D. W. Bouldin, A clustering separation measure, *IEEE Transactions on Pattern Analysis and Machine Intelligence* 1, 1979, 224–227.

R. O. Duda, P. E. Hart, and D. G. Stork, *Pattern Classification*, 2nd ed., New York, John Wiley & Sons, Inc., 2001.

J. C. Dunn, Well separated clusters and optimal fuzzy partitions, *Journal of Cybernetics* 4, 1974, 95–104.

R. J. Hathaway, J. Bezdek, and W. Pedrycz, A parametric model for fusing heterogeneous fuzzy data, *IEEE Transactions on Fuzzy Systems* 4, 1996, 270–281.

A. K. Jain, Data clustering: 50 years beyond K-means, *Pattern Recognition Letters* 31(8), 2010, 651–666.

A. K. Jain and R. C. Dubes, *Algorithms for Clustering Data*, Upper Saddle River, NJ, Prentice-Hall, 1988.

W. J. Krzanowski and Y. T. Lai, A criterion for determining the number of groups in a data set using sum of squares clustering, *Biometrics* 1, 1988, 23–34.

V. Loia, W. Pedrycz, and S. Senatore, Semantic web content analysis: A study in proximity-based collaborative clustering, *IEEE Transactions on Fuzzy Systems* 15(6), 2007, 1294–1312.

G. W. Milligan and M. Cooper, An examination of procedures for determining the number of clusters in a dataset, *Psychometrika* 50(2), 1985, 159–179.

W. Pedrycz, *Knowledge-Based Clustering: From Data to Information Granules*, Hoboken, NJ, John Wiley & Sons, Inc., 2005.

W. Pedrycz, From fuzzy sets to shadowed sets: Interpretation and computing, *International Journal of Intelligence Systems* 24(1), 2009, 48–61.

W. Pedrycz, J. Bezdek, R. J. Hathaway, and W. Rogers, Two nonparametric models for fusing heterogeneous fuzzy data, *IEEE Transactions on Fuzzy Systems* 6, 1998, 411–425.

W. Pedrycz and P. Rai, A multifaceted perspective at data analysis: A study in collaborative intelligent agents systems, *IEEE Transactions on Systems, Man, and Cybernetics. Part B, Cybernetics* 39(4), 2009, 834–844.

W. Pedrycz and J. Waletzky, Fuzzy clustering with partial supervision, *IEEE Transactions on Systems, Man, and Cybernetics* 5, 1997, 787–795.

P. Rousseeuw, Silhouettes: A graphical aid to the interpretation and validation of cluster analysis, *Journal of Computational and Applied Mathematics* 20, 1987, 53–65.

V. Torra, Fuzzy microaggregation for the transparency principle, *Journal of Applied Logic* 23, 2017, 70–80.

L. Vendramin, R. J. Campello, and E. R. Hruschka, Relative clustering validity criteria: A comparative overview, *Statistical Analysis and Data Mining* 3(4), 2010, 209–235.

第9章

Pattern Recognition: A Quality of Data Perspective

数据质量：填补和数据平衡

在本章中，我们讨论了不完整和不平衡数据的重要和常见问题，并提出了通过数据填补和数据平衡机制减轻这些问题的方法。关于不同填补算法的阐述，在处理不完整数据和数据缺乏平衡的情况下，信息粒度在数据质量量化中的作用尤为突出。

9.1 数据填补：基本概念和关键问题

在实际问题中，数据通常是不完整的，这意味着它们的特性(属性)的某些值缺失了。这种情况发生在各种收集数据的情境中，例如，在调查数据、观测研究甚至控制实验中。在预测或分类问题中进一步处理数据需要它们的完整性。通过重建缺失来修复数据集被称为填补(imputation，或填充)。整个过程称为*数据填补*或*缺失值填补*(MVI)。关于填补，最常见的应用是统计调查数据(Rubin，1987)。人们可能会在许多其他领域遇到填补的问题，例如DNA微阵列分析(Troyanskaya等，2001)。实现数据填补的方法有很多种，结果的质量取决于缺失数据的数量和缺失数据背后的原因。

当处理不完整数据时，除了填补以外，另一种方法是考虑所谓的完整案例分析。这里有缺失属性(特性)的数据会被简单地排除掉，任何进一步的处理都使用剩余的完整数据。这种方法在许多情况下是不实际的，因为至少有两个原因：①引入潜在偏差，当被删除的数据与观察到的完整数据有系统性的差异时，后续模型会发生一些变化；②如果存在大量变量，则可能会留下一些完整的数据，因为大多数数据会被丢弃。

在讨论填补中使用的主要方法之前，详细了解问题的性质和缺失数据背后现象的本质是有指导意义的。

考虑一个单独的变量Y，它的值可能丢失，以及一个单协变量Z，它的值完全可用。设M为一个布尔变量，如果Y缺失，则取1；而如果观察到Y，则取0。M、Y和Z之间的关系反映了导致数据缺失的机制的本质。出现以下类型的数据缺失(丢失)现象(Rubin，1987；Little和Rubin，2002)。

完全随机缺失(MCAR)

在这种情况下，$P(M=1|Y, Z)=P(M=1)$意味着缺失值不依赖于Y和Z。

随机缺失(MAR)

这里$P(M=1|Y, Z)=P(M=1|Z)$，它指出缺失值是以Z为条件的。在MCAR和MAR中，Y的值不依赖于未观察到的Y的值。

不随机缺失(MNAR)

这里，Y 缺失的概率取决于缺失值本身，也就是说，取决于 Y。

确定性填补方法将任何缺失值都视为一个预测问题，目的是为缺失值重建最可能的值。

9.2　填补方法的选定类别

这里有大量的填补方法。考虑到填补算法的简单性、计算开销低、有效性和其他因素，在各种研究中经常遇到这几种方法。这里我们回顾一些常见的方法(如图 9-1 所示)。

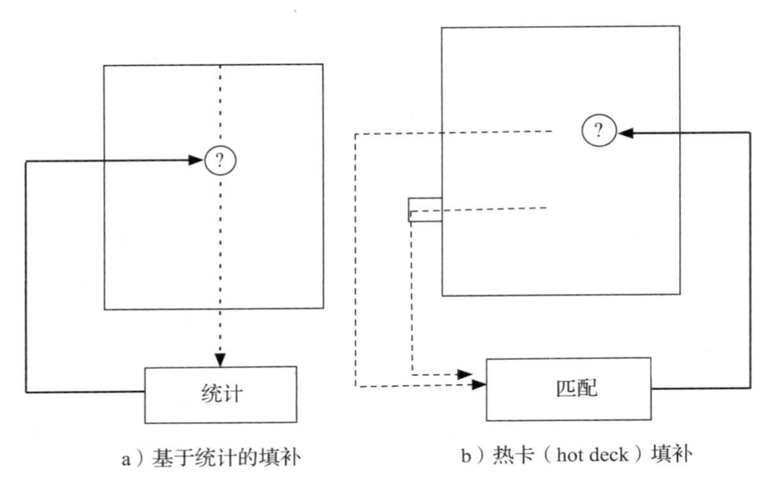

图 9-1　所选填补方法的原理说明

基于统计的填补

这种方法的关键是用该属性的概率代表来替换给定属性的缺失值。例如，我们采用一个简单的统计代表(statistical representative)，如平均值或中位数(见图 9-1a)。这类方法背后的直观性是显而易见的：如果缺少该值，那么我们将考虑构造一个表示所讨论问题中属性有效值的统计代表。该方法很容易实施，然而也存在一些缺陷。所有缺失的值都被相同的值所取代，比如平均值或中位数。这个变量的方差被低估了。由于填补只涉及一个变量(属性)，因此该方法通过将变量间相关性的估计值降低到 0 来改变变量间的关系。

随机填补

为了避免在前面的方法中出现偏差，这里的缺失值由来自属性分布的一些随机值替换。方差/相关性减少的局限性有所缓解。

热卡填补

在这里，缺失值由数据中遇到的值替换，这些数据与讨论中的数据之间的距离最小(匹配索引是最高的)(见图 9-1b)。由于不同情况下的填补值会有差异，因此先前模型中存在的偏差会减小。必须预先提供用于比较两个数据紧密性的匹配度量(Reilly，1993；Andridge 和 Little，2010)。

回归预测

这类填补机制属于基于模型的填补的范畴。通过在填充估算值的变量和数据中存在的其他变量之间形成一个回归模型，可以确定估算值(见图 9-1)。这里既可以寻求一维回归模型，也可以寻求多变量回归模型。在确定缺失值时，将多个变量考虑在内，这一填补方法更为先进；但是，必须指定回归模型的形式(结构)。除了常用的回归模型外，还可以考虑其他非线性关系，如神经网络或基于规则的模型。

图 9-2 显示了指示填补阶段位置的总体处理流程以及随后的预测或分类的一般框架。

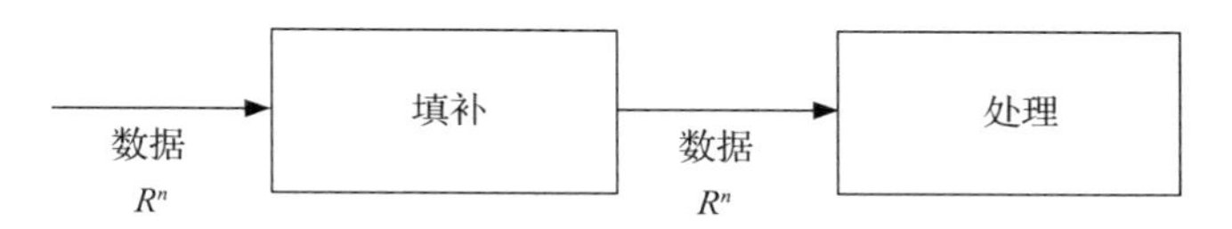

图 9-2　填补模块可视化处理的主要阶段；这里特征空间被视为一个 n 维实数空间 R^n

值得注意的是，尽管存在可见的多样性，但是一旦填补完成，就无法区分原始可用数据和填补数据，因为在这两种情况下，填补过程的结果都具有数值性质。图 9-2 强调了这一点，即数据空间不会受到影响(R^n)。有时会寻求随机填补方法(Rubin，1987)：我们试图预测缺失值的条件概率分布，给出非缺失值，然后相应地绘制随机值。然而，填补的结果是数字形式的，所以填补数据的质量没有明确规定。

文献中已经报道了许多不同的研究；可参见 Liu 和 Brown(2013)，Branden 和 Verboven(2009)，以及 Di Nuovo(2011)。

我们在随后的方法中固定了符号的表示。数据点形成一个 N 个数据的集合，该集合在实数的 n 维空间中被定义。它们被定义为向量 $\boldsymbol{x}_1$，$\boldsymbol{x}_2$，…，$\boldsymbol{x}_k$，…，$\boldsymbol{x}_N$，其中$\boldsymbol{x}_k \in R^n$，$k=1$，2，…，N。同样，我们引入了一个布尔矩阵 $\boldsymbol{B}=[b_{kj}]$，$k=1$，2，…，N，$j=1$，2，…，n，以捕获缺失数据的信息。在这个矩阵中，kj 项被设为 0，也就是说，如果第 k 个数据点的第 j 个变量缺失，那么 $b_{kj}=0$。否则，对于可用数据，矩阵的相应项设置为 1。

9.3　利用信息粒进行填补

正如所指出的，估算出的数据的格式应反映这一事实，并与最初可用的数据不同。那些最初数据是数值型的。为了区别数值数据，(同时)填补结果产生不同(较低)质量的数据。由于填补是以现有方式(区间、模糊集、概率函数等)形式化的信息粒，因此数据被填补，其质量变得较低。

将信息粒填补作为整个模式识别方案的功能模块之一的整体处理方案如图 9-3 所示。

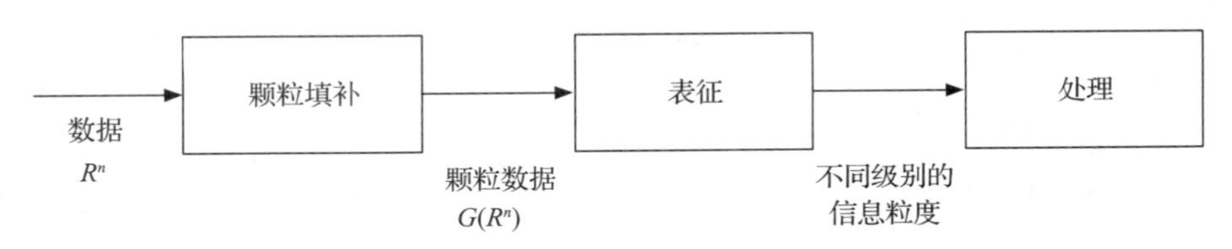

图 9-3 产生新特征空间的颗粒填补过程

引人注目的方面是特征空间的增长；对于定位数据的原始空间 R^n，经过填补后，我们遇到了一个更高维度的增强特征空间，其中我们容纳了因填补而构建的信息粒的参数。例如，当接受区间形式的信息粒时，我们需要包括区间的边界，这将数值数据空间的维数加倍为 R^{2n}。在三角模糊数的情况下，我们需要特征空间 R^{3n} 来表示模糊集的参数(边界和模态值)。然后数据变成了异构；数值型变量通过允许区间边界的相同值或使模糊数的三个参数相同来在这个心的空间中进行定位，而估算型变量的这些参数的值是不同的。

9.4 基于合理粒度原则的颗粒填补

这种方法与热卡技术有些相似，但是，与前面概述的现有方法相比，它提供了实质性的概括，即通过信息粒度增加填补结果，并生成信息粒以代替缺少的数值。数据填补的“两阶段”过程包括以下步骤：

1. 调用估算数值数据的特定方法(这里可以考虑前面讨论的任何技术)。
2. 基于第一阶段实现的数字填补来构建信息粒。

我们通过考虑对每一列(变量)分别处理的平均填补方法来详细阐述。在下面的内容中，我们确定了基于可用数据计算的单个变量的两个统计数据(平均值和方差)，即：

$$m_l = \frac{\sum_{k=1}^{N} x_{kl} b_{kl}}{\sum_{k=1}^{N} b_{kl}} \tag{9.1}$$

$$\sigma_l^2 = \frac{\sum_{k=1}^{N} (x_{kl} - m_l)^2 b_{kl}}{\sum_{k=1}^{N} b_{kl}} \tag{9.2}$$

其中，$l=1, 2, \cdots, n$。那么，在一些标准方法中，可将平均值作为第 l 列中缺失值的估算值；注意，它是根据可用数据计算的。

在第二个设计阶段，我们围绕数值估算值构建信息粒。值得强调的是，第一阶段使用的方法只考虑单个变量，其他变量之间的所有可能关系根本不考虑。当进入第二阶段，我们会引入一些改进的一般填补方法，通过观察我们进行填补的数据 $\boldsymbol{x}$ 和任何其他数据向量(如 $\boldsymbol{z}$)之间可能的依赖关系。我们确定这两个向量之间的加权欧氏距离如下：

$$\rho(\boldsymbol{x},\boldsymbol{z}) = \sum_{l=1}^{n} \frac{(x_l - z_l)^2}{\sigma_l^2} \tag{9.3}$$

其中 σ_l 是第 l 个变量的标准差。前面完成的计算是针对两项（x_l 和 z_l）值都可用的向量的坐标而实现的（布尔向量的对应项等于 1）。

对于给定的 $\boldsymbol{x}$，我们对所有数据中这些距离的值进行规格化，从而得出以下表达式：

$$\rho'(\boldsymbol{x},\boldsymbol{z}_k) = \frac{\rho(x,z_k) - \min_l \rho(x,z_l)}{\max_l \rho(x,z_l) - \min_l \rho(x,z_l)} \tag{9.4}$$

其中 $x \neq \boldsymbol{z}_k$，$k=1, 2, \cdots, N$。随后，我们构建与 $\boldsymbol{x}$ 相关的权重，表达 $\boldsymbol{x}$ 与 $\boldsymbol{z}$ 相关联的程度。换句话说，我们可以使用 $\boldsymbol{z}$ 来确定 $\boldsymbol{x}$ 的最终缺失坐标：

$$w(\boldsymbol{x},\boldsymbol{z}) = 1 - \rho'(\boldsymbol{x},\boldsymbol{z}) \tag{9.5}$$

这个权重值越高，$\boldsymbol{x}$ 和 $\boldsymbol{z}$ 之间的关联就越明显，$\boldsymbol{z}$ 对 $\boldsymbol{x}$ 缺失条目的填补作用就越重要。

有了所有这些先决条件，我们概述了数据填补的整个过程，得出这种填补计算的颗粒结果。我们现在考虑下第 j 个变量，其对应的数值估算值是 m_j（这可以是中位数、平均值或任何理想的数值代表）。围绕着这个数值 m_j，我们通过调用合理粒度原则来形成一个粒度估计值，这其中考虑了加权数据。用于形成信息粒的数据以成对（数据、重量）的形式提供，权重使用公式(9.5)确定。因此我们有：

$$x_{1j}, w(\boldsymbol{x},\boldsymbol{x}_1), x_{2j}, w(\boldsymbol{x},\boldsymbol{x}_2), \cdots, x_{Nj}, w(\boldsymbol{x},\boldsymbol{x}_M) \tag{9.6}$$

式中，$\boldsymbol{x}$ 是一个数据向量，对于该向量，第 j 个变量受填补计算 $M<N$ 的约束，因为它只取数据，这些数据相对于第 j 个变量是完整的。

在合理粒度原则下，通过最大化性能指标 Q，可得到估算的信息粒度的界限（见第 7 章）。在区间和三角形模糊数的情况下，分别对上下限进行优化。返回的归一化性能指标描述了估算信息粒的质量。对于第 l 个估算区间数据，对应的质量 ξ_l 表达为这个形式：$\xi_l = (Q_l)/(\max_{i\in \boldsymbol{I}} Q_i)$，其中 $\boldsymbol{I}$ 是针对第 j 个变量的一组估算数据。一旦完成，估算结果就以区间及其权重的形式出现，也即是，（$[x_l^-, x_l^+]$，ξ_l）。在三角形模糊集的情况下，这会产生与颗粒质量相关联的三倍隶属函数参数，即（（x_l^-，m_l，x_l^+），ξ_l）。实现这种填补机制的底层处理如图 9-4 所示。

该方法的主要特点是：①所有变量参与填补过程；②信息粒的形成，而不是单一的数值填补结果。这两个特性突出了所开发方法的优点。

为了说明这种填补方法的性能，我们考虑了由 1000 个 8 维数据组成的合成数据。每个变量由一些平均值和标准差的正态分布控制。详细来说，我们有 $m_1=-5$，$\sigma_1=2$，$m_2=11$，$\sigma_2=3$，$m_3=-6$，$\sigma_3=1$，$m_4=0$，$\sigma_4=1$。

我们随机剔除 p%的数据，然后运行该方法，从而形成估算数据的区间。然后根据获得的覆盖率对结果进行量化，通过将生成的区间与随机删除的原始数据进行比较来确定覆盖率。表 9-1 给出了不同 p 值的结果。

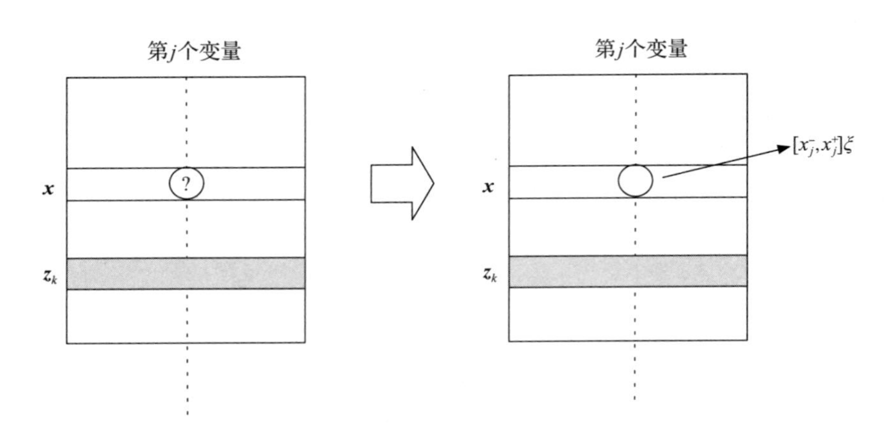

图 9-4　用合理粒度原则实现颗粒填补

表 9-1　由不同 p 值对应的估算数据产生的覆盖率；参数 β 根据合理粒度原则得到最大化的性能指标

p(%)	β			
	0.5	1	2	3
1	0.871	0.802	0.629	0.561
5	0.872	0.785	0.638	0.550
10	0.875	0.786	0.633	0.546
20	0.870	0.778	0.625	0.559
50	0.876	0.773	0.628	0.555

正如人们所预期的，很明显，随着缺失值百分比的增加，覆盖率会下降或波动；然而，两者之间的差异非常小。

从功能角度看，通过填补过程形成的新特征空间如图 9-4 所示。对于区间信息粒，原始空间的维数是其维数的两倍，因为对于每个原始变量，都有两个区间界限。根据 ξ_l（如前文所述），对填补结果的质量进行量化。需要强调两点。第一，同一数据可能缺少多个变量。这种情况下，我们可以计算与缺失项相关的 ξ_l 的平均值。我们用 $\bar{\xi}(k)\boldsymbol{x}(k)$ 来表示第 k 个数据的平均值。这可以作为数据点 $\boldsymbol{x}(k)$ 的性能指标，通过量化单个数据的相关性，该点可用于构建分类或预测模型 F。对于完整的数据点，权重设置为 1，而输入数据的权重小于 1，因此在构建模型时，这些数据值是按一定系数缩减的。这样，我们就形成了以下数据类别：

$$\text{完整数据}(\boldsymbol{x}(k), \text{target}(k))k \in \boldsymbol{K}$$

$$\text{估算数据}(x(k), \text{target}(k), \bar{\xi}_k)k \in \boldsymbol{L}$$

性能指标反映了这种情况，由以下两部分组成：

$$Q = \sum_{k \in K}(M(\boldsymbol{x}(k)) - \text{target}(k))^2 + \sum_{k \in L}\bar{\xi}_k(M(\boldsymbol{x}(k)) - \text{target}(k))^2 \tag{9.7}$$

其中 M 代表构建的模型；我们在图 9-5 中给出示意。总的来说，当使用新数据 $\boldsymbol{x}$ 时，处理分为两个阶段：

1. 填补（如果需要的话）。使用前面提到的算法对值未知的变量进行估算。结果以某种信息粒的形式出现，比如，一个区间或一个模糊集。

2. 确定模型的输出(比如预测的输出)。在这里，模型的输入要么是数值的，要么是颗粒的。

9.5　基于模糊聚类的颗粒填补

模糊聚类(fuzzy clustering)，也即模糊 c 均值(FCM)(Bezdek，1981)，是显示数据结构的通用工具。鉴于此，一旦完成了所有可用完整数据的集群，我们就可以估算缺失值。在数据填补的背景下，有一些好处：①在建立数据的代表(原型)时，要考虑所有变量及它们之间的关系，以便(或因此)在填补方法中有效地使用这些原型；②集群建立了一些一般依赖关系，并且不局限于详细的功能关系(这可能很难验证)，这是一些复杂填补技术的基础。

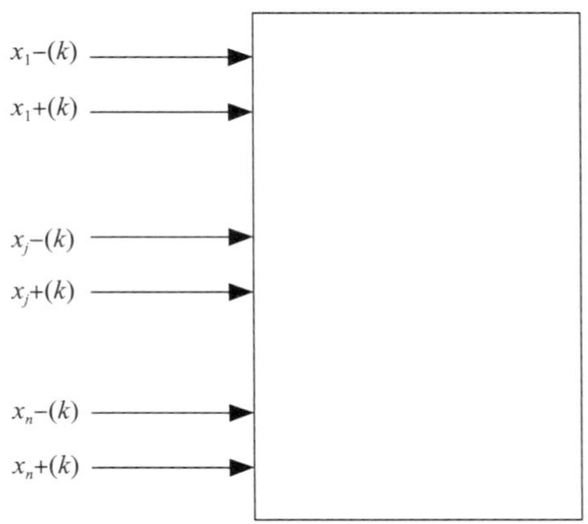

图 9-5　根据用于分类和预测模型的数据填补来创建增强特征空间

在下面的内容中，我们简要回顾在处理不完整数据时需要考虑使用的方法。后面显示的目标函数和指导集群形成过程的目标函数表示为数据和原型之间的距离之和，其中 v_1，v_2，…，v_c 是集群的原型，$\boldsymbol{U}=[u_{ik}]$是一个分块矩阵，而 m(当 $m>1$ 时)则是一个模糊化系数，影响着隶属函数的几何形态(分块矩阵的项)：

$$Q=\sum_{i=1}^{c}\sum_{k=1}^{N}u_{ik}^{m}\|x_k-v_i\|_B^2 \tag{9.8}$$

上述公式中距离‖.‖是一个加权欧氏距离函数，表示为：

$$\|x_k-v_i\|_B^2=\sum_{j}^{n}\frac{(x_{kj}-v_{ij})^2}{\sigma_j^2}b_{kj} \tag{9.9}$$

其中 σ_j 是第 j 个变量的标准差。注意，在前面计算中使用的布尔矩阵 $\boldsymbol{B}$ 强调只有可用的数据才参与计算。

FCM 方法返回原型的集合，而分块矩阵使用以下公式以迭代方式来确定：

$$u_{ik}=\frac{1}{\sum_{j=1}^{c}\left(\frac{\|x_k-v_i\|_B}{\|x_k-v_j\|_B}\right)^{2/(m-1)}}$$

$$v_{ij}=\frac{\sum_{k=1}^{N}u_{ik}^{m}x_{kj}b_{kj}}{\sum_{k=1}^{N}u_{ik}^{m}b_{kj}} \tag{9.10}$$

其中 $i=1$，2，…，c；$j=1$，2，…，n；$k=1$，2，…，N。

请注意，这些是最初在 FCM 中使用的经过修改的表达式；在计算中，我们消除了缺少的项(使用 $\boldsymbol{B}$ 的布尔值)。

现在，一个输入 $\boldsymbol{x}$ 的某些值已缺失，然后对其重建，也就是估算缺失值。让我们将 $\boldsymbol{x}$ 与布尔向量 $\boldsymbol{b}$ 关联起来，它的值设置为 0 表示缺少相应的项(变量)。对缺失值进行估算可按照以下两步过程进行：

1. 根据原型且仅使用 $\boldsymbol{x}$ 的可用输入计算出来的隶属度的确定：

$$\widetilde{u}_i = \frac{1}{\sum_{j=1}^{c}\left(\frac{\|x_k - v_i\|_B}{\|x_k - v_j\|_B}\right)^{2/(m-1)}} \tag{9.11}$$

2. 计算由于重建过程而丢失的 $\boldsymbol{x}$ 的项：

$$\widetilde{x}_j = \frac{\sum_{i=1}^{c} \widetilde{u}_i^m v_{ij}}{\sum_{i=1}^{c} \widetilde{u}_i^m} \tag{9.12}$$

其中，指数 j 是 $\boldsymbol{b}$ 项等于 0 的指数。

如前所述，模糊聚类产生了一个非零重构误差。为了对其进行补偿，量化重建质量，要承认重建的结果是信息粒，而不是数值结果。最简单的情况是这些信息粒都是区间。要考虑完整的数据(没有填补的情况)。对于第 j 个变量，这些重建返回了 $\hat{x}_{kj}$，通常不同于 x_{kj}。对于每一个变量 $j=1$, 2, …, n; $k=1$, 2, …, N，可计算得到两者间的差值 $e_{kj}=x_{kj}-\hat{x}_{kj}$。基于数据库的这些差异，我们使用合理粒度原则形成了一个信息粒 E_j，其边界为 $[e_j^-, e_j^+]$。通常，误差的模态值为 0，这使得误差有正有负。根据重建结果，我们建立了一个区间 $X_{kj}=x_{kj}\oplus E_j$，其中求和是根据区间计算得出的。这就得到了：

$$X_{kj} = x_{kj} \oplus E_j = [x_{kj}+e_j^-, x_{kj}+e_j^+] \tag{9.13}$$

当一些新数据 $\boldsymbol{x}$ 的填补完成后，我们确定填补的数值结果，然后通过建立式(9.13)中相应的区间来使其所有坐标粒化。

值得强调的是，信息粒 E_j 对于任何值的 x_j 都是相同的，这导致信息粒具有相同的特异性。通过承认此映射是通过 c 规则集合描述的，可以使映射 $e_j=e_j(\hat{x}_j)$ 更加完善：

$$若\ \hat{x}_j\ 为\ A_i, \quad 则\ \varepsilon = [\varepsilon_i^-, \varepsilon_i^+] \tag{9.14}$$

其中 A_1, A_2, …, A_c 是在估算值空间中定义的模糊集。这些规则集合将预测值与误差区间关联起来。

9.6　系统建模中的数据填补

有趣的是，在处理不完整的语言数据时，会遇到估算结果的粒度性质，即值为信息粒(例如，模糊集)的数据，并且某些项缺失(例如，未知的模糊集表示)。根据研究中概述的原理，估算结果是比最初开始的颗粒数据(例如，2 型模糊集)更高类型的信息。填补过程中产生的颗粒数据的作用可在随后的颗粒模型(如分类器或预测器)中使用和开发。这些模型的结果现在是颗粒状的，这种方法使模型更符合实际并反映出它是在不完整(然后被输入)数据存在的情况下构建的，从而有效地量化了模型的性能，这意味着分类和预测结果的信息粒度会随着特征空间区域和数据质量的不同而变化。

在模型开发过程中(在估计其参数时)，有几个备选方案需要处理。必须修改性能指数以处理颗粒数据。接着，我们用大写字母表示估算的数据。用 M 表示模型，那么对于任何输入 $\boldsymbol{x}$，模型都返回 $y=M(\boldsymbol{x})$。根据估算数据的性质，可区分为四种可选方案：

1. ($\boldsymbol{x}_k$，target_k)没有填补；其中有原始的数值数据，随后在数字模型构造中使用的典型性能指数没有变化。它可能是一个常见的 RMSE 索引，比如

$$\text{RMSE}=\sqrt{\frac{1}{M_1}\sum_{k=1}^{M_1}(M(\boldsymbol{x}_k)-\text{target}_k)^2} \tag{9.15}$$

2. ($\boldsymbol{x}_k$，target_k)对输入数据进行填补(关于一个或几个输入变量)。粒度输入 $\boldsymbol{X}_k$ 意味着模型的结果也是粒度的，$Y_k=M(\boldsymbol{X}_k)$。在这方面，我们评估 Y_k 中包含目标的程度，我们写为 $\text{incl}(\text{target}_k, Y_k)$。根据估算数据的信息粒的性质，可以对包含性的度量进行专门化。在集合(区间)的情况下，这个概念是二进制的，与包含谓词有关：

$$\text{incl}(\text{target}_k, Y_k)=\begin{cases}1 & \text{若 } \text{target}_k\in Y_k\\ 0 & \text{否则}\end{cases} \tag{9.16}$$

在处理模糊集时(用一些隶属函数描述 Y_k)，包含谓词返回 Y_k 中 target_k 的一个隶属度，也就是 $Y_k(\text{target}_k)$。

3. ($\boldsymbol{x}_k$，target_k)为输出数据进行填补。输出的模型是数值型，$y_k=M(\boldsymbol{x}_k)$，我们将其与粒度目标 target_k 进行对比。我们使用与前面场景中讨论的相同方法来评估模型的质量。

4. ($\boldsymbol{X}_k$，target_k)填补过程同时涉及输入和输出变量。模型输出为粒度变量 Y_k，其需要与 target_k 进行比较。这里我们使用匹配度 $\xi(Y_k, \text{target}_k)$。

总的来说，性能指数包含两部分：一部分基于模型产生的数值结果进行计算(场景 1)，另一部分涉及包含或匹配两个信息粒(场景 2～4)。更正式地说，我们可以构建如下全局性能指数：

$$\begin{aligned}Q=&\sqrt{\frac{1}{M_1}\sum_{k=1}^{M_1}(M(x_k)-\text{target}_k)^2}\\&+\beta\left\{\frac{1}{M_2}\sum_{k=1}^{M_2}(1-\text{incl}(\text{target}_k, Y_k))+\frac{1}{M_3}\sum_{k=1}^{M_3}(1-\xi(\text{target}_k, Y_k))\right\}\end{aligned} \tag{9.17}$$

其中 β 是一个特定的权重因子，有助于在涉及原始数据的性能指数的两个组成部分和待填补的两个组成部分之间取得良好的平衡。M_2 代表涉及第二个和第三个场景的数据的数量，而 M_3 是应对第四个场景的案例数。优化模型参数可使性能指数 Q 最小化。

9.7　不平衡数据及其粒度特征

不平衡数据给各种分类方法带来了挑战。在存在不平衡数据的情况下产生的结果实

际上会因数据的性质而恶化。为了提高质量，我们考虑了各种平衡的方法。不平衡率是不平衡数据分类的基本指标之一(位于少数类的数据数目与数据总量的比率)。

为了系统阐述这个问题，我们考虑一个二类问题，其中属于 ω_1 类的数据占主导，其与属于 ω_2 类的数据的数量比率远大于 1。换句话说，ω_2 类中的样本表示不足。数据平衡涉及对属于 ω_1 类的数据进行欠采样。与通常遇到的欠采样方法不同(这些方法的结果只是数值数据，形成用于未来分类器设计的选定样本子集)，我们形成了一个颗粒数据的子集——信息粒，其中与之相关的信息粒度方面补偿了优势类子集而不是所有数据的使用。

为了统一表示符号，数据位于 n 维特征空间 R^n 中，而那些属于优势类 ω_1 的数据由 N 个样本组成，反之属于少数类 ω_2 的样本数 M 有 $M \ll N$。所有的样本集都由 X 表示。

9.7.1 数据平衡的主要方法：概述

由于数据平衡技术具有很大的多样性，因此可以方便地将其分为几个主要类别，特别是采样方法、算法方法和成本敏感方法。

采样方法

使用采样方法解决了数据层次上因数据性质不平衡导致的类分布不平衡问题，其目的是修改原始的不平衡数据集，以提供平衡的分布(He 和 Garcia，2009；Galar 等，2012)。在任何学习之前应用的采样方法可以分为三类，即欠采样、过采样和混合采样(它结合了两种采样方法(Alibeigi 等，2012))。欠采样方法从多数类中删除数据以调整类分布，而过采样方法生成属于少数类的新数据。

随机欠采样和过采样是平衡数据集常用的两种技术。一些其他的欠采样和过采样技术已经开发了出来。Kubat 和 Matwin(2000)讨论了一种单边选择方法，该方法在多数类的代表性子集下进行抽样。Batista 等(2004)讨论了压缩最近邻(CNN)规则和 Tomek 链接集成方法。Chawla 等(2012)提出了一种合成少数类过采样技术(SMOTE)，通过创建合成少数类样例来实现过采样。Santos 等(2015)提出了一种基于 k 均值聚类和 SMOTE 方法的过采样方法，以构建预测肝细胞癌患者生存率的代表性数据集。Barua 等(2014)提出了一种称为*多数加权少数过采样技术*(Majority Weighted Minority Over-sampling TEchnique，MWMOTE)的方法。MWMOTE 方法首先识别难以学习的少数类数据，为所选样本分配相对权重，然后通过聚类生成合成样本。He 等(2008)讨论了一种自适应合成(ADASYN)采样方法。

这些采样方法有几个缺点。由于缺乏有关训练数据结构的信息，随机欠采样往往会删除某些重要实例，而随机过采样则可能导致过度拟合问题。采样方法很简单，其中一个优点是，它们很容易适用于各种可用的分类框架，而无须更改基础学习策略(Sun 等，2009)。

算法层面的方法

基于算法的方法旨在通过创建新的分类算法或修改现有的分类算法来解决不平衡问题。例如，在 Wu 和 Chang(2003)中，提出了*类边界对齐*(class-boundary-alignment)算法来增强支持向量机(SVM)，以处理不平衡数据。通过将综合采样技术与支持向量机集成相结合，具有不对称误分类成本的支持向量机取得了较好的预测性能(Wang 和 Japkowicz，2010)。

算法层面的方法通常是特定于问题的，这意味着它们适用于特定类型的问题。为了在算法层面上找到解决手头问题的方法，我们必须阐明具体学习算法的本质，并适应有关应用领域的知识。

成本敏感的学习方法

成本敏感(cost-sensitive)的学习方法旨在通过指定不同类别之间的不平等错误分类成本来提高分类精度，而不是平等地处理所有错误分类。很明显，与少数类错误分类相关的代价通常高于与多数类相关的代价(Sun 等，2007)。Chawla 等(2008)提出了一种包装器(wrapper)，该包装器通过优化成本、成本曲线以及与成本相关的 F-度量等评估函数，来发现不平衡数据集的重采样量。在 Elkan(2001)中讨论了不同分类错误导致不同惩罚的最优学习和决策问题。成本敏感方法涉及一个成本矩阵，它定义了与错误分类相关的惩罚。建立成本矩阵需要一些特定知识和额外学习过程(Sun 等，2009)。

9.7.2 过采样数据的粒度表示

该方法的关键在于将欠采样机制与围绕选定模式(数据)构建的信息粒的形成相结合。通过构建相应的信息粒来反映所选模式周围数据的性质。

考虑到在 N 个数据中随机选择了某个百分比 p，结果为 $P=pN$。用 z 表示所选图案之一。围绕着它，我们形成了一个基于集合的颗粒 $\Omega(z)$，包含来自这两个类的数据：

$$\Omega(z,\rho)=\operatorname{card}\{\boldsymbol{x}\in\boldsymbol{X}\mid \|x-z\|<\rho\} \tag{9.18}$$

其中假设 ρ 为[0，1]中的一个值。信息粒的几何结构由公式(9.18)中使用的距离 $\|\cdot\|$ 类型表示。对 ρ 值进行优化，使覆盖率和特异性的乘积最大化。换句话说，我们有：

$$\rho_{\text{opt}}=\operatorname{argMax}_{\rho}[\operatorname{card}\{\boldsymbol{x}\in\boldsymbol{X}\mid \|x-z\|<\rho\}*(1-\rho)] \tag{9.19}$$

根据 z 的位置，我们可以将遇到的三种典型情况可视化，这三种情况取决于 z 的位置以及来自少数类的数据(如图 9-6 所示)。

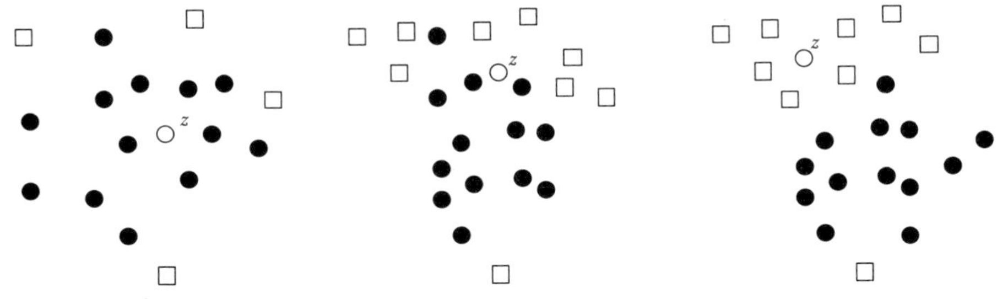

a) z 由来自多数类的数据围绕　b) z 位于显示来自多数类和少数类的混合数据的区域　c) z 位于来自少数类的数据占据的区域

图 9-6　z 的位置和产生的信息粒(圆，多数类)

对所有的 P 数据重复这个过程，我们最终得到一个子集的数据，这些数据来自被过度表示的(大多数)类 $\boldsymbol{x}(1)$，$\boldsymbol{x}(2)$，…，$\boldsymbol{x}(P)$。其中每一个都包含了前面讨论过的信息粒所包含的数据数量。用 $N(1)$，$N(2)$，…，$N(P)$表示这些数。很明显，$N(.)$的最小值被设为 1。在经过如下线性变换(缩放)后，我们将这些统计值归一化到[1，2]区间：

$$w(k)=\frac{N(k)-\min_k N(k)}{\max_k N(k)-\min_k N(k)}+1 \tag{9.20}$$

权重值大于 1 表示多数类数据的权重高于少数类数据的权重；然而，由于权重发生在相当有限的范围[1，2]内，因此效果并不呈现压倒性。显然，通过引入另一个大于 1 的、αw_k 的正比例因子 α，可以增强由多数类所带来的数据不平衡的效应。

图 9-7 说明了属于两个不同类的数据数量之间的平衡是通过形成少量来自主类的颗粒数据来实现的。

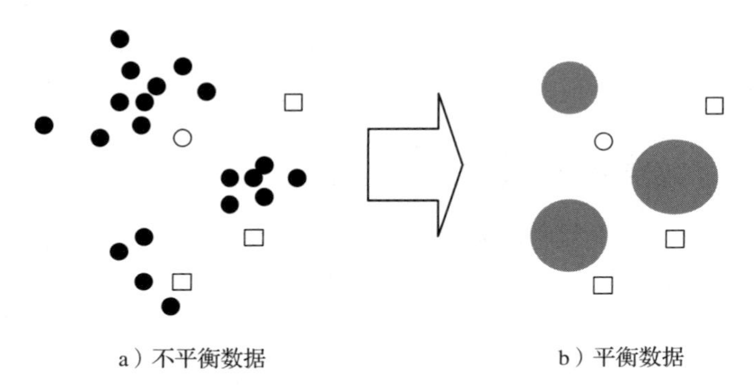

图 9-7　从一组不平衡的数据到包含粒度数据的平衡对应数据

有了来自优势类的数据(模式)$\boldsymbol{x}_k$ 的半径 ρ_k，我们将颗粒数据的单个半径转换为相应的权重 w_k，如下所示：

$$w_k=\frac{\rho_k-\rho_{\min}}{\rho_{\max}-\rho_{\min}}+1 \tag{9.21}$$

这个公式的基本原理如下。如前所述，假定权重 w_k 值位于[1，2]中。最低的式(9.1)与具有最高权重的信息粒有关，而最高的则与具有最小半径的信息粒有关。权重越高，$\boldsymbol{x}_k$ 作为优势类的描述符的代表性就越强(因为它来自最高密度的类的数据区域)。

加权数据($\boldsymbol{x}_k$，w_k)，$k=1$，2，…，N 用于分类器的设计。注意，来自非优势类的数据与等于 1 的权重相关。详细的设计过程取决于分类器的性质。比如，讨论一个简单感知器 $g(\boldsymbol{x})=\boldsymbol{a}^{\mathrm{T}}\boldsymbol{z}$，其中 $\boldsymbol{a}=[\boldsymbol{a}_0\boldsymbol{b}]$是一个向量的参数，而 $\boldsymbol{z}=[1\boldsymbol{x}]$是一个扩展向量，其原始性能指数 Q 表达为：

$$Q(\boldsymbol{a})=\sum_{k\text{个错误分类的样本}}(-\boldsymbol{a}^{\mathrm{T}}\boldsymbol{z}_k) \tag{9.22}$$

注意，求和是在错误分类的模式上完成的。这导致了以下众所周知的学习规则(迭代方案)：

$$a(\text{iter}+1)=a(\text{iter})+\alpha(\text{iter})\sum_{k\text{个错误分类的样本}}(-zk) \tag{9.23}$$

其中“iter”表示迭代指数，α 表示正学习率。性能指数通过考虑单个数据的权重进行修改，并以以下形式出现：

$$Q(a)=\sum_{k\text{个错误分类的样本}}(-a^{\mathrm{T}}z_k)w_k \tag{9.24}$$

如果分类器是一个神经网络，那么最小性能指数是平方误差的加权和：

$$Q=\sum_{k=1}^{N}w_k(NN(\boldsymbol{x}_k)-t_k)^2 \tag{9.25}$$

其中 $N(\boldsymbol{x}_k)$是网络的输出，而 t_k 是第 k 个样本相应的必需目标(例如，类标签)。

对于 k-NN 分类器，分类规则涉及与最邻近样本相关联的权重计数。比如，如果 $k=5$，那么最近邻样本为：

ω_1 类(优势类)1.8 1.7

ω_2 类(少数类)1 1 1

那么，样本被赋予 ω_1 标记，因为 3.5>3。

9.8　结论

本章讨论数据质量的关键问题。不完整数据在不同应用领域经常碰到。处理各种字符异常检测的各种任务中都存在不平衡数据(比如，欺诈检测、网络恶意行为等)。填补和平衡是旨在提高质量的两类基本活动。基本思想本质上涉及了信息粒度的知识。由于填补和平衡而产生的信息粒有助于标记这些过程结果的质量并量化它们的性能。合理粒度原则在这里作为一个完善的算法框架出现。

参考文献

M. Alibeigi, S. Hashemi, and A. Hamzeh, DBFS: An effective density based feature selection scheme for small sample size and high dimensional imbalanced data sets, *Data and Knowledge Engineering* 81–82, 2012, 67–103.

R. Andridge and R. Little, A review of hot deck imputation for survey non-response, *International Statistical Review* 78(1), 2010, 40–64.

S. Barua, M. M. Islam, X. Yao, and K. Muras, MWMOTE—majority weighted minority oversampling technique for imbalanced data set learning, *IEEE Transactions on Knowledge and Data Engineering* 26(2), 2014, 405–425.

G. E. A. P. A. Batista, R. C. Prati, and M. C. Monard, A study of the behavior of several methods for balancing machine learning training data, *ACM SIGKDD Explorations Newsletter* 6(1), 2004, 20–29.

J. C. Bezdek, *Pattern Recognition with Fuzzy Objective Function Algorithms*, New York, Plenum Press, 1981.

K. V. Branden and S. Verboven, Robust data imputation, *Computational Biology and Chemistry* 33(1), 2009, 7–13.

N. V. Chawla, K. W. Bowyer, L. O. Hall, and W. P. Kegelmeyer, SMOTE: Synthetic minority over-sampling technique, *Journal of Artificial Intelligence Research* 16(1), 2012, 321–357.

N. V. Chawla, D. A. Cieslak, L. O. Hall, and A. Joshi, Automatically countering imbalance and its empirical relationship to cost, *Data Mining and Knowledge Discovery* 17(2), 2008, 225–252.

A. G. Di Nuovo, Missing data analysis with Fuzzy C-Means: A study of its application in a psychological scenario, *Expert Systems with Applications* 38(6), 2011, 6793–6797.

C. Elkan, The foundations of cost-sensitive learning. In: *Proceedings of 17th International Joint Conference on Artificial Intelligence*, Seattle, WA, August 4–10, 2001, 973–978.

M. Galar, A. Fernandez, E. Barrenechea, H. Bustince, and F. Herrera, A review on ensembles for the class imbalance problem: Bagging-, boosting-, and hybrid-based approaches, *IEEE Transactions on Systems, Man, and Cybernetics Part C: Applications and Reviews* 42(4), 2012, 463–484.

H. He, Y. Bai, E. A. Garcia, and S. Li, ADASYN: Adaptive synthetic sampling approach for imbalanced learning. In: *Proceedings of IEEE International Joint Conference on Neural Networks*, IEEE, Hong Kong, China, 2008, 1322–1328.

H. B. He and E. A. Garcia, Learning from imbalanced data, *IEEE Transactions on Knowledge and Data Engineering* 21(9), 2009, 1263–1284.

M. Kubat and S. Matwin, Addressing the curse of imbalanced training sets: One-sided selection. In: *Proceedings of 7th International Conference on Machine Learning*, Stanford, CA, June 29–July 2, 2000, 179–186.

R. J. A. Little and D. B. Rubin, *Statistical Analysis with Missing Data*, 2nd ed., Hoboken, NJ, Wiley-Interscience, 2002.

Y. Liu and S. D. Brown, Comparison of five iterative imputation methods for multivariate classification, *Chemometrics and Intelligent Laboratory Systems* 120, 2013, 106–115.

M. Reilly, Data-analysis using hot deck multiple imputation. *Statistician* 42(3), 1993, 307–313.

D. B. Rubin, *Multiple Imputation for Non response in Surveys*, New York, John Wiley & Sons, Inc., 1987.

M. S. Santos, P. H. Abreu, P. J. García-Laencin, A. Simão, and A. Carvalho, A new cluster-based oversampling method for improving survival prediction of hepatocellular carcinoma patients, *Journal of Biomedical Informatics* 58, 2015, 49–59.

Y. M. Sun, M. S. Kamel, A. K. C. Wong, and Y. Wang, Cost sensitive boosting for classification of imbalanced data, *Pattern Recognition* 40(12), 2007, 3358–3378.

Y. Sun, A. K. C. Wong, and M. S. Kamel, Classification of imbalanced data: A review, *International Journal of Pattern Recognition and Artificial Intelligence* 23(4), 2009, 687–719.

O. Troyanskaya, M. Cantor, G. Sherlock, P. Brown, T. Hastie, R. Tibshirani, D. Botstein, and R. B. Altman, Missing value estimation methods for DNA microarrays, *Bioinformatics* 17(6), 2001, 520–525.

B. X. Wang and N. Japkowicz, Boosting support vector machines for imbalanced data sets, *Knowledge and Information Systems* 25(1), 2010, 1–20.

G. Wu and E. Y. Chang, Class-boundary alignment for imbalanced dataset learning. In: *Proceedings of International Conference on Machine Learning 2003 Workshop on Learning from Imbalanced Data Sets* II, ICML, Washington, DC, 2003.

推荐阅读

机器学习

作者：（美）Tom Mitchell ISBN：978-7-111-10993-7 定价：35.00元

机器学习基础教程

作者：（英）Simon Rogers 等 ISBN：978-7-111-40702-7 定价：45.00元

神经网络与机器学习（原书第3版）

作者：（加）Simon Haykin ISBN：978-7-111-32413-3 定价：79.00元

模式分类（原书第2版）

作者：（美）Richard O. Duda 等 ISBN：978-7-111-12148-1 定价：59.00元

推荐阅读

机器学习：算法视角（原书第15版）

作者：Stephen Marsland 译者：高阳 商琳 等 ISBN：978-7-111-62226-0 定价：99.00元

当计算机体系结构遇到深度学习

作者：Brandon Reagen 等 译者：杨海龙 王锐 ISBN：978-7-111-62248-2 定价：69.00元

机器学习基础

作者：Mehryar Mohri 等 译者：张文生 等 ISBN：978-7-111-62218-5 定价：待定

机器学习精讲：基础、算法及应用

作者：Jeremy Watt 等 译者:杨博 等 ISBN：978-7-111-61196-7 定价：69.00元

基于复杂网络的机器学习方法

作者：Thiago Christiano Silva 等 译者:李泽荃 等 ISBN：978-7-111-61149-3 定价：79.00元

卷积神经网络与视觉计算

作者：Ragav Venkatesan 等 译者：钱亚冠 等 ISBN：978-7-111-61239-1 定价：59.00元